国防科技大学建校 *70* 周年系列著作
NATIONAL UNIVERSITY OF DEFENSE TECHNOLOGY

# 大规模网络感知与认知
# 理论及技术

符永铨 著

清华大学出版社
北京

## 内 容 简 介

本书提供有关大规模网络感知与认知技术的阐述和介绍，期望对相关领域的发展起到积极作用。本书共 10 章，分别为引言、网络信息的近似表示、网络空间的邻近搜索、网络行为的关联分析、网络行为的实时跟踪、网络行为的识别与分类、网络行为的全域预测、网络行为的自动测试、网络行为的仿真推演、结束语。

本书可作为高等院校计算机网络、分布式系统等专业高年级本科生和硕士研究生的教材，也可供计算机网络、分布计算、系统软件、仿真模型模拟相关领域科研人员和工程技术人员参考。

图书在版编目（CIP）数据

大规模网络感知与认知理论及技术 / 符永铨著. -- 北京 ： 清华大学出版社，2024.12. -- ISBN 978-7-302-67552-5

Ⅰ. TP393.08；C912.6

中国国家版本馆 CIP 数据核字第 202430D60F 号

责任编辑：龙启铭　王玉梅
封面设计：刘　键
责任校对：徐俊伟
责任印制：刘海龙

出版发行：清华大学出版社
　　　　　网　　　　　址：https://www.tup.com.cn, https://www.wqxuetang.com
　　　　　地　　　　　址：北京清华大学学研大厦 A 座　　　　　邮　　编：100084
　　　　　社　总　机：010-83470000　　　　　邮　　购：010-62786544
　　　　　投稿与读者服务：010-62776969, c-service@tup.tsinghua.edu.cn
　　　　　质　量　反　馈：010-62772015, zhiliang@tup.tsinghua.edu.cn
　　　　　课　件　下　载：https://www.tup.com.cn, 010-83470236
印　装　者：三河市铭诚印务有限公司
经　　销：全国新华书店
开　　本：185mm×260mm　　印　张：13.25　　字　数：287 千字
版　　次：2024 年 12 月第 1 版　　印　次：2024 年 12 月第 1 次印刷
定　　价：59.00 元

产品编号：103439-01

　　本书在大规模异构互联网络的背景下，系统地研究网络测量问题。网络测量是计算机网络管理控制和体系优化的基础，通过持续收集网络行为，辅助计算机网络管理和计算机网络智能系统应用，支撑实时网络预警、智能流量工程、智能异常诊断、智能故障处理、智能验证评估，提升网络信息系统的效能和安全水平，成为对经济、社会、安全产生重要影响的场景应用。针对网络测量因迈特卡夫定律和吉尔德定律影响产生的计算能力和带宽瓶颈问题，以高效可扩展的网络测量为目标，针对网络探测、建模与分析、自动化测试的技术挑战，突破高效可扩展的网络测量的表示、分析、跟踪、识别、预测、测试、仿真推演等共性关键技术，有效解决了互联网计算能力、带宽、存储瓶颈导致的可扩展性问题，以及网络测量与测试的逼真度问题，实现了高效可扩展的探测预测、建模分析、自动测试、仿真推演，提升了网络信息系统的效能和安全水平。

　　本书结合课题研究实践，详细介绍了网络感知与认知在网络信息近似表示、网络空间邻近搜索、关联分析、实时跟踪、识别分类、全域预测、自动测试、仿真推演等方面的研究成果和最新进展。

　　本书共分为 10 章，框架如下。

　　第 1 章"引言"：介绍网络感知与认知的背景、国内外研究现状、科学问题和全书的组织结构。

　　第 2 章"网络信息的近似表示"：针对网络行为的高效可扩展表示需求，介绍网络信息近似表示的理论与方法。

　　第 3 章"网络空间的邻近搜索"：针对分布式邻近分析需求，介绍分布式邻近搜索的理论与方法。

　　第 4 章"网络行为的关联分析"：针对网络的关联分析需求，介绍基于流图模型的网络行为存储和关联理论与方法。

　　第 5 章"网络行为的实时跟踪"：针对网络的实时跟踪需求，介绍基于网络概要的网络流量近似计算理论与方法。

　　第 6 章"网络行为的识别与分类"：针对网络的深度识别和分类需求，介绍基于深度学习和图神经网络模型的理论与方法。

　　第 7 章"网络行为的全域预测"：针对网络的大规模全域预测需求，介绍基于分布式矩阵补全的预测模型理论与方法。

第 8 章 "网络行为的自动测试"：针对网络自动化测试需求，介绍基于自动化工作流的网络行为生成与调度方法。

第 9 章 "网络行为的仿真推演"：针对网络的大规模仿真推演，介绍基于自动化技术的网络行为仿真与推演技术及方法。

第 10 章 "结束语"：总结全书，展望网络感知与认知的发展趋势。

因作者能力和成书时间所限，书中难免有不足之处，敬请读者指正。

符永铨

2024 年 4 月

# 目　录

# 第 1 章

# 引 言

网络空间是一种包含互联网、通信网、物联网、工控网等信息基础设施,并由人-机-物相互作用而形成的动态虚拟空间。网络空间安全既涵盖包括人、机、物等实体在内的基础设施安全,也涉及其中产生、处理、传输、存储的各种信息数据的安全。国家疆域由陆海空天向陆海空天＋网络空间转变,网络空间成为人类社会的第五维空间,制网权成为各国激烈角逐的新的安全手段[1]。网络空间已经成为大国博弈的重要公域空间。

网络是数字化的基础设施。传统计算机网络技术从实验室走向市场,引领了网络信息领域革命性变革。网络空间包含大量的国民经济的关键基础设施、资源、活动,也包含丰富的生态系统,包括云、边、端、雾。工业互联网、电力、汽车、物联网等各行业加入网络空间,形成了人、机、物共融的泛在、复杂、异构、多元的网络生态系统。网络空间具有规模大、覆盖广、传输快、渗透力和控制力强的特点,要求共享态势、共同理解、跨域协作、敏捷适应。

计算机网络融合、网络云化,迫切需要网络空间的“天气预报”。网络感知与认知作为网络测量的延伸和拓展,提供了网络空间的全方位预报和测绘能力,支撑网络空间的健康发展。网络感知与认知研究新型测量手段,发现网络空间的基本规律,并指导网络空间的体系设计、安全治理、运行优化、发展规划,提升网络空间的核心竞争力,是争夺未来网络空间发展主导权的基础。网络空间测量数据量激增,需要通过网络感知与认知有效采集、传输、提取和利用网络空间测量数据,以支持数据驱动的网络空间规划、部署、管理,支持云网融合、高速传输,支持智能自治、泛在连接、安全可靠的通信与计算。

## 1.1 背景

计算机网络提供需求方“网络＋”的支持:客户端/服务器(client/service,C/S)模式下传输请求-响应消息;对等(peer-to-peer,P2P)模式下传输对等文件需求;云计算模式下传输远程过程调用(remote procedure call,RPC);雾计算模式下传输传感器信号;工业互联网模式下传输工控指令,实时监控信号;元宇宙模式下则传输化身(avatar)。

计算机网络需要提供多方面的保障,包括服务质量(quality of service, QoS)、延迟优化调度和路由、流量工程、安全保障[流量监测、流量分类、分布式拒绝服务攻击(distributed denial of service, DDoS)监测、恶意病毒监测、恶意行为监测]、隐私保护(用户身份、敏感信息、核心数据)。

传统的计算机网络是一个基于信任假设的计算机网络系统,仅提供尽力服务的端到端服务,不提供服务质量保障、安全保障和隐私保护。其核心问题之一,源于计算机网络缺乏先进的计算模型,存储-转发模式只支持信息传输,难以满足关键的计算需求。

网络测量对象复杂,计算机网络服务平面的服务质量不可预测,系统弹性不足;管理平面的网络管理手段匮乏,网络问题诊断复杂;控制平面的网络传输控制协议难升级,网络性能难以实时控制优化;数据平面的数据报文转发协议难升级,网络能见度低。计算机网络是大规模失效或离线的最大源头,因为网络连接了大规模的计算和存储。网络的失效大部分会产生级联效应,造成大规模的失效事故。网络的启动、升级、下线通常是非常复杂的,网络空间的性能也是不稳定的,网络安全事件频发,网络升级、断网对网络空间的健康造成了影响。一是网络空间自身的波动引起的网络气候变化,例如网络拥塞、网络丢包、网络延迟、网络抖动等;二是外部力量或者机器行为导致的网络空间的灾害,例如 DDoS 泛洪攻击、病毒、恶意代码、勒索软件等。随着网络空间的发展,提高对端应用和组件、多节点通信模式的可见性,动态实时分配带宽和限速,提高针对高度变化和突发的通信模式的网络性能和性能的可预测性至关重要。

## 1.1.1　网络环境

### 1. 广域网

广域互联网(简称"广域网")是一个由超过 34 600 个网络相互连通构成的"网络的网络"(network of networks)[2],如图 1.1 所示。各个网络根据边界网关协议(border gateway protocol, BGP)保持互通。互联网呈现典型的层次化拓扑结构,互联网的核心是少量的全球传输提供商(global transit provider)或者国家骨干网络(national backbone network),而外层则是规模较小的区域性二层提供商(regional tier-2 provider)和位于第三层的用户IP 网络(customer IP network)。位于核心位置的网络负责转发二层提供商或者三层网络的网络流量,而二层提供商或者三层网络则向同层或者更低层的网络提供网络接入服务。此外,许多大型内容提供商(content provider)、用户托管商(consumer hosting provider)和内容分发网络(content delivery network, CDN)与很多二层提供商建立了连接关系,已经成为位于互联网核心位置的新型核心网络。

随着互联网应用与工业企业生产组件和服务融合,互联网安全威胁如勒索病毒、APT蔓延到企业内部网络。伊朗震网事件、委内瑞拉水电站事件、美国燃油运输管道事件等发生的原因是工业设备漏洞数量多且级别高。通过网络测量，能够有效支持行为分析、异常检测、威胁发现，提升监测水平，改善服务质量，提高安全管理能力。然而网络运维集中化和严格的网络设备的入口控制，使得广域网的网络内部测量和分析将更加困难。

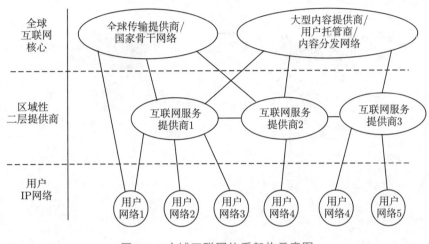

图 1.1 广域互联网体系架构示意图

## 2. 数据中心网

随着数据量的增长，新型在线数据处理（online data-intensive，OLDI）成为重要的应用类型[3]，如 Web 搜索、在线网游、在线音视频、社交网络、在线零售等。在接收海量用户查询请求后，需要对大规模的数据集进行处理，并在秒级时间内返回响应。其中，数据中心承载了海量的信息并提供大数据处理服务，而用户则可能位于全球不同的地理位置，以在线方式对指定的海量信息进行处理，数据中心则要迅速地返回处理结果。为了降低处理延迟，需要尽可能提高处理过程的并行度。OLDI 应用需要为全球范围的用户提供实时的在线服务，大多数对服务等级协议（service level agreement，SLA）非常敏感，过高的延迟将显著影响用户体验。这些网络应用强调信息的实时性，需要快速地将关键性信息分发到大量的动态用户群体，信息传输过程遇到的高网络延迟和阻塞可能导致实时信息传输延迟，以致影响实时信息的时效性。互联网应用迫切需要与用户实时地交互，计算任务需要在一定的截止时间（秒级）内返回，否则用户体验将严重受损。谷歌（Google）公司通过实验发现，增加 500ms 的搜索结果返回延迟，利润下降 20%[4]。亚马逊（Amazon）公司报告称增加额外的 100ms 延迟，销售额下降 1%[5]。网络游戏需要快速的网络通信交互过程，该过程严重受限于网络延迟，思科（Cisco）公司建议 IP 语音通话（voice over IP，VoIP）和视频会议端到端单向延迟不超过 150ms，延迟波动不超过 30ms，丢包率低于 1%[6]。

### 3. 边缘网

边缘计算在靠近用户的边缘位置部署设备资源以及用户的相互协作执行部分或者全部的数据过滤与压缩、计算、存储、通信和管理等任务,从而提高实时处理响应速度,降低网络传输带宽开销,增强数据隐私保护能力,如图1.2所示。

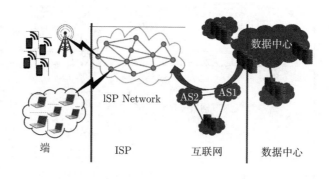

图 1.2　边缘网和数据中心网互联示意图

为了优化用户体验延迟,提高数据密集型计算并发处理能力,互联网应用通常在互联网边缘部署多尺度的体系结构。

在数据中心内部,采取树状处理拓扑完成在线数据密集型任务,提高请求处理的并行程度,降低数据中心网络传输延迟:为了支撑互联网应用数据密集型计算需求,数据中心内部服务器通常组织为多级树状拓扑。在多个地理区域分布化部署数据中心,提高服务邻近性与可用性:为了避免单个数据中心造成单点瓶颈,导致服务失效,互联网应用选择在多个地理区域部署数据中心。各个数据中心在功能上互为备份,都提供相同的在线数据密集型应用服务。例如,谷歌和微软公司已经在全球分别部署了数百个不同规模的数据中心,并在边缘网部署内容分发网络,降低请求-响应在公网的传输延迟。内容分发网络在大量的网络中部署边缘服务器(edge server),并根据网络延迟测量将用户请求重定向到与用户邻近的边缘服务器。一般而言,一个完整的用户请求处理过程主要包括消息路由、在线处理和响应推送三个阶段。

(1) 消息路由:用户发送处理请求消息到数据中心前端服务器。由于用户分散在不同的地理位置,消息需要经由广域网发送到指定的数据中心。对于重复执行的海量信息处理请求,通过内容分发网络缓存机制,用户能够通过邻近的服务器直接获取处理结果,极大地降低了响应延迟。用户请求需要通过公网路由才能到应用所属的数据中心,但是不同用户到数据中心的物理距离存在差异,而且用户请求的公网路由路径存在差异,所以不同用户与数据中心前端服务器的延迟具有较大的差异。

(2) 在线处理:前端服务器对用户进行认证、授权,过滤不合法的访问请求,随后生成并调度海量信息在线计算任务。在线计算根据任务配置的不同可能涉及大量的计算节点和存储资源。为了提高任务并行粒度、降低任务完成时间，通常采取树状（或有向无环图，DAG）处理拓扑结构，逐级将任务分解到多个分支节点，最终在任务结束后，处理结果逐级汇聚到数据中心的前端服务器。

(3) 响应推送：数据中心前端服务器将计算结果返回给用户。由于用户负载多数呈现周期性变化，并具有突发性，因此，这类应用大多采取多层架构（Web、应用、数据库/数据存储）来分散用户处理请求，并采取多副本技术避免单个网络位置产生性能瓶颈，以获取较高的并发处理速度。

在数据之间关联性低的环境下，OLDI 应用通常以分解-汇聚的方式处理在线请求。每个在线请求处理都对应复杂的工作流，工作流任务之间通过标准化的 RESTful（representational state transfer）接口进行透明调用。后台需要在数千台服务器中进行高效的协同处理。MapReduce 的分解-汇聚工作流程涉及数千台服务器，任意服务器变慢都可能显著增大任务完成时间，从而影响用户访问延迟。以谷歌搜索引擎为典型案例，它通过树状拓扑组织参与处理任务的组件服务器。Web 服务器前端接收到查询请求，然后将请求沿着由服务器组成的分布式树状拓扑向下转发，最终分发到大量的叶节点。所有的叶节点以分布的方式共享搜索索引数据结构，每个叶节点负责在索引的一个分片上完成搜索任务。由于搜索索引中的大部分数据没有跨节点的副本，各个叶节点的结果都要返回，以最大化搜索结果的相关度。查询结果逐层汇聚，最高评分的搜索结果返回给前端服务器。假设一个服务器以 99% 的比例在 1s 内处理完毕一个请求，而以 1% 的比例花费较多的时间。如果树状拓扑要求 100 个服务器并行地处理请求，那么超过 63% 的请求的完成时间将超过 1s。因此，树或有向无环图中每个顶点的延迟尾部对并行工作流的完成时间造成显著的影响。例如，谷歌公司经测试发现树状拓扑导致处理延迟长尾问题加剧：单个随机用户请求完成时间的 99 百分位数时间是 10ms，而等待所有请求完成的 99 百分位数时间是 140ms；等待 95% 请求完成的 99 百分位数时间是 70ms，说明等待最慢的 5% 请求完成的时间占用了全部请求 99 百分位数时间的一半。

### 4. 互联网的规律性

互联网网络数据总量已从 TB 和 PB 级快速向 EB、ZB、YB 乃至 BB 级陡增，急需新的数学理论和计算模式。计算机网络技术领域呈现出一定的规律性，并被计算机网络技术发展涌现出的先驱总结为著名的"定律"，例如宏观上的摩尔定律、梅特卡夫定律、吉尔德定律等。

(1) 摩尔定律（Moore's law）：1956 年，美国英特尔公司联合创始人戈登·摩尔提出，芯片的性能每 18 个月将提高一倍（即更多的晶体管使其速度更快）。

(2) 梅特卡夫定律（Metcalfe's law）：1993 年，计算机网络先驱、美国 3Com 公司的创始人罗伯特·梅特卡夫指出，网络价值等于网络终端数量的平方。随着互联网用户数的快速增长，网络的信息量远超计算机的计算能力和带宽。网络的信息难以完全复制和存储在单一计算机系统，必须通过分布并行技术解决这个问题。

（3）吉尔德定律（Gilder's law）：1997 年，美国未来学家乔治·吉尔德指出，在未来 25 年，主干网的带宽每 6 个月增长一倍，每 12 个月增长两倍。计算机的运算性能远低于网络流量增长速度。针对受吉尔德定律影响的建模与分析性能瓶颈，网络的精确计算不再适用。必须通过概率近似计算和亚线性存储，增大数据纠缠的概率，以适应不断增长的网络流量。

**5. 互联网延迟的规律性**

针对大规模节点之间的网络延迟矩阵，研究者发现网络延迟具有叠加性、低维度、三角不等性违例、分簇、稳态的特征，提出了多种数学模型来建模静态的网络延迟矩阵。

（1）叠加性：从物理设施角度看，端到端网络延迟涉及操作系统内核、处理器、内存、存储相关的 I/O 延迟、网络相关的 I/O 延迟；从高层基础设施来看，端到端网络延迟包括 DNS、TCP、Web 服务器、网络链路、路由器产生的延迟。由于延迟具有叠加性，因此任意节点位置的网络延迟增大，都会加剧在线数据密集型应用的长尾延迟问题。

（2）低维度：网络延迟矩阵可以通过低秩（矩阵的秩指的是矩阵的线性无关的行向量的极大数目或者矩阵的线性无关的列向量的极大数目）的矩阵近似。作者等 [7] 证实网络延迟空间可以利用 2~9 维的矩阵近似。B.Abrahao 等 [8] 根据度量空间中的分形维度（fractal dimension）模型发现网络延迟空间的维度值不大于 2。P.Fraigniaud 等 [9] 根据低度量模型发现网络延迟空间的增量维度和倍增维度均比较低。作者等 [10] 扩展低度量模型至绕道路由环境，发现绕道增量维度和倍增维度适中。

（3）三角不等性违例：存在 $(A, B, C)$ 满足 $d(A, B) + d(B, C) < d(A, C)$。S.Savage 等 [11] 测量了几十个广域网节点间的网络延迟，发现超过 20% 的三元组包含三角不等性违例。研究证实网络延迟空间包含一定比例的三角不等性违例，三角不等性违例随着时间动态地变化，并且与网络延迟计算方法有关，选择网络延迟测量结果的中间值或者平均值得到的三角不等性违例结果存在差异 [12]。

（4）分簇：节点集合存在由邻近节点组成的簇，使得簇内节点之间的网络距离低于簇间节点之间的网络距离。由于互联网呈现层次结构，广域网的网络延迟和网络带宽呈现层次的分簇结构，网络延迟空间显示出显著的分簇特征 [13]。通过 DNS 服务器间的网络延迟证实了网络延迟空间包含 3～4 个分簇，并且簇间节点间的平均距离大于或等于簇内节点距离的 2.5 倍。网络延迟空间的分簇特征造成同一个簇内的节点到其他节点的网络延迟产生相关性，使得网络延迟空间可以通过低维度的网络坐标进行近似。

（5）稳态：网络延迟在短期内呈现显著的稳态性，互联网路径延迟至少在分钟量级内是稳态的。K.Claffy 等 [14] 发现互联网路由路径的单向延迟具有分层偏移特征，并且每一层的稳态时间通常以天为量级。A.Mukherjee[15]证实了网络延迟在短时间内呈现稳态的特点，并且发现单个网络路径的双向网络延迟呈现偏移的伽马分布。

### 6. 小结

针对网络的规律性，采用人工智能技术对网络进行自动化管理和维护将是一个必然的趋势。网络研究领域已经提出了在无人干预条件下利用实时网络遥测构建网络环境的学习模型，实现智能化的网络管理、路由控制和边缘传输。网络采取学习的方式感知应用和网络的状态，获取应用的传输意图，根据网络状态分析推理进行路由控制，预测网络未来的行为，并提前调度网络资源满足传输需求。

然而缺乏对网络状态进行充分感知和知识驱动的自动化诊断与修复手段是实现智能化网络空间的核心瓶颈：① 实时性问题，网络系统规模大、状态空间维度高、网络环境波动剧烈；② 可观测性问题，网络系统屏蔽了操作系统访问接口，应用开发者难以监测和诊断服务性能波动与异常；③ 可推理问题，网络系统的可观测制约了应用网络性能的可预见性，服务架构包含复杂的有向无环图，端到端的性能优化效果关联大量的节点和复杂的消息交互关系。解决这些问题需要具备持续化、全维的性能可视能力，实现智能化网络态势感知与优化的运行环境，满足网络系统监控和优化需求。

## 1.1.2 网络测量

网络测量是计算机网络管理控制和体系优化的基础。传统的网络测量构建软硬件专用协议和组件进行计算机网络流量采集和网络行为统计，为计算机网络科研和关键网络信息系统管理和优化提供基础支撑[2,16]。

### 1. 广域网

计算机网络测量信息来源分散、复杂高维、实时快变、多元异构，信息的碎片化、片面化、不确定性问题严重[17]。商业网络因为信息机密和网络安全原因难以提供真实数据。端探测工具缺乏对网络行为的深层次综合分析，仅提供简单的网络服务质量统计信息，如ping与traceroute已沿用近半个世纪，探测可扩展性低且鲜有应用层次的价值特征。作为网络防御设施的防火墙、NAT、IPS、IDS等网络中间盒降低了网络测量的可视性[18]。新型软件定义的可编程网络设施增加了网络设备侧探测接口，但设备升级换代和协同困难[19]。

内容分发网络在大量的网络中部署了边缘服务器，具有覆盖范围广、稳定性好的优势，因此成为理想的网络延迟测量平台。典型的基于内容分发网络的网络延迟测量系统是阿卡迈（Akamai）公司的EdgePlatform平台和谷歌公司测量实验室的网络诊断工具等。然而，由于内容分发网络的主要功能是向用户提供内容分发服务，过高的主动测量将会干扰内容分发业务的服务质量，因此内容分发网络难以利用充裕的带宽资源收集大量节点之间的网络延迟状况，导致网络延迟测量范围比较窄。

大规模智能图分析技术对国民经济发展和国家安全具有重要意义。随着大数据的记录、收集和存储技术不断发展，如何分析数据规律和挖掘数据价值成为重要的问题。金融、生物医学、网络安全、情报集成、网络分析等领域的很多关键问题都可归结为在大规模无结构图中数据分析问题。其中，许多领域中的逻辑实体都可以直接或间接地对应图中的顶点，而实体间的关系则可以用图中的边表示，因此大规模智能图分析技术已经成为多学科领域的共性支撑。例如，美国爱因斯坦系统从 2000 年初即通过监听计算机网络流量图谱中的时空传输数据，检测异常信号并进行归因溯源；美国国家情报机构联合美国硅谷开源情报企业通过社交网络发现社区知识图谱中的人际关系和消息传播规律，成功支撑美国国防部发现可疑恐怖分子信息。当前各领域的图数据仍然不断增长，例如社交网络已经包含几十亿的顶点和边。正是基于图分析在国民经济和国家安全中的独特价值，美国国防高级研究计划局（Defense Advanced Research Projects Agency，DARPA）更是从 2017 年起，即依托美国 MIT 的林肯国家实验室举办 HIVE 挑战赛和 GraphChallenge 竞赛，将神经网络稀疏推理优化作为重点，针对维基百科、推特（Twitter）、道路网络、机器人系统、雅虎（Yahoo）数据集、Graph500 数据集等大规模图数据，鼓励参赛人员将图数据处理速度提升 1000 倍，图数据规模提升到十亿至万亿级别。

网络延迟空间的理论模型通过数学工具描述节点间的网络延迟状况，可以帮助研究者深入分析网络延迟空间的属性。已有的理论模型按照是否定义了节点之间的距离计算公式可以分为基于拓扑空间的模型和基于几何空间的模型。基于几何空间的模型主要包括欧氏空间、双曲空间、球面空间、向量空间等。欧氏空间、双曲空间、球面空间要求网络距离满足三角不等性条件，因此又属于度量空间的范畴。而向量空间允许三角不等性违例和非对称性存在，因而不属于度量空间的范畴。网络坐标方法主要基于几何空间模型计算节点之间的网络延迟。向量空间和低度量空间对距离关系的约束条件最少；度量空间要求距离关系满足三角不等性条件，其表示能力弱于向量空间和低度量空间；欧氏空间、双曲空间和球面空间不仅假设三角不等性成立，而且限定了距离计算公式。已有的理论模型难以分析网络延迟的尾部特征，只适用于描述平均延迟。

### 2. 数据中心网

数据中心常用 NetFlow[20]、sFlow[21] 网络协议收集网内网络设备的网络流量信息，大型网络信息系统则通常配置专用的监测服务定制化收集软件侧和网络侧的网络流量，进行网络行为监控与审计，提供服务质量信息和网络安全态势信息。云平台测量通过收集底层设施的使用情况，为管理员管理提供决策依据，也为用户提供性能监测途径。Amazon Cloud-Watch 对 AWS 实例以及实例运行的进程进行监测，可以读取用户自定义监测指标，并允许用户设置警报。Amazon EC2 实例内嵌了 CloudWatch 的基本监测功能，主要监测 CPU

利用率、数据传输速率、磁盘使用情况等。盛大监测宝支持 Linux/UNIX 以及 Windows 服务器监测，它通过 SNMP 协议监测远程服务器的性能，而远程服务器需要配置 SNMP 监测代理，通过身份验证（支持 v2c 和 v3）向信任的节点提供 SNMP 查询信息。阿里云监测支持 Linux/UNIX 和 Windows 平台的监测，能够对站点可用性和服务器性能进行监测，并提供短信报警支持。米海波等[22] 针对阿里云平台提出了细粒度的无监督性能诊断工具。针对网络应用通常包含多个网络流的特点，M.Lee 等[23] 提出了对属于相同应用会话的多个流进行优先级采样的方法，大幅提升网络流的分类精度。针对数据中心拓扑可控可知的特点，Y.H.Peng 等[24] 提出了基于探测路径剪枝的数据中心网络监视方法，根据网络丢包模式对失效链路进行定位。J.Mace 等[25] 提出了针对分布式系统性能追踪的 pivot tracing 方法，通过对系统不同位置动态插桩收集并合并不同位置的统计数据，能够得到跨分布式系统组件的性能结构视图。

### 3. 边缘网

边缘网可以通过主动或被动测量工具收集网络延迟。用户可以利用 traceroute 工具探测逐个跳步的路由链路，根据路由器网络地址将路由路径相互连接得到一个全局连通的拓扑图，然后利用互联网地址路由规则计算节点间的路由路径以及对应的网络延迟。典型的拓扑测量方法包括 iPlane[26] 和 Path Stiching[27]。由于同一个路由器的不同端口具有不同的网络地址，同时路由器的端口映射关系是网络提供商的隐私信息，因此该方法面临着如何将端口地址映射到真实路由器的挑战性问题。此外，为了增大拓扑结构的覆盖范围，该方法需要测量大量的路由路径信息。

基于域名服务器测量方法，利用公开递归域名服务器测量到其他域名服务器的网络延迟，作为与域名服务器邻近节点之间的网络延迟。典型的基于域名服务器的网络延迟测量方法包括 King[28] 和 Internet Sibilla[29]。由于查询者不需要维护任何基础设施，因此这种方法的经济成本极低。然而，过高的查询请求增大了域名服务器的负载，降低了网络延迟测量的精度，同时干扰了域名服务器的正常业务功能。

### 4. 发展趋势

计算机网络中人类信息流、正常机器流、恶意机器流占比日益呈三足鼎立的趋势，网络空间不断出现断网、DDoS、勒索病毒攻击等"灰犀牛"和"黑天鹅"事件，对网络行为感知与认知提出了新的挑战[30]。

随着智能化计算机网络的快速发展，网络测量从观测数据向提供感知与认知行为加速演化。随着计算机网络技术的发展以及分布式计算、人工智能、大数据、数字孪生技术的进步，计算机网络场景趋向于泛在虚实互联。为了满足严格的安全和服务质量要求，新型超大规模数据中心、企业网络、边缘网等计算机网络转向根据网络测量构建和下发执行智能化和计算密集型的管理与控制决策，大量智能网络行为应用涌现出来，例如，实时网络预警、智能流量工程、智能异常诊断、智能故障处理、智能验证评估[31]通过持续收集网络行为，辅助计算机网络管理和计算机网络智能系统应用，成为对经济、社会、安全产生重要影响的场景应用。

伴随着计算机网络系统智能化水平的不断提高，国家级和关键基础设施的网络对安全的需求极为迫切，例如美国爱因斯坦系统[32]支持对美国政务网络提供近实时的态势展示与人机协同预警控制，为此需要将网络流量压缩远程镜像到中心站点提取指纹，后续仍然依赖大量的人类专家知识对复杂网络行为和异常网络事件进行认知研判。

网络行为感知与认知要求提升网络探测的深度和广度，采集网络拓扑、流量、行为等多模态的大数据流。虚拟网络空间和物理世界不断融合，通过在网络中已部署的基础测量组件，以及在服务器、网络、操作系统和应用等不同层面部署的探针，对影响系统安全性的网络信息和数据进行采集，但网络空间中巨规模的设备、用户和系统产生了大数据，对其进行完整、实时采集极具挑战。

网络行为感知与认知要求对计算机网络行为进行建模与分析，需要新型智能化建模与技术突破。网络测量需要针对不同的网络场景和用户任务要求，实现更快、更准、更全面的网络行为建模和分析，为此需要基于数据采集和观察到的网络行为事件，用网络知识（规则）对网络的背景行为和用户应用产生的前景行为进行理解和对未来发展趋势进行预测，辅助计算机网络的管理和治理。例如，数据中心网络微秒级延迟可以导致丢失百万量级异常报文，占满交换机队列并导致拥塞，报文丢弃导致产生过多重传，不均衡的流量和服务器负载导致用户应用的满意度下降，经济损失、管理成本急剧增长。以图论、排队论、网络演算、复杂网络、网络层析映射 (tomography) 等为代表的经典模型体系，无法满足大规模多场景的网络建模要求。网络行为种类繁多（亿级），且不断演化和发展，网络中的恶意行为淹没在亿万用户/系统的正常行为之中，全面、准确和实时的检测极具挑战[33-34]。突破传统技术局限，实现全面全过程的网络行为建模与分析，是需要攻克的技术挑战。

网络行为感知与认知要求理解与推演网络行为，现有基于知识的网络行为认知手段，难以匹配机器更新速度和不断升级的应用协议和网络行为。对网络行为的推演和理解，要将生产网络环境下的所有网络行为按需灵活定制仿真复现到测试网络环境，推演网络的用户与自动应用场景行为的技术挑战是前景行为无法人工穷举，即互联网 300 多亿各类节点、300 余万种应用、近 2000 种网络协议的行为复杂度上界超过 $10^{20}$[16]。网络行为场景推演的种类越多，流程化、自动化水平越高，背景行为及前景行为组装运行越逼真，理解与推演网络行为的能力越强。然而，传统的多智能体学习、知识图谱等人工智能和大数据技术虽然提供了有益的技术路线，但难以适应真实目标环境下的架构不断演化、应用不断扩张、过程动态纠缠的网络行为，需要进一步研究新型的网络行为认知和仿真推演。基于近实时的计算机网络行为状态和预测，实现智能化的计算机网络行为的理解和网络重要行为复现，是网络行为认知要解决的问题。

## 1.2 网络感知与认知现状分析

### 1.2.1 基本概念

网络行为即网络运行过程中其上各类元素对象动态交互过程中产生的运行时环境。它以各类用户驱动的各类网络服务协议及应用为运行载体，用户与这些载体交互时将在网络上形成丰富多样的网络流量，反映出给定网络拓扑结构上、给定时间内的动态场景特点[35]。

网络行为可以分为背景行为和前景行为。背景行为对应与用户目标应用不相关的应用或设备生成的网络流量；前景行为对应与用户目标应用相关的网络流量，包括应用行为和用户行为。应用行为对应目标应用产生的流量，用户行为对应用户动态活动的事件序列或事件链。

对网络行为的获取和认识理解可以分为网络行为的感知（获取网络的原始信息并进行初步的信息归纳与融合）和网络行为的认知（针对不同的场景进行深度和广度的网络信息处理和应用）。根据网络行为的差异，网络感知与认知可以分为背景行为感知与认知和前景行为感知与认知。

### 1.2.2 背景行为感知与认知

#### 1. 网络路径

可扩展背景行为感知需要获取任意节点之间的实时网络状态。其技术挑战是用有限带宽获取网络的性能快照。其核心技术瓶颈是探测节点的计算能力和带宽瓶颈，即迈特卡夫定律使得网络的信息量远超计算机的计算能力和带宽。R.R.Kompella[36]、A.Sivaraman[37]、B.Du[38]、Y.B.Cuo[39]、Y.H.Xu[40]、N.K.Ahmecl[41]、S.Panda[42]及其合作者在SIGCOMM、SIGMETRICS、CoNext、ToN会议期刊上提出了基于应用流量数据包时间戳和的方式，动态地估计网络路径的性能，引领了网络路径探测的方向，但是其计算方式不能适应丢包或乱序的网络异常，在出现异常后丢弃受污染的记录，导致测量资源浪费并降低了测量精度。IEEE Fellow、密歇根州立大学教授A.X.Liu[43]通过数据摘要得到近似解，但在乱序和丢包时无法修复异常。近5年SIGCOMM、CONEXT、INFOCOM会议上发表的系列化的基于报文遥测的研究（如美国哈佛大学[44]、普林斯顿大学[45]、美国微软公司[46]、美国波士顿大学[47-49]、中国北京大学[50-52]、中国清华大学[53]等研究组）利用可编程交换机写入性能数据到报文元数据，实现带内测量，但测量成本正比于网络流量。上述研究无法在网络流量出现丢包、乱序时保障测量的精度，其核心不足是无法自动修复因丢包、乱序产

11

生的测量记录。作者在国际上首次发现了网络异常修复与集合异或运算的等价关系，提出了与网络流量速率无关的自修复单向网络延迟探测方法[54]，在无需额外开销的情况下同时测量单向延迟、丢包、乱序等关键性能指标；针对通用网络性能分级场景，提出了系列化的通用网络属性量化预测模型，根据网络属性的聚类基本规律提出了网络属性的量化方法[55]，将相似的网络属性归到同一等级，并通过调整等级规模实现细粒度的网络属性量化，解决了网络属性预测的通用化问题，即每出现一类待预测的网络空间属性，都需要改动现有的测量算法进行适配。

### 2. 全流量近似计算

全流量近似计算分析是网络安全和网络性能诊断优化的基础。其技术挑战是高速网络的全流量实时计算。其核心技术瓶颈是建模与分析性能瓶颈，吉尔德定律使得计算机的运算性能远低于网络流量增长速度。针对受吉尔德定律影响的建模与分析性能瓶颈，网络的精确计算不再适用。

数据摘要的基本思想是面向网络空间测量目标设计新型压缩表示的优化方法，从而将高速海量的网络空间信息转变为单机可处理的网络小数据。ACM Fellow、美国斯坦福大学讲席教授 M.Charikar 提出的 count-sketch[56] 和 ACM、IEEE Fellow G. Cormode 提出的 count-min 方法[57-58] 是主流的数据摘要方法，其理论保障建立在概率分布界限上，误差与数据流的 L1-范数相关，在实际环境下误差可能被任意放大。美国 CMU 讲席教授 V.Sekar 及合作者发表在 NSDI、SIGCOMM 会议期刊的论文基于多级 count-sketch 实现多任务的流量监测，误差累积放大问题更加严重[47-49]。北京大学杨仝和黄群课题组提出了系列化的数据摘要改进方法[50-52]，代表了国际上数据研究的领先水平。已有研究的核心瓶颈在于通过局部化的启发式改进数据摘要的结构或者近似算法，无法在全局保障网络流量近似的精度。作者观察到了面向亚线性存储的数据摘要和 K-均值聚类、自编码器的等价关系，因此控制近似计算的误差等价于对网络流量做线上的 K-均值聚类。作者据此提出了 K-均值最小化方差的动态网络流近似计算，解决波动无法最优控制的难题，利用离线训练和在线流量缓存动态计算网络流的聚类索引并更新数据摘要，同时提供了方差的理论证明。但是该方法的不足是需要动态维护在线流量的缓存。针对该问题，作者[33,59-61] 利用网络流具有动态组合的特点，将网络流增量分解为具有固定上界的子流 (subflow) 记录序列，首次将动态的网络流计算转换为静态的子流序列计算；提出了子流分解的无缓冲数据流近似计算，首次将动态的网络流转换为静态的子流序列，无须缓冲即可最小化近似的方差，并在理论上证明了利用子流序列的精度较利用原始网络流更高[33,60-62]。

### 3. 背景网络行为建模与推演

传统的研究方法通常采取统计模型合成报文或者回放互联网采集数据，这些方法具有计算开销低、易于部署测试的优势，但是由于对互联网行为模型存在简化假设，缺乏对复杂网络场景的仿真建模手段，难以全面复现远景、中景和近景的互联网行为特征。美国国家安全局开发的 WALKOFF [62] 采用了流程化和容器化的安全评测，不支持复杂行为的组装。美国未来网络实验床 DETER 开发的行为自动机模型 [63] 利用并发事件流程构建 DAG 行为，但是需要大量专家知识，并且无法快速部署应用。美国 CMU 国防软件工程研究所开发的 GHOSTS [64] 采用时间线配置事件行为链，但是不大规模地进行网络行为推演。作者 [35,65] 针对虚拟机节点、容器节点、离散事件仿真节点和实物节点在规模和仿真度方面的不同特点，提出了大规模去中心多级嵌套工作流编排，构建领域定制的大规模网络行为前景应用和背景行为模板，自动编程多元异构应用程序流程，解耦任务调度和应用部署，加速分布并行网络行为的生成与注入，复现网络用户操作行为、应用交互行为和互联网流量传输行为，极大化了网络节点及网络规模的生成。

## 1.2.3 前景行为感知与认知

与背景行为不同，前景行为包含用户和应用的丰富多模态特征和自主操作行为。对用户及应用的前景行为抽取特征，实时分析和仿真推演，是前景行为感知与认知的重点问题。如何对前景行为进行网络特征的抽取、存储传输和建模推演，提高计算、带宽、存储瓶颈下的可扩展性，成为国内外研究的热点。

### 1. 多模态特征采集

前景行为特征采集需要获取用户和应用的特征行为。其技术挑战是快速获取和保存高阶的用户特征信息。网络的计算能力和带宽限制了获取速度，而高阶信息的提取和存储手段限制了采集维度。为降低网络信息成本，布隆过滤器（Bloom Filter）是网络信息传输的常用结构。ACM Fellow、ACM SIGCOMM Test of Time 奖励获得者、美国哈佛大学教授 M.Mitzenmacher [66-67] 作为布隆过滤器的研究权威，指出了布隆过滤器的信息界限，并认为该信息界限是最优结果。国防科技大学教授、国家优青、CCF-IEEE CS 青年科学家郭得科 [68] 提出了系列化的布隆过滤器和哈希计算方法。已有研究的核心瓶颈在于无法挖掘网络信息结构的局部性在传输优化和信息处理优化之间进行综合权衡，并且尚未利用近似哈希计算存储高阶的网络信息。作者 [69-71] 设计了树状布隆过滤器模型，在国际上首次打破了经典布隆过滤器的最优界限，在同等传输量下将使布隆过滤器的查询假阳性数值下降超过 20%，使多布隆过滤器交的假阳性数值下降为原来的 10%。在此基础上，针对图结构和二维哈希计算的结构等价性，作者 [71] 带领合作者构建了二维哈希计算的网络流图模型，设计了高速缓冲存储器（cache）局部性的二维无锁存储结构和多阶段计算流水线，实现了单机多核 CPU 每秒超 7500 万次的网络报文插入效率。

**2. 前景行为建模与推演**

针对机器的多智能体自动行为规划问题，已有方法主要采用值函数分解的多智能体强化学习机制，但是受限于表达能力、采样效率，近似误差无法保障。针对英国牛津大学教授 S.Whiteson [72-74] 提出的多智能体 Q-学习方法 QMIX，作者通过理论和实验证明了 S.Whiteson 教授提出的理论无法满足分布个体-全局-最大 DIGM 原则，并针对性提出了基于残差函数的值函数分解策略，满足个体-全局-最大 DIGM 原则，同时据此提出了基于 Q-学习的去中心化多智能体训练方法，实现了多智能体训练的个体-全局-最大目标，研究成果发表于 ICASSP2021/2022 [75-76]、NeurIPS 2022（Spotlight）[77]。

## 1.2.4　工业界概况

针对网络的背景行为和前景行为的识别理解和预测需要，一体化、自动化的网络行为检测与响应技术得到了计算机工业界的广泛关注。例如，当发现僵尸流量时，要实时协调全网流量侧资源进行网络流（pcap）文件的留存和审计分析。其中网络行为检测与响应技术包括终端检测与响应（EDR）、网络检测与响应（NDR）、安全编排自动化和响应（SOAR）。EDR 技术起源于终端安全防护 EPP，在计算机网络端点部署轻量级测量代理采集终端行为，包括网络流量关键要素、网络流量 pcap 文件等，上报到中心数据分析平台集中存储和索引，实现集中式的终端安全态势研判分析，提供网络实时态势监控和主动性防御服务。NDR 技术利用人工智能和大数据技术对网络流量进行数据建模和深度关联，对检测到的异常行为进行流量还原、关联分析，并结合网络威胁情报发现和定位未知，在计算机网络层面实现对网内风险的实时监控，为网络高效安全运营提供支撑。国内相关技术主流厂商包括华为、安天、360、奇安信。以华为为代表的国内厂商，通过结合 EDR 与 NDR 技术，对 APT 攻击链进行步骤检测还原，建立文件异常、邮件异常、隐蔽通道等检测模型，并关联检测高级威胁，结合诱捕工具进行主动性防御。它们对网络会话的并发处理数已达1000 万/秒，会话新建数已达 10 万/秒，流量处理能力已达 6Gb/s [78]，但仍远未满足大数据中心百 Gb/s 或 Tb/s 以太网高速流量下的实时监控需求。

## 1.2.5　小结

综合上述分析，已有研究聚焦网络的可扩展背景行为感知、全流量近似计算分析、网络行为仿真场景编排开展工作，克服探测节点的计算能力和带宽瓶颈影响，实现高速网络的全流量实时计算，提升场景编排的种类和自动化水平。前景行为感知与认知研究聚焦对前景行为网络特征的抽取、存储传输和建模推演，提升前景行为特征采集计算、带宽、存储瓶颈下的可扩展性，支持前景行为多维关联计算、前景行为仿真推演。

针对网络的背景行为和前景行为的探测与建模推演取得了初步成果，但目前尚未满足网络的感知与认知的需求，在全域全景网络行为探测、动态实时的智能网络计算、场景适应的网络行为推演认知方面尚未取得很好的成果。

## 1.3 大规模网络行为感知与认知的科学技术问题

大规模网络行为感知与认知面临如下科学技术问题。

### 1.3.1 全域多模态的网络探测

理解背景行为和前景行为需要网络拓扑、流量、行为等多模态的大数据流。商业 ISP 因为商业和安全原因难以提供真实数据。仿真模拟缺乏逼真度。通常利用模态代表数据的分布，不同来源、分布不一致的数据代表不同模态的数据。模态表示方式分为单模态表示和多模态表示。单模态表示构建单一模态数据的高阶语义特征表示；多模态表示需要融合各模态的特征表示，输出包含各模态语义信息的表示，如计算机网络测量输出的文本数据、字节流数据、图片、视频应用载荷等。传统的网络探测仅通过少量的地标点，难以进行全域时空对齐，而且采集数据碎片化、稀疏化、偏斜化，导致网络探测存在大量的"黑洞"区域，难以探测深层次的上下文数据和关联信息。

大规模复杂网络环境要求通过云、管、端、雾多点分布协同采集和特征融合，建立网络数据谱系，基于高阶关联动态实时更新数据图谱。首先是如何面向预先不可知的网络探测任务弹性绑定网络探测架构，快速实现全域的网络探测，为多样化的网络行为感知和认知提供统一的探测框架；其次是如何协同网络探测任务，增加网络探测的覆盖范围和特征维度；最后是如何构建适应异构多模态数据交换协议和多模态网络画像增量的方法，并构建面向 IP、网络流量等不同尺度的网络探测和预测数据湖，以满足网络智能化的多元任务需求，为网络智能化建模与分析和行为认知提供数据资源支撑。

### 1.3.2 动态网络建模与实时计算

全面全过程的背景行为和前景行为是计算的理想目标。数字孪生网络场景从虚实互联向虚实互动转变，新型算力基础设施、云边端协同网络的智能化程度不断提升，虚拟网络空间和物理世界不断融合，云侧和边缘侧的数据急剧增长，人工智能和大数据技术不断构造新型的算法模型，泛在虚实互联的分布网络大数据场景下网络智能化水平不断提高，对传统的网络测量提出了新的挑战。网络空间攻击和防御交替演进已经成为网络安全的常态，对抗影响将更加广泛。研究网络行为规律，对于网络管理而言已经迫在眉睫。例如，为了保持严格的安全和服务质量目标 (service level objective，SLO)，数据中心、企业网络、边缘网络等计算机网络日益需要根据网络测量构建及下发执行智能化和计算密集型的管理与控制决策。

网络数据规模巨大，然而标签稀缺问题严重，传统的智能计算模型算法难以迁移适用。首先是如何获取高质量的网络表征向量和标注样本，为网络智能化建模与分析提供数据资源。其次是如何将传统的静态场景的神经建模与分析模型拓展到动态实时的网络环境，针对动态获取的网络样本提高训练过程和推理过程的自适应能力，保持动态环境下的模型稳定性。最后是如何动态调整模型结构，增量更新模型参数，有效适应对网络流量的在线实时建模与分析。

### 1.3.3 场景自适应网络行为抽取与评估

现有基于知识的背景行为和前景行为认知手段，难以匹配机器更新速度，以及不断升级的应用协议和恶意行为。发展面向多模态背景行为与前景行为的网络行为认识和仿真推演能力，是理解网络和复现网络重要行为要解决的问题。

网络背景行为和前景行为体系复杂，动态多变，而且具有显著的场景依赖和群体行为特征。首先是如何抽取面向对抗场景的原子化网络行为，支持报文、流量、应用等不同层次的原子化行为抽取与仿真。其次是如何构建面向网络对抗场景的多智能体，面向多样化真实场景构建多智能体的博弈场景和博弈规划，并面向分布异构的虚实网络，动态构建和部署运行网络场景的仿真评测。

## 1.4 本书主要内容

本书主要内容分为如下。

第 2 章 "网络信息的近似表示"。本章针对大规模网络信息的高效处理问题，面向以集合为中心的网络信息表示模型，开展基于布隆过滤器的集合表示模型和计算方法的设计与分析；提出了层次结构的布隆过滤器，设计实现了构建与查询方法，并通过理论进行严格分析。

第 3 章 "网络空间的邻近搜索"。网络行为集合可以建模为用户间双向交互矩阵，可以表征为一个泛化的拓扑距离空间，具有非对称、三角不等性违例、满秩的独特属性。表征必须要构造合适的拓扑距离空间的嵌入模型，才能设计理论上有保障的算法与协议，如去中心的网络邻近搜索、首领选择（leader selection）。拓扑嵌入和度量空间最近邻居搜索代表性的成果由美国科学院院士、ACM/IEEE Fellow 康奈尔大学教授 Jon Kleinberg 及其学生发表在 FOCS、JACM 理论领域顶级会议期刊上。其核心假设是拓扑嵌套模型基于三角不等性和对称性关系假设，但是该假设在网络中通常不成立。国内数据库学者的研究涉及部分度量嵌入领域，但是主要关注数据管理的索引构造，研究成果难以应用到动态实时的网络距离空间。已有研究的核心瓶颈在于模型不适应稀疏化、结构化、三角不等性违例的真实场景，难以在真实软件系统中实际构造。本章提出了满足三角不等性违例和非对称条件的超度量空间模型，通过增量维度和倍增维度实现了超度量空间的拓扑嵌入，并提出了去中心化的邻近搜索系统。

第 4 章"网络行为的关联分析"。基于流量图模型的网络流量监测方法除了能够表示网络流的丰富特征语义，还可以准确地捕获网络节点之间的连接关系，同时也为结合现有图的挖掘与分析成果研究网络流量的特征分析和演化规律提供了便利。但目前面向网络流的图模型往往无法满足高速数据包流带来的高吞吐量和存储压力，这大大限制了流量图模型在实际的网络流量监测场景中的应用。针对已有方法空间开销大、统计特征类型少、场景单一的问题，本章提出了流图模型，设计实现了基于流图的网络流量测量方法，该方法具有线性存储开销和常数级更新延迟，并支持多样化的流量统计特征。

第 5 章"网络行为的实时跟踪"。针对有限计算和存储资源下的高速网络流量探测与采集需求，目前主流的技术是采用数据摘要，即在网络测量设备的内存中构建固定空间大小的计数数组，逐数据报文抽取键值对（网络流标示，字节数/报文数），然后通过常数时间的哈希函数计算选择数据概要的数组元素并累积计数，最后在测量间隔（如 1s）结束后将数据概要上报给控制平面。网络管理人员或端侧用户查询数据概要，获取对应网络流标示的计数结果。数据概要具有常数级的计算复杂性，可以达到与全流量相同的覆盖范围，且具有完备的理论保障，可以保证计数的近似程度。因此，数据概要得到了广泛的应用，极大地丰富了网络探测的应用场景。主流的数据摘要技术在功能、性能和应用场景上进行了拓展优化。本章提出了基于在线 K-均值聚类的数据摘要模型与算法，实现了分布式的网络流近似计算。

第 6 章"网络行为的识别与分类"。网络流量分类已经成为现代通信网络中的一项重要任务。流量分类是防火墙、入侵检测、访问控制、服务质量 (QoS) 和异常检测的基本组成部分之一。在当今的网络环境中，流量分类的原始数据规模在扩大：应用种类越来越多样，流量分类粒度越来越细，需要分类的流量类型越来越多。与此同时，网络环境更加复杂，许多应用流量出于安全与隐私的考虑会加密自己甚至通过一些手段来掩藏自己的身份，这就使得传统的网络流量分类技术丧失其分类的性能。此外，一些恶意流量也会掩藏自己的身份，对网络安全造成威胁。本章提出了结合 BERT 和图神经网络的模型，该模型支持面向多种类型的网络流量的多模态信息特征的自动抽取和融合，实现多模态场景自适应的网络行为识别分类。

第 7 章 "网络行为的全域预测"。ACM/IEEE Fellow、CMU 教授 Zhang HUI 发表在 INFOCOM 会议期刊上的论文 GNP，仅适用于静态、三角不等性和对称性假设成立的情况；ACM Fellow、美国科学院院士 Frans Kaashoek 发表在 SIGCOMM 会议期刊上的论文拓展到动态环境，但不保证收敛；IEEE Fellow、美国滨州州立大学讲席教授 Jonathan M. Smith 扩展到非对称的环境，但不保证收敛。几何坐标系、向量坐标系、张量分解等低阶模型难以适应满秩、动态的网络性能，难以适应不同网络性能模态，并在新增节点或节点掉线时保证收敛。其核心瓶颈在于模型是封闭世界假设，而网络性能是开放的、波动的。针对该问题，本章提出了面向自定义网络测量指标的矩阵补全算法，并设计实现了实际系统。

第 8 章 "网络行为的自动测试"。针对用户行为结构表示问题，本章研究用户行为的动态编排调度方法，实现快速生成层次化的网络行为，支持自动化的网络测试验证。本章针对用户行为特征，将用户建模为智能体，将用户的网络行为建模为多级嵌套的行为图，顶点为应用的网络传输活动，边为应用间的时序或者因果关系；将用户的网络传输优化目标，等价转换为网络行为图的调度和执行优化问题。为了适应分布动态的网络环境，本章构建了图和应用两级的调度算法；首先，利用分布式的图调度器，跟踪每个网络行为图的调度；其次，利用分布式的应用调度器，采用推拉结合的任务分配策略，优化应用的冷启动时间，以及工作节点的负载均衡程度。同时，针对自动网络测试的应用需求，本章构建了网络行为图的自动化生成工具。

第 9 章 "网络行为的仿真推演"。面向网络空间安全研究、学习、测试、验证、演练等大规模的网络仿真评估需求，本章构建了网络行为仿真推演系统，该系统可快速、准确地复现并部署网络系统，逼真模拟网络行为，支持开展针对网络仿真的验证。

第 10 章 "结束语" 总结全书。

## 参考文献

[1] 中国工程院发布 "中国电子信息工程科技发展十大趋势" [EB/OL]. http://www.xinhuanet.com/ politics/2019-12/17/c_1125357788.htm.

[2] CAIDA[EB/OL]. https://www.caida.org/.

[3] Google App Engine[EB/OL]. https://appengine.google.com.

[4] Google plus[EB/OL]. https://plus.google.com/.

[5] LINDEN G. Make data useful[EB/OL]. https://sites.google.com/site/glinden/Home/Stanford DataMining. 2006-11-29.ppt.

[6] SZIGETI T, HATTINGH C. Quality of service design overview[EB/OL]. http://www. cisco-press.com/ articles/article.asp?p=357102&seqNum=2.

[7] FU Y Q, WANG Y J, BIERSACK E. HybridNN: Supporting network location service on gener-
alized delay metrics for latency sensitive applications[J]. arXiv preprint arXiv: 1108.1928, 2011.

[8] ABRAHAO B, KLEINBERG R. On the Internet delay space dimensionality[C]. In Proc. of the
8th ACM SIGCOMM Conference on Internet measurement, 2008: 157-168.

[9] FRAIGNIAUD P, LEBHAR E, VIENNOT L. The inframetric model for the Internet[C]. In Proc.
of the IEEE INFOCOM 2008 Conference, 2008: 1085-1093.

[10] FU Y Q, WANG Y J, PEI X Q. Towards latency-optimal distributed relay selection[C]. Proc.of
the 15th IEEE/ACM International Symposium on Cluster, Cloud and Grid Computing, 2015:
433-442.

[11] SAVAGE S, ANDERSON T, AGGARWAL A, et al. Detour: Informed Internet Routing and
Transport[J]. IEEE Micro, 1999, 19(1):50-59.

[12] LUMEZANU C, BADEN R, SPRING N, et al. Triangle inequality and routing policy violations
in the Internetc. Proc.of the 10th International Conference, 2009: 45-54.

[13] ZHANG B, EUGENE NG T S, NANDI A, et al. Measurement-based analysis, modeling, and syn-
thesis of the Internet delay space[J]. IEEE/ACM Trans actions on Networking, 2010, 18(1):229-
242.

[14] CLAFFY K, POLYZOS G C, BRAUN H W. Measurement considerations for assessing unidi-
rectional latencies[J]. Internetworking: Research and Experience, 1993, 4:121-132.

[15] MUKHERJEE A. On the dynamics and significance of low frequency components of Internet
load[J]. Internetworking: Research and Experience, 1992, 5:163-205.

[16] 国家互联网应急中心 [EB/OL]. https://www.cert.org.cn/.

[17] ZHANG Y, ROUGHAN M, WILLINGER W, et al. Spatiotemporal compressive sensing and
Internet traffic matrices[C]. Proc.of the ACM SIGCOMM 2009 Conference on Data Communi-
cation, 2009: 267-278.

[18] WANG Z G, QIAN Z Y, XU Q, et al. An untold story of middleboxes in cellular networks[J].
ACM SIGCOMM Computer Communication Review, 2011, 41(4): 374-385.

[19] SÁNCHEZ M A, BUSTAMANTE F E, KRISHNAMURTHY B, et al. Experiment coordination
for large-scale measurement platforms[J]. 2015 ACM SIGCOMM Workshop on Crowdsourcing
and Crowdsharing of Big (Internet) Data, 2015, 2:21-26.

[20] Netflow[EB/OL] https://www.cisco.com/c/zh_cn/tech/quality-of-service-qos/netflow/index.
html.

[21] 李吉媛. sFlow[EB/OL]. (2022-11-09). https://info.support.huawei.com/info-finder/encyclopedia
/zh/sFlow.htm l.

[22] MI H B, WANG H M, ZHOU Y F, et al. Toward fine-grained, unsupervised, scalable perfor-
mance diagnosis for production cloud computing systems[J]. IEEE Trans actions on. Parallel
and Distributed Syst ems, 2013, 24(6):1245-1255.

[23] LEE M, HAJJAT M Y, KOMPELLA R R, et al. A flow measurement architecture to preserve application structure[J]. Computer Networks, 2015. 77:181-195.

[24] PENG Y H, YANG J, WU C, et al. detector: A topology-aware monitoring system for data center networks[C]. Proc.of the 2017 USENIX Annual Technical Conference, 2017:55-68.

[25] MACE J, ROELKE R, FONSECA R. Pivot tracing: Dynamic causal monitoring for distributed systems[C]. Proc.of the 2016 USENIX Annual Technical Conference, 2016.

[26] MADHYASTHA H V, ISDAL T, PIATEK M, et al. iPlane: An information plane for distributed services[C]. In Proc. of the 7th USENIX Symposium on Operating Systems Design and Implementation, 2016: 367-380.

[27] WANG Y, LI X Y. Network distance prediction technology research[J]. Journal of Software, 2009, 20(6):1574-1590.

[28] GUMMADI K P, SAROIU S, GRIBBLE S D. King: Estimating latency between arbitrary internet end hosts[J]. In Proc. of the 2nd ACM SIGCOMM Computer Communication Review, 2002, 32(3):11.

[29] JANG K, LEE D K, MOON S B, Internet sibilla: Utilizing DNS for delay estimation service[J]. Proc. of the 2008 ACM CoNEXT Conference, 2008: 1-2.

[30] karmayu. 腾讯安全云鼎实验室. 从恶意流量看 2018 十大互联网安全趋势 [EB/OL].https://bbs. kanxue.com/thread-247642.html.

[31] 康红辉, 王强. 自智网络系统架构和技术发展趋势 [EB/OL]. https://www.zte.com.cn/china/ about/magazine/zte-technologies/2022/ 5-cn/3/1.html.

[32] EINSTEIN [EB/OL]. https://www.cisa.gov/einstein.

[33] GE K S, LU K, FU Y Q, et al. Compressed collective sparse-sketch for distributed data-parallel training of deep learning models[J]. IEEE J ournal on Sel ected Areas in Communications, 2023, 41(4):941-963.

[34] LAI Z Q, LI S W, TANG X D, et al. Merak: An efficient distributed DNN training framework with automated 3d parallelism for giant foundation models[J]. IEEE Transactions on Parallel Distributed Systems, 2023, 34(5):1466-1478.

[35] FU Y Q, HAN W H, YUAN D. Orchestrating heterogeneous cyber-range event chains with serverless-container workflow[C]. Proc. of the IEEE MASCOTS, 2022.

[36] KOMPELLA R R, LEVCHENKO K, SNOEREN A C. George varghese: Router support for fine-grained latency measurements[J]. IEEE/ACM Transactions on Networking, 2012, 20(3):811-824.

[37] SIVARAMAN A, CHEUNG A, BUDIU M, et al. Packet transactions: High-level programming for line-rate switches[C]. Proc.of the 2016 ACM SIGCOMM Conference, 2016:15-28.

[38] DU B, CANDELA M, HUFFAKER B, et al. Ripe ipmap active geolocation: Mechanism and performance evaluation[J]. ACM&IGCOMM Computer Communication Review, 2020, 50(2):3-10.

[39] GUO Y B, MELLETTE W M, SNOEREN A C, et al. Scaling beyond packet switch limits with multiple dataplanes[C]. Proc. of the 18th Internatioral Conference on emerging Networking Experiments and Technology, 2022:214-231.

[40] XU Y H, HE K Q, WANG R, et al. Hashing design in modern networks: Challenges and mitigation techniques[C]. Pro. of the USENIX Annual Technical Conference, 2022:805-818.

[41] AHMED N K, DUFFIELD N, ROSSI R A. Online sampling of temporal networks[J]. ACM Transactions on Knowledge Discovery from Data, 2021, 15(4):1-59.

[42] PANDA S, FENG Y X, KULKARNI S G, et al. SmartWatch: Accurate traffic analysis and flow-state tracking for intrusion prevention using smartNICs[C]. Proc. of the 17th International Conference on emerging Networking EXperiments and Technologies, 2021:60-75.

[43] DAI H P, ZHONG Y K, LIU A X, et al. Noisy bloom filters for multi-set membership testing[J]. ACM SIGMETRICS Performance Evaluation Review, 2016, 44(1):139-151.

[44] BASAT R B, RAMANATHAN S, LI Y L, et al. Pint: Probabilistic in-band network telemetry[C]. Proc. of the Annual Conference of the ACM Special Interest Group on Data Communication, 2020:662-680.

[45] GUPTA A, HARRISON R, CANINI M, et al. Sonata: Query-driven streaming network telemetry[C]. Proc. of the 2018 Conference of the ACM Special Interest Group on Data Communication, 2018:357-371.

[46] ZHU Y B, KANG N X, CAO J X, et al. Packet-level telemetry in large datacenter networks[J]. ACM SIGCOMM Computer Communication Review, 2015, 45(4):479-491.

[47] HUN N, LIU Z X, KIM D, et al. SketchLib: Enabling efficient sketch-based monitoring on programmable switches[C]. Proc. of the National Science Foundation, 2022:743-759.

[48] LIU Z X, BEN-BASAT R, EINZIGER G, et al. Nitrosketch: Robust and general sketch-based monitoring in software switches[C]. Proc. of the ACM Special Interest Group on Data Communication, 2019:334-350.

[49] LIU Z X, MANOUSIS A, VORSANGER G, et al. One sketch to rule them all: Rethinking network flow monitoring with univmon[C]. Proc. of the 2016 ACM SIGCOMM Conference 2016:101-114.

[50] YANG T, JIANG J, LIU P, et al. Elastic sketch: Adaptive and fast network-wide measurements[C]. Proc. of the 2018 Conference of the ACM Special Group on Data Communication, 2018:561-575.

[51] HUANG Q, SUN H F, LEE P P C, et al. Omnimon: Re-architecting network telemetry with resource efficiency and full accuracy[C]. Proc. of the Annual Conference of the ACM Special Interest Group on Data Communication, 2020:404-421.

[52] HUANG Q, LEE P P C, BAO Y G. Sketchlearn: Relieving user burdens in approximate measurement with automated statistical inference[C]. Pron. of the 2018 Conference of the ACM Special Interest Group on Data Communication, 2018:576-590.

[53] LIANG J Z, BI J, ZHOU Y, et al. In-band network function telemetry[C]. Proc. of the ACM SIGCOMM 2018 Conference on Posters and Demos, 2018:42-44.

[54] FU Y Q, BARLET-ROS P, LI D S. Every timestamp counts: Accurate tracking of network latencies using reconcilable difference aggregator[J]. IEEE/ACM Transactions on Networking, 2018, 26(1):90-103.

[55] FU Y Q, WANG Y J, BIERSACK E. A general scalable and accurate decentralized level monitoring method for large-scale dynamic service provision in hybrid clouds[J]. Future Generation Computer Systems, 2013, 29(5):1235-1253.

[56] CHARIKAR M, CHEN K, FARACH-COLTON M. Finding frequent items in data streams[J]. Theoretical Computer Science, 2004, 312(1):3-15.

[57] CORMODE G, MUTHUKRISHNAN S. An improved data stream summary: The count-min sketch and its applications[J]. Journal of Algorithms, 2005, 55(1):58-75.

[58] CORMODE G. Current trends in data summaries[J]. ACM SIGMOD Record, 2021, 50(4):6-15.

[59] FU Y Q, LI D S, SHEN S Q, et al. Clustering-preserving network flow sketching[C]. IEEE Proc. of the Conference on Computer Communications, 2020:1309-1318.

[60] FU Y Q, AN L, SHEN S Q, et al. Jellyfish: Locality-sensitive subflow sketching[C]. Proc. of the IEEE Conference on Computer Communications, 2021:1-10.

[61] FU Y Q, LI D S, SHEN S Q, et al. Resilient disaggregated network flow monitoring[C]. Proc. of the ACM SIGCOMM 2019 Conference Posters and Demos, 2019:54-56.

[62] nsacyber/WALKOFF[EB/OL].https://github.com/nsacyber/WALKOFF.

[63] Information Sciences Institute[EB/OL]. https://deter-project.org/blog/tags/magi.

[64] GHOSTS[EB/OL].https://github.com/cmu-sei/GHOSTS.

[65] 符永铨, 赵辉, 王晓锋, 等. 网络行为仿真综述 [J]. 软件学报, 2022, 33(1):274-296.

[66] MITZENMACHER M. A model for learned bloom filters, and optimizing by sandwiching[C]. Proc. of the Neural Information Processing Systems. 2019.

[67] MITZENMACHER M. Bloom filters[J]. Encyclopedia of Database Systems, 2018:2.

[68] LUO L L, GUO D K, MA R T B, et al. Optimizing bloom filter: Challenges, solutions, and comparisons[J]. IEEE Communications Surverys & Tutorials, 2019, 21(2):1912-1949.

[69] FU Y Q, WANG Y J. Bce: A privacy-preserving common-friend estimation method for distributed online social networks without cryptography[C]. Proc. of the 7th International Conference on Communications and Networking in China, 2012:212-217.

[70] FU Y Q. Ernst biersack: False-positive probability, and compression optimization for tree-structured bloom filter[J]. ACM Transactions on Modeling and Performance Evaluation of Computing Systems, 2016, 1(19):1-39.

[71] REN S Y, FU Y Q, PANG B, et al. Mercury: A highperformance streaming graph method for broad and deep flow inspection[C]. Proc. of the IEEE Smartworld, Ubiquitous Intelligence

Computing, 2022:596-603.

[72] IQBAL S, SCHRÖDER de WITT C A, PENG B, et al. Randomized entity-wise factorization for multi-agent reinforcement learning[C]. Proc. of the ICUR 2021 Conference Blind Submission, 2021:4596-4606.

[73] RASHID T, FARQUHAR G, PENG B, et al Weighted qmix: expanding monotonic value function factorisation for deep multi-agent reinforcement learning[C]. Proc. of the 30th International Conference on Neural Information Processing Systems, 2020: 10199-10210.

[74] RASHID T, SAMVELYAN M, SCHRÖDER C de WITT, et al. Qmix: Monotonic value function factorisation for deep multi-agent reinforcement learning[C]. Proc. of the 35th International Conference on Machine Learning, 2018:4292-4301.

[75] SHEN S Q, FU Y Q, SU H Y, et al. Graphcomm: A Graph neural network based method for multi-agent reinforcement learning[C]. Proc. of the IEEE International Conference on Acoustics, Speech and Signal Processing, 2021:3510-3514.

[76] SHEN S Q, LIU J, QIU M W, et al. Qrelation: An agent relation-based approach for multi-agent reinforcement learning value function factorization[C]. Proc. of the IEEE International Conference on Acoustics, Speech and Signal Processing, 2022:4108-4112.

[77] SHEN S Q, QIU M W, LIU J, et al. ResQ: A residual q function-based approach for multia-gent reinforcement learning value factorization[C]. Proc. of the Neural Information Processing Systems, 2022.

[78] Hisec Insight[EB/OL] https://support.huawei.com/enterprise/zh/security/hisec-insight-pid-25 1546180.

# 第 2 章
## 网络信息的近似表示

网络信息具有规模巨大、内容多源异构、非结构化的特点，这给网络信息处理带来了挑战。针对高效可扩展的网络信息的集合求解交集和差异并进行深入分析，精确的结果为网络应用提供准确的指导信息，而高效的计算则增强其实用性。交集在多种应用中呈稀疏（sparse）、偏斜（skewed）和动态特征。例如，在线社会网络中绝大多数用户之间没有或者仅有少量的共同好友（即稀疏特征）；而少部分的用户可能拥有较多的共同好友（偏斜特征）。上述特征并不是偶然出现的，而是由用户基数太大但用户拥有的元素（如朋友集合）呈现不均匀的分布造成的。例如，许多在线社会网络的参与用户超过百万量级，然而大多数用户只有数百个在线好友，少量用户可能拥有数千或更多的好友。已有工作难以在精确度和可扩展性之间取得较好的权衡。

## 2.1 网络信息近似表示技术

本章提出了基于布隆过滤器的网络信息近似表示框架，该框架支持高效的集合运算。网络信息的对比分析通常涉及大量元素的查询或交集运算，例如查询网络流量是否涉及关键信息、查询多个主机是否访问相同目的网址。在分布式缓存中，需要将大量更新的缓存对象分布式地发布到各个缓存节点中，因此一个缓存节点需要判断与其他缓存节点共有的缓存对象作为数据分发的依据。在线社会网络[1-2]向用户推荐好友时，需要根据用户之间的相似性选择推荐对象，而常用的相似性判断标准是不同用户之间的共同好友数目，例如 Facebook、人人网、朋友网等在线社会网络均以共同好友数目作为好友推荐依据。此外，Peer-to-Peer 应用中通过用户间拥有的共同文件数来快速地定位数据副本，从而加快数据传输[3]；云计算中通过对比更改文件的集合（相同文件的补集）进行文件备份[4]；企业网络的数据解冗余应用[5-6]需要识别不同站点之间的相同文件来减少冗余数据传输。

## 2.2 问题描述

将计算不同节点之间共享的元素统称为求集合的交或者简称为求交集。交集计算是一个典型的二元关系函数，即 $f: V \times V \to R$。交集计算结果反映了集合之间的相似度，因此将交集计算作为一种度量集合间相似距离的运算。

假定两个集合 $S_A$ 和 $S_B$ 包含一定数目的元素，其中每个元素都取自集合 $U = [0, u)$。目标是计算集合 $S_A$ 和 $S_B$ 的交集 $S_{AB}$，其中 $S_{AB}$ 的每个元素 $y$ 都满足 $y \in S_A, y \in S_B$。显然交集具有对称性，即 $S_{AB} = S_{BA}$。

给定一个具有 $n$ 个元素的集合 $S$，一个标准的布隆过滤器 $\text{BF}(S)$ 通过一个 $m$ 比特的数组 $I$ 来表示集合 $S$。数组 $I$ 的每比特初始值都为 0。为了存储一个元素，利用 $k$ 个独立的哈希函数 $h_1, h_2, \cdots, h_k$ 将一个元素 $y$ 映射到位于区间 $[1, m]$ 的 $k$ 个随机正整数。每比特 $I[h_i y]$ 都被设置为 1 $(i \in [1, k])$。布隆过滤器支持形如 "$y$ 是否满足 $y \in S$" 的查询：判断比特 $I[h_i y]$ 是否为 1 $(i \in [1, k])$，如果 $k$ 比特均为 1，则认定元素 $y$ 位于集合 $S$ 内；否则 $y \notin S$。两个布隆过滤器的交 $\text{BF}(AB)$ 定义为对应的两个比特数组相同位置比特的交，即 $I_{AB} = I_A[i] \cap I_B[i]$，$i \in [1, m]$。

布隆过滤器面临假阳性的问题，即元素 $y$ 的比特已经被其他元素设置为 1 时，布隆过滤器将始终认定元素 $y$ 位于集合 $S$ 内。布隆过滤器的假阳性概率定义为对于一个不在集合内的元素 $y$，布隆过滤器误报 $y$ 位于集合 $S$ 内的概率值。设填充因子 $f$ 为比特数组 $I$ 中 1 比特的比例。后验假阳性（posterior false positive rate）概率被定义为

$$P_a = f^k \tag{2.1}$$

假设哈希函数是完美随机的，那么任意元素映射到比特数组每个比特的概率是相同的。因此，一个元素的后验假阳性概率 $P_a$ 接近真实假阳性概率（记为 $P_o$）。最近的研究均采用后验假阳性概率作为布隆过滤器假阳性分析的度量，真实假阳性概率 $P_o$ 基于模拟输入的方式进行计算，没有解析表达式。因此，真实假阳性概率 $P_o$ 计算开销较高，并且实际计算结果受限于输入的元素的数目。例如，如果只选择 10 000 个输入元素，而真实假阳性概率 $P_o = 10^{-5}$，那么观测的假阳性概率将为零，这导致精确度仍然受限。因此，选择后验假阳性概率作为布隆过滤器的分析依据。

另外一个假阳性概率的定义是基于概率期望分析得到的。在向布隆过滤器插入 $n$ 个元素时，一比特仍然为 0 的概率为

$$(1 - 1/m)^{nk} \approx e^{-nk/m} \tag{2.2}$$

因此在插入 $n$ 个元素后一比特为 1 的概率为 $(1 - e^{-nk/m})$。然后，假设 $k$ 比特为 1 的事件为完全独立的（实际上这些事件并不相互独立，但是该假设仍然作为近似计算的依据），

那么 $k$ 比特同时为 1 的概率 $P_b$ 为

$$P_b \approx \left(1 - \mathrm{e}^{-nk/m}\right)^k \tag{2.3}$$

设 $\rho = m/n$，可简写式 (2.3) 为 $P_b = \left(1 - \mathrm{e}^{-k/\rho}\right)^k$。由于不需要将元素插入布隆过滤器中就可以计算概率 $P_b$，因此为加以区分，称 $P_b$ 为先验概率[7]。$P_b$ 常用于优化布隆过滤器的参数设置。例如，A.E.Broder 等[8] 发现满足最小化先验概率 $P_b$ 的最优哈希函数数目 $k$ 满足

$$k = (\ln 2)\frac{m}{n} = \rho \ln 2 \tag{2.4}$$

因此，最小化的先验概率 $P_b$ 可表示为

$$P_b = 0.5^k \approx 0.6185^\rho \tag{2.5}$$

P.Bose 等[9] 和 K.Christensen 等[10] 分别证实先验概率 $P_b$ 是真实假阳性概率 $P_o$ 的一个下界。因此，只利用先验概率选择布隆过滤器的参数，而利用后验概率 $P_a$ 对比不同类型布隆过滤器的假阳性。

假设两个用户分别拥有数据集 $A$ 和 $B$，并分别构建布隆过滤器 BF($A$) 和 BF($B$)。为了预测交集 $S_{AB}$，两个用户首先计算 BF($A$) $\cap$ BF($B$)（IBF），然后每个用户利用集合 $A$ 和 $B$ 分别独立地查询 BF($A$) $\cap$ BF($B$)，并将所有位于 BF($A$) $\cap$ BF($B$) 内的元素作为位于交集 $S_{AB}$ 内的元素。由于每个交集的元素的比特在 BF($A$) 和 BF($B$) 的比特数组中均为 1，因此 BF($A$) $\cap$ BF($B$) 与利用交集构建的布隆过滤器 BF($A \cap B$) 的比特数组类似。然而 BF($A$) $\cap$ BF($B$) 与 BF($A \cap B$) 并不完全相同。这是由于 BF($A$) $\cap$ BF($B$) 的一些比特可能被不在交集的元素设置为 1。因此，BF($A$) $\cap$ BF($B$) 较 BF($A \cap B$) 可能会引发更多的假阳性事件。

为了反映 IBF BF($A$) $\cap$ BF($B$) 的交集性能，度量 IBF BF($A$) $\cap$ BF($B$) 的假阳性概率并不准确。这是由于假定布隆过滤器表示的元素集合是实际插入该集合的元素，而假阳性概率度量的是不在集合的元素被错误地识别为属于该集合的概率。然而，由于并没有实际插入元素到 IBF BF($A$) $\cap$ BF($B$) 内，事先并不知道哪些元素被插入了 IBF BF($A$) $\cap$ BF($B$) 内。因此计算假阳性概率不足以反映 IBF BF($A$) $\cap$ BF($B$) 的精确度。针对该问题，把 IBF BF($A$) $\cap$ BF($B$) 表示的元素集合与实际交集的差异作为 IBF BF($A$) $\cap$ BF($B$) 求解交集的精确度度量。设 $S_{A-}$ 和 $S_{B-}$ 分别表示集合 $A$ 和 $B$ 内被 IBF BF($A$) $\cap$ BF($B$) 错误识别的元素。因此，IBF BF($A$) $\cap$ BF($B$) 实际表示的元素为 $S_{(A \cap B)^*} = S_{AB} \cup S_{A-} \cup S_{B-}$。定义 IBF BF($A$) $\cap$ BF($B$) 的绝对误差（absolute error）为

$$\frac{1}{T} \times \sum \left| S_{(A \cap B)^*} - S_{AB} \right| \tag{2.6}$$

设定布隆过滤器的大小为 $m = \rho \times n$，哈希函数数目取值为式(2.4)。表 2.1 显示了 10 000 次独立测试的平均绝对误差。增大布隆过滤器的大小可降低计算结果的绝对误差，但是即使利用 512 倍的布隆过滤器，仍然存在误差。因此，为了保证交集计算的零错误率，每个布隆过滤器都需要非常大的存储空间。

表 2.1　10 000 次独立测试的平均绝对误差

| $m/n$ | $\left|\dfrac{S_A}{S_B}\right| = 1$ | $\left|\dfrac{S_A}{S_B}\right| = 10$ | $\left|\dfrac{S_A}{S_B}\right| = 50$ | $\left|\dfrac{S_A}{S_B}\right| = 100$ |
|---|---|---|---|---|
| $\rho = 8$ | 2.28 | 1.09 | 1.08 | 1.08 |
| $\rho = 16$ | $5.18 \times 10^{-2}$ | $2.31 \times 10^{-2}$ | $2.34 \times 10^{-2}$ | $2.21 \times 10^{-2}$ |
| $\rho = 32$ | $2 \times 10^{-5}$ | $2 \times 10^{-5}$ | $2 \times 10^{-5}$ | $2 \times 10^{-5}$ |
| $\rho = 64$ | $2 \times 10^{-5}$ | $2 \times 10^{-5}$ | $2 \times 10^{-5}$ | $2 \times 10^{-5}$ |
| $\rho = 256$ | $2 \times 10^{-5}$ | $2 \times 10^{-5}$ | $2 \times 10^{-5}$ | $2 \times 10^{-5}$ |
| $\rho = 512$ | $1 \times 10^{-5}$ | $1 \times 10^{-5}$ | $1 \times 10^{-5}$ | $1 \times 10^{-5}$ |

不失一般性，假定集合 $S_A$ 和 $S_B$ 分别位于两个不同的机器内。目标是实现零错误率、低计算开销和低通信开销的交集计算。研究工作基于三点假设，本章分别介绍并解释其合理性：

(1) 精确计算交集，即"零错误率"。这是由于错误的交集将误导网络应用。例如，在线社会网络中错误的共同好友集合将误导用户建立好友关系，这将严重影响该应用的信誉；在文件解冗余应用中，把某些文件块错误地识别为冗余块将导致该文件块被删除，进而导致数据丢失。

(2) 降低计算开销，可以提升系统的整体效率，减少资源消耗和硬件成本。

(3) 降低通信开销，可以减少网络响应时间，提升用户体验。用户经常将下载的视频文件缓存到硬盘以方便后续观看。

因此交集计算过程的评价指标包括三个方面：错误率；计算开销；通信开销。

## 2.3　系统架构

本章设计并实现了一个新型的树状布隆过滤器，称为 BloomTree。BloomTree 组织为一个树状结构，树共包含 $d$ 层，树中的每个节点对应一个标准的布隆过滤器。每个布隆过滤器的 1 比特在下一层对应一个布隆过滤器（称为子女节点），同层的布隆过滤器称为兄弟节点，最底层的节点称为叶节点。图 2.1 给出了一个 BloomTree 的实例，每一层的哈希函数数目为 2。

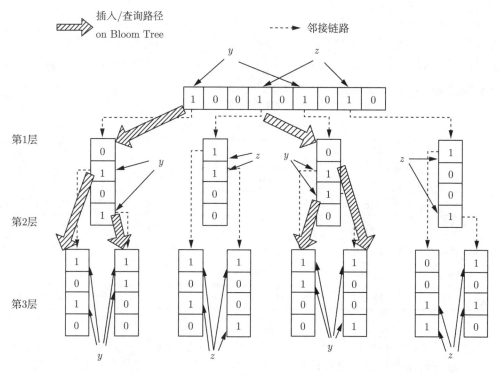

图 2.1  BloomTree 示意图

BloomTree 中不同布隆过滤器的哈希函数是相互独立的，同时，一个布隆过滤器的哈希函数唯一取决于该布隆过滤器在树中的位置。因此，假定两个 BloomTree 具有相同的参数设置（树的层次、每个布隆过滤器的大小以及哈希函数数目），相同的元素总是插入相同位置的布隆过滤器中。相应地，在求解交集时，将对应的两个 BloomTree 相同位置的布隆过滤器按照自上而下的顺序求交，然后查询位于这些布隆过滤器交集的元素作为交集。为了得到准确的交集结果，通过参数优化的方式将 BloomTree 求交的假阳性概率降低至零，从而得到与真实交集相同的结果；提出基于随机规划的参数设置方法，离线的计算 BloomTree 的最优参数设置，然后将该配置分发到每个节点。

随着集合的增大，对应的 BloomTree 存储空间动态地扩展，因此 BloomTree 更能适应偏斜的数据集。根据每个布隆过滤器在树中的位置独立地选择哈希函数，因此每个元素在 BloomTree 中的位置是唯一确定的，并且不同布隆过滤器的假阳性事件相互不相关。如果需要查询两个集合的交集，对这两个集合对应的 BloomTree 相同位置的布隆过滤器求交，然后查询这些布隆过滤器的交对应的元素即可预测交集。由于不同布隆过滤器的假阳性事件是互不相关的，通过多个布隆过滤器的交进行查询能避免单个布隆过滤器的假阳性造成的错误判断。然而实现零误差、高效的交集计算还需要仔细权衡 BloomTree 的参数设置。基于随机规划的方式选择每个布隆过滤器的大小以及哈希函数数目，可以优化 BloomTree 求解交集时的假阳性概率、带宽开销以及计算开销。这样在相同存储开销下，BloomTree

的假阳性概率较传统的布隆过滤器降低了多个量级，并且交集计算实现了零误差，计算开销和带宽开销均有大幅度降低。这说明对于稀疏、偏斜的交集，BloomTree 通过多层的布隆过滤器交避免单个布隆过滤器的假阳性造成的错误。实验发现，利用两层或者更多层的 BloomTree 能够实现零误差、高效的交集计算。

## 2.4 关键算法

设 $B$ 表示一个 BloomTree，$B.\text{BF}$ 表示树中根节点对应的布隆过滤器，$B.T$ 对应以根节点的所有子女节点为根节点组成的子 BloomTree 的数组。$B.T$ 中每一项初始化为空（Null）。随着新的元素不断插入 BloomTree，动态地更新 $B.\text{BF}$ 和 $B.T$。对于第 $i$ 层的布隆过滤器，设定其大小以及哈希函数数目分别为 $m_i$ 和 $k_i$，其中 $i \in [1, d]$。

### 2.4.1 新元素插入

当向 BloomTree 插入元素时，沿着根节点自上而下逐层插入。BloomTree 初始化为只有一个根节点，其余的节点是随着集合动态扩展而不断插入的，因此不同规模的集合对应的 BloomTree 大小是不同的。在插入一个元素时，首先将该元素插入第一层的布隆过滤器，并记录其哈希函数位置。然后对于每个位置，递归地插入下一层布隆过滤器，如果下一层没有与该哈希位置对应的布隆过滤器，就新增加一个与该哈希位置对应的布隆过滤器。因此一个哈希位置只唯一对应一个子女节点，而一个布隆过滤器至多具有与比特数组相同比特数的子女节点。递归地将一个元素插入树的下层，直至在树的底层布隆过滤器完成元素插入过程。

假定需要将一个元素 $y$ 插入图 2.1 所示的 BloomTree 中。首先计算 $y$ 在第一层布隆过滤器的哈希位置（第 1 和第 6 比特），并将这两个位置的比特设置为 1。由于第二层没有布隆过滤器对应第 1 和第 6 比特，则相应地在第二层插入两个布隆过滤器，并与根节点分别建立一条边。然后，将元素 $y$ 插入第二层的这两个布隆过滤器。最后与上述过程类似，递归地将元素 $y$ 插入第三层。算法 1 给出了元素 $y$ 的插入过程。

如果一个布隆过滤器为全 1 数组，那么该布隆过滤器的比特数组将不再发生变化。因此，不需要在该布隆过滤器执行元素插入操作，而是直接跳到下一层继续执行元素插入操作。算法 1 是一个递归插入的过程，递归深度为树的层次数。哈希函数最大计算次数为

$$\left( k_1 + k_1 k_2 + \cdots + \prod_{i=1}^{d} k_i \right) = O\left( \prod_{i=1}^{d} k_i \right) \tag{2.7}$$

---

**算法 1:** 元素 $y$ 的插入过程

---

1  $\text{Insert}(y, B, \text{depth})$

2  **if** $\text{depth} > \text{BloomTreeDepth}$ **then**

3  $\quad$ **return**;

4  **if** $B.\text{BF}[i] == 1, \forall i \in [1, m_{\text{depth}}]$ **then**

5  **else**

6  $\quad$ $\text{InsertBF}(B.\text{BF}, y, \text{depth})$;

7  **if** $\text{depth} < \text{BloomTreeDepth}$ **then**

8  $\quad$ 利用哈希函数 $H_{\text{depth}}$ 计算 $y$ 的哈希索引，记为 $\text{Id}x$;

9  $\quad$ $\text{Insert}(y, \text{Id}x, B.T, (\text{depth} + 1))$;

10  $\text{Insert}(y, \text{Id}x, T, \text{depth})$ **for** $i = 1 \to \text{Id}x.\text{length}$ **do**

11  $\quad$ $j \leftarrow \text{Id}x[i]$;

12  $\quad$ **if** $T[j] = \text{Null}$ **then**

13  $\quad\quad$ $T[j].\text{BF} \leftarrow \text{createBF}(m_{\text{depth}}, H_{\text{depth}})$;

14  $\quad\quad$ $T[j].T \leftarrow \text{Cell}[m_{\text{depth}}]$;

15  $\quad$ $\text{Insert}(y, T[j], \text{depth})$;

16  $\text{InsertBF}(\text{BF}, y, \text{depth})$ **for** $i = 1 \to k_{\text{depth}}$ **do**

17  $\quad$ $\text{BF}\left(H_i^{\text{depth}}(y)\right) = 1$;

---

## 2.4.2  元素查询

当查询一个元素时，沿着根节点向下层逐层查询。选择元素在根节点对应的哈希位置：如果所有的位置均为 1，那么查询这些比特对应的下一层的所有子女节点，并递归执行上述过程直至在叶节点完成查询。如果该元素在所有查询过的布隆过滤器中的哈希位置均为 1，那么称该元素在集合内；否则，称该元素不在集合内。

例如，为了在图 2.1 所示的 BloomTree 中检测元素 $y$ 是否位于 BloomTree 内，首先在根节点处计算得到元素 $y$ 的两个哈希位置（第 1 和第 6 比特）均为 1，则根顶点报告元素 $y$ 位于该布隆过滤器内。然后对这两个哈希位置对应的第二层布隆过滤器递归地查询元素 $y$ 是否位于集合内，直至在叶节点处完成查询。由图 2.1 所示的 BloomTree 可知，元素 $y$ 被认为位于集合内。

如果一个布隆过滤器为全 1 比特数组，那么任意元素均被该布隆过滤器报告为位于集合内，因此直接检查该布隆过滤器对应的下一层子女节点。

### 2.4.3  前缀独立的哈希函数设计

本节介绍如何设计 BloomTree 中每个布隆过滤器的哈希函数,以满足两方面的目标:① 为了实现不同布隆过滤器的假阳性事件是相互独立的,每个元素在每个布隆过滤器中的位置需要完全随机化,并且与在其他布隆过滤器中的位置不相关,这就要求实现不同位置的布隆过滤器的哈希函数相互独立;② 为了维护布隆过滤器求交的语义正确性,需要保证任意元素在 BloomTree 中的插入位置是唯一确定的,使得可对两个 BloomTree 中相同位置的布隆过滤器求交并查询交集结果,因此,不同 BloomTree 中相同位置的布隆过滤器的哈希函数需要相同。

为了实现上述目标,首先,为树中的每个布隆过滤器计算一个基于位置的前缀字符串,通过该前缀唯一地确定 BloomTree 中的一个布隆过滤器。其次,根据每个前缀为每个布隆过滤器分配相互独立的哈希函数。这样任意两个 BloomTree 中相同位置的布隆过滤器均有相同的前缀,从而具有相同的哈希函数。

**1. 基于位置的前缀分配**

根据每个布隆过滤器在 BloomTree 中的位置分配一个唯一的前缀。这是由于任意布隆过滤器均唯一对应父节点中的 1 比特(根节点除外);相反地,任意布隆过滤器的 1 比特均唯一对应下一层的一个布隆过滤器,因此树中每个节点的位置是唯一确定的。设根节点的前缀为 1,第 $i$ 层的布隆过滤器的前缀为一个 $i$ 元组,即 $(q_{i-1}, \cdots, q_1, 1)$,$q_i$ 为一个布隆过滤器在对应父节点的比特索引。例如,图 2.1 中第二层的 4 个布隆过滤器由左至右的前缀分别为 $(1,1), (4,1), (6,1), (8,1)$;第三层的 8 个布隆过滤器的前缀由左至右分别为 $(2,1,1),(4,1,1), (1,4,1), (2,4,1), (2,6,1),(3,6,1), (1,8,1), (4,8,1)$。

**2. 基于前缀独立的哈希函数分配**

给定一个具有前缀 $Z$ 的布隆过滤器,需要为其分配一组相互独立的哈希函数,同时,不同前缀的布隆过滤器的哈希函数也需要相互独立。根据 A.Kirsch 和 M.Mitzenmacher[11] 提出的哈希函数的线性组合原理来设计哈希函数。

假设需要为第 $i$ 层的布隆过滤器分配 $k_i$ 个哈希函数,该布隆过滤器的前缀为 $Z$。算法的输入包括元素 $y$、前缀 $Z$ 以及哈希索引 $j$($j \in [1, k_i]$);算法的输出是对应的一个哈希值。首先,利用前缀 $Z$ 和索引 $j$ 构建一个"种子",然后利用该"种子"得到元素 $y$ 的哈希值。迭代地调用 CRC 校验和函数构建"种子",这样"种子"的数值唯一取决于前缀 $Z$,使得包含相同数字但是顺序不同的两个前缀对应的哈希函数互不相同。由于"种子"计算过程不依赖元素 $y$,因此预先计算"种子",然后每次调用"种子"实现哈希数值计算。CRC 校验和函数的计算复杂度为 $O(l)$,$l$ 为元素 $y$ 的长度。

## 2.5 稀疏距离测量

本节介绍如何利用 BloomTree 计算两个集合的交集。假定两个 BloomTree 采取相同的参数设置，任意元素 $y$ 在两个 BloomTree 的映射位置是唯一确定的，因此交集的元素在不同 BloomTree 的映射位置是相同的。基于上述特性，递归地求解 BloomTree 中相同位置布隆过滤器的交，然后查询所有位于这些布隆过滤器的交的元素作为预测的交集。交集测量方法正是基于上述思想实现的。

下面详细介绍 BloomTree 求交的过程。首先顺序地对两个 BloomTree 的相同位置的布隆过滤器求交，然后选择结果中的 1 比特位置对应的下一层布隆过滤器，递归地求解对应布隆过滤器的交。接着将这些布隆过滤器的交作为节点，并将这些布隆过滤器的交按照其对应的布隆过滤器的前缀放于相同位置，构建一个新的 BloomTree（称为 BloomTree 的交，简称为 Intersection of BloomTree 或者 IBT）。最后，利用两个集合分别查询 IBT，并将 IBT 报告位于集合内的元素作为两个集合的交集。

图 2.2 给出了一个求解两个三层 BloomTree 交的实例。顺序地计算每一层布隆过滤器的交，并构建 BloomTree 的交 IBT。查询 IBT 可知预测的交集为 $y$，与真实的交集相同。

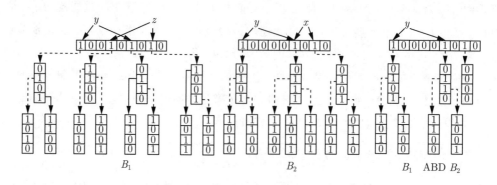

图 2.2　BloomTree 求交过程

根据 BloomTree 的结构特点能够进一步降低求解过程的计算开销和带宽开销。如果在两个 BloomTree 的某个相同位置只有 1 个布隆过滤器，那么将该位置对应的布隆过滤器的交设为空，并停止对该位置对应的下一层布隆过滤器求解交集。由 2.4 节可知，如果一个布隆过滤器的所有比特均为 1，那么 BloomTree 用 1 比特代替该布隆过滤器。针对具有 1 比特的 BloomTree 求解交集与上文类似，只不过接收方在检测到当前位置的节点仅为 1 比特时，直接根据该 1 比特在树中的位置求解其子女节点的交。

为了进一步降低 BloomTree 的带宽开销，将 BloomTree 基于算术编码压缩后再进行传输。例如，将 BloomTree 中的每个不全为 1 比特的布隆过滤器进一步降低其传输开销。接收方如果检测到基于算术编码的传输项，则利用相应的解码过程恢复该布隆过滤器，然后进行相同位置的布隆过滤器的交运算。然而，BloomTree 的存储空间因引入了编码过程而增大，BloomTree 求交的计算开销也因引入压缩与解压缩过程而增大。此外，通过实验发现，利用三层的 BloomTree 即可精确地计算交集，此时带宽开销为几十至数百千字节，不会成为交集运算过程的性能瓶颈。因此，没有引入额外的编码过程。

## 2.6 布隆过滤器理论分析

### 2.6.1 假阳性分析

本节介绍 BloomTree 的假阳性。首先，若针对一个不在集合内的元素 $y$，BloomTree 发生假阳性事件，可知查询元素 $y$ 的过程中，参与的每个布隆过滤器均报告元素 $y$ 在集合内；否则 BloomTree 必报告 $y$ 不在集合内。其次，由于每个布隆过滤器的哈希函数是独立选择的，每个布隆过滤器独立地为每个插入元素选择比特位置，一个布隆过滤器内发生了假阳性事件并不意味着其子女节点或者其父节点同样发生假阳性事件。因此，BloomTree 中不同布隆过滤器的假阳性事件是相互独立的。综合上述两方面分析可知，BloomTree 的假阳性概率等于参与查询过程的所有布隆过滤器的假阳性概率的乘积。查询过程（自根节点起直至叶节点）包括的布隆过滤器数目如下：

$$\left(1 + k_1 + \cdots + \prod_{i=1}^{d-1} k_i\right) = O\left(\prod_{i=1}^{d-1} k_i\right) \tag{2.8}$$

因此 BloomTree 的假阳性概率较任意一个布隆过滤器呈指数级降低，其中 $k_i$ 代表第 $i$ 层的布隆过滤器的哈希函数数目。根据上文分析，BloomTree 的后验假阳性概率定义为

$$P_a(B) = P_a(B.\text{BF}) \times \prod_{i=1}^{k_1} P_a(B.T[j_i]) \tag{2.9}$$

例如，图 2.1 中根节点的后验假阳性概率为 $(4/9)^2 \approx 0.20$，其余节点的后验假阳性概率为 $(1/2)^2 = 0.25$。那么整个 BloomTree 的后验假阳性概率为

$$(4/9)^2 \times \left((1/2)^2 \times \left((1/2)^2 \times (1/2)^2\right)\right)^2 \approx 4.82 \times 10^{-5}$$

计算 BloomTree 的先验假阳性概率，用以优化 BloomTree 的参数设置。设一个前缀为 $(Q,1)$ 的布隆过滤器输入的元素数目为一个随机变量 $Y_Q$。假设哈希函数为完美随机的，

那么每个布隆过滤器（根节点除外）的插入元素数目均服从二项分布。例如，一个前缀为 $(j_{l_2}, 1)$ 的第二层布隆过滤器的输入元素 $Y_{j_{l_2}}$ 满足

$$\Pr\left(Y_{j_{l_2}} = r\right) = \binom{nk_1}{r}\left(\frac{1}{m_2}\right)^r\left(1 - \frac{1}{m_2}\right)^{nk_1 - r}$$

其中，$l_2 \in [1, m_1]$。类似地，一个前缀为 $(j_{l_p}, \cdots, j_{l_2}, 1)$ 的第 $p(p \geqslant 3)$ 层布隆过滤器的插入元素数目满足

$$\Pr\left(Y_{(j_{l_p}, \cdots, j_{l_2})} = r\right) = \binom{Y_{(j_{l_{p-1}}, \cdots, j_{l_2})}k_{l-1}}{r}\left(\frac{1}{m_l}\right)^r\left(1 - \frac{1}{m_l}\right)^{Y_{(j_{l_{p-1}}, \cdots, j_{l_2})}k_{l-1} - r} \tag{2.10}$$

一个两层 BloomTree 的先验假阳性概率定义为第一层和 $k_1$ 个第二层布隆过滤器的先验假阳性概率的乘积：

$$P_b = \left(1 - e^{-nk_1/m_1}\right)^{k_1}\prod_{l_2=1}^{k_1}\left(1 - e^{-Y_{j_{l_2}}k_2/m_2}\right)^{k_2}$$

而具有 $d$ 层的 BloomTree 的先验假阳性概率定义为

$$P_b(n, m, k) = \left(1 - e^{-nk_1/m_1}\right)^{k_1} \times \left(\prod_{l_2=1}^{k_1}\left(1 - e^{-Y_{j_{l_2}}k_2/m_2}\right)^{k_2}\right) \times$$

$$\cdots \times \left(\prod_{l_2=1}^{k_1}\cdots\prod_{l_d=1}^{k_{(d-1)}}\left(1 - e^{-Y_{(j_d, \cdots, j_{l_2})}k_d/m_d}\right)^{k_d}\right)$$

$$= \left(1 - e^{-nk_1/m_1}\right)^{k_1} \times$$

$$\prod_{p=2}^{d}\left(\prod_{l_2=1}^{k_1}\cdots\prod_{l_p=1}^{k_{(p-1)}}\left(1 - e^{-Y_{(j_{l_p}, \cdots, j_{l_2})}k_p/m_p}\right)^{k_p}\right) \tag{2.11}$$

### 2.6.2 树状布隆过滤器交的假阳性概率

给定两个 BloomTree，假设分别插入 $n_1$ 和 $n_2$ 个元素。对二者求交得到的新的 BloomTree（标记为 IBT）求解假阳性概率。

设 $Z_{(j_{l_p}, \cdots, j_{l_2})}(i) \in \{0, 1\}$ 代表前缀为 $(j_{l_p}, \cdots, j_{l_2}, 1)$ 的布隆过滤器中的第 $i$ 比特。在向该布隆过滤器插入 $Y_{(j_{l_p}, \cdots, j_{l_2})}$ 个元素后，该布隆过滤器的第 $i$ 比特的期望值为

$$E\left[Z_{(j_{l_p}, \cdots, j_{l_2})}(i)\right] = 1 - (1 - 1/m_p)^{Y_{(j_{l_p}, \cdots, j_{l_2})}k_p}$$

$$\approx 1 - e^{-Y_{(j_{l_p}, \cdots, j_{l_2})}k_p/m_p} \tag{2.12}$$

对两个具有相同前缀 $\left(j_{l_p}, \cdots, j_{l_2}, 1\right)$ 的布隆过滤器,假设向二者分别插入 $Y_{\left(j_{l_p}, \cdots, j_{l_2}\right)}$ 和 $Y'_{\left(j_{l_p}, \cdots, j_{l_2}\right)}$ 个元素,那么对这两个布隆过滤器求交后得到的新的布隆过滤器的第 $i$ 比特的期望值为

$$
\begin{aligned}
E\left[Z^{\cap}_{\left(j_{l_p}, \cdots, j_{l_2}\right)}(i)\right] &= E\left[Z_{\left(j_{l_p}, \cdots, j_{l_2}\right)}(i) \times Z'_{\left(j_{l_p}, \cdots, j_{l_2}\right)}(i)\right] \\
&= E\left[Z_{\left(j_{l_p}, \cdots, j_{l_2}\right)}(i)\right] \times E\left[Z'_{\left(j_{l_p}, \cdots, j_{l_2}\right)}(i)\right] \\
&\approx \left(1 - e^{-Y_{\left(j_{l_p}, \cdots, j_{l_2}\right)} k_p / m_p}\right)\left(1 - e^{-Y'_{\left(j_{l_p}, \cdots, j_{l_2}\right)} k_p / m_p}\right)
\end{aligned} \tag{2.13}
$$

接着求解前缀为 $\left(j_{l_p}, \cdots, j_{l_2}, 1\right)$ 的两个布隆过滤器的交包含的 1 比特的比例:

$$
\frac{1}{m_p} \times \left(\sum_{i=1}^{m_p} Z^{\cap}_{\left(j_{l_p}, \cdots, j_{l_2}\right)}(i)\right) \tag{2.14}
$$

其对应的期望值为

$$
\begin{aligned}
&E\left[\frac{1}{m_p} \times \left(\sum_{i=1}^{m_p} Z^{\cap}_{\left(j_{l_p}, \cdots, j_{l_2}\right)}(i)\right)\right] \\
&= \frac{1}{m_p} \times \sum_{i=1}^{m_p} E\left[Z^{\cap}_{\left(j_{l_p}, \cdots, j_{l_2}\right)}(i)\right] \\
&= \left(1 - e^{-Y_{\left(j_{l_p}, \cdots, j_{l_2}\right)} k_p / m_p}\right)\left(1 - e^{-Y'_{\left(j_{l_p}, \cdots, j_{l_2}\right)} k_p / m_p}\right)
\end{aligned} \tag{2.15}
$$

利用式 (2.15) 表示两个 BloomTree 的交的后验假阳性概率:

$$
\begin{aligned}
&\left(\frac{1}{m_1} \times \left(\sum_{i=1}^{m_1} Z^{\cap}(i)\right)\right)^{k_1} \times \\
&\prod_{p=2}^{d}\left(\prod_{l_2=1}^{k_1} \cdots \prod_{l_p=1}^{k_{p-1}}\left(\frac{1}{m_p} \times \left(\sum_{i=1}^{m_p} Z^{\cap}_{\left(j_{l_p}, \cdots, j_{l_2}\right)}(i)\right)\right)^{k_p}\right)
\end{aligned} \tag{2.16}
$$

其中,$Z^{\cap}$ 对应两个根节点的交对应的比特数组。类似式 (2.15),$Z^{\cap}$ 的期望值 $E\left[Z^{\cap}\right]$ 为 $\left(1 - e^{-n_1 k_1 / m_1}\right)\left(1 - e^{-n_2 k_1 / m_1}\right)$。

由于不同布隆过滤器的 1 比特比例集中于其期望值[7],因此近似地表示式 (2.16) 的期望值为

$$
\begin{aligned}
&\left(\left(1 - e^{-n_1 k_1 / m_1}\right)\left(1 - e^{-n_2 k_1 / m_1}\right)\right)^{k_1} \times \\
&\prod_{p=2}^{d}\left(\prod_{l_2=1}^{k_1} \cdots \prod_{l_p=1}^{k_{p-1}}\left(\left(1 - e^{-Y_{\left(j_{l_p}, \cdots, j_{l_2}\right)} k_p / m_p}\right)\left(1 - e^{-Y'_{\left(j_{l_p}, \cdots, j_{l_2}\right)} k_p / m_p}\right)\right)^{k_p}\right)
\end{aligned}
$$

$$= P_b(n_1, m, k) \times P_b(n_2, m, k) \tag{2.17}$$

即两个 BloomTree 的先验假阳性概率的乘积。

### 2.6.3 树状布隆过滤器交的带宽开销

本节求解 BloomTree 交的带宽及期望值。利用相同前缀 $(j_{l_p}, \cdots, j_{l_2}, 1)$ 的布隆过滤器的交的比特数组 $Z^{\cap}_{(j_{l_p}, \cdots, j_{l_2})}$，表示 BloomTree 交的带宽为

$$
\begin{aligned}
W_d(n_1, n_2) &= m_1 + \sum_{i=1}^{m_1} Z^{\cap}(i) m_2 + \cdots + \sum_{i_1=1}^{m_1} \left( \cdots \left( \sum_{i_{d-1}=1}^{m_{d-1}} Z^{\cap}_{(i_{d-1}, \cdots, i_2)}(i_{d-1}) m_d \right) \right) \\
&= m_1 + \sum_{p=2}^{d} \left( \sum_{i=1}^{m_1} Z^{\cap}(i) \left( \cdots \left( \sum_{i_{p-1}=1}^{m_{(p-1)}} Z^{\cap}_{(i_{p-1}, \cdots, i_2)}(i_{p-1}) m_p \right) \right) \right)
\end{aligned}
\tag{2.18}
$$

根据不同布隆过滤器的 1 比特数目的独立性，求解带宽的期望值：

$$
\begin{aligned}
E[W_d(Z)] &= m_1 + E\left[ \sum_{p=2}^{d} \left( \sum_{i=1}^{m_1} Z^{\cap}(i) \left( \cdots \left( \sum_{i_{p-1}=1}^{m_{(p-1)}} Z^{\cap}_{(i_{p-1}, \cdots, i_2)}(i_{p-1}) m_p \right) \right) \right) \right] \\
&= m_1 + \sum_{p=2}^{d} \left( \sum_{i=1}^{m_1} E[Z^{\cap}] \left( \cdots \left( \sum_{i_{p-1}=1}^{m_{(p-1)}} E\left[ Z^{\cap}_{(i_{p-1}, \cdots, i_2)} \right] m_p \right) \right) \right) \\
&= m_1 + \sum_{p=2}^{d} \left( \left( E[Z^{\cap}] \times \cdots \times E\left[ Z^{\cap}_{(i_{p-1}, \cdots, i_2)} \right] \right) \times \prod_{j=1}^{p} m_j \right) \\
&= m_1 + \sum_{p=2}^{d} \left( \left( \prod_{j=1}^{p} m_j \right) \times \left( 1 - e^{-n_1 k_1 / m_1} \right) \left( 1 - e^{-n_2 k_1 / m_1} \right) \times \right. \\
&\quad \left. \prod_{p_j=2}^{p-1} \left( \left( 1 - e^{-Y_{(j_{l_{p_j}}, \cdots, j_{l_2})} k_{p_j} / m_{p_j}} \right) \left( 1 - e^{-Y'_{(j_{l_{p_j}}, \cdots, j_{l_2})} k_{p_j} / m_{p_j}} \right) \right) \right)
\end{aligned}
\tag{2.19}
$$

### 2.7 布隆过滤器参数优化设计

假设已知最大的元素数目 $n$，以及层数 $d$。参数优化过程是离线执行的，在得到最优的 BloomTree 参数后将这些参数分发到每个节点，这样每个节点构建的 BloomTree 使用相同的参数，以支持不同 BloomTree 的交运算。BloomTree 的参数包括每个布隆过滤器的大

小以及哈希函数数目。假设哈希函数为独立随机的，那么每个元素的哈希位置也是均匀随机的。因此，同一层布隆过滤器的插入元素数目相似，基于这种相似性，设定同层的布隆过滤器大小以及哈希函数数目相同。这样，BloomTree 共包含 $(2d+1)$ 个参数。参数设置目标是将 BloomTree 的后验假阳性概率降低至阈值 $P_u$ 以下，最小化带宽开销，同时最小化哈希函数调用次数。另外，希望选择的参数能够在不同的输入元素数目下具有健壮性。

BloomTree 交的后验假阳性概率期望值通过式 (2.17) 得到，带宽开销的期望值通过式 (2.19) 得到，调用哈希函数的最大数目通过式 (2.7) 得到。然而，求解最优参数面临两个困难：① 首先，该参数优化问题属于一个多目标优化的问题，其次，由于待求解参数为正整数，上述参数优化问题又属于整数规划问题，而大多数多目标规划问题或者整数规划问题属于 NP-完全问题，而且计算复杂度较高；② 假阳性概率以及带宽开销等目标函数包含随机变量 $Y$，随机变量 $Y$ 并不是严格相互独立的，并且随机变量 $Y$ 依赖待求解的 BloomTree 参数，导致无法精确地检验一个候选方案的有效性。

因此提出了一个随机算法来寻找最优参数设置。算法的基本思想是迭代地寻找更优参数设置，使得在 BloomTree 交的后验假阳性概率低于阈值 $P_u$ 时，不断地降低带宽开销以及哈希函数开销。每次迭代随机地选择一组参数，并判断是否改进了目前已知的最优参数设置。由于不同集合的大小存在差异，优化最坏情况下的目标函数：假定两个集合的大小均为所有集合的最大值，然后优化这两个集合对应 BloomTree 求交的后验假阳性概率，带宽开销以及哈希函数开销。

由于 BloomTree 的假阳性概率包含随机变量，因此无法直接求解 BloomTree 的假阳性概率和带宽开销。通过 Monte Carlo 模拟的方式[12] 对这两个度量进行近似计算。首先进行 Monte Carlo 模拟以预测每个布隆过滤器的输入元素数目 $Y_i$，模拟过程共重复 $T$ 次，设

$$\hat{Y} = \left(\hat{Y}_{j_1}, \cdots, \hat{Y}_{jd,\cdots,j_{l_2}}\right)$$

上式表示所有布隆过滤器的预测输入元素数目，其中每个随机变量均满足二项分布 $Y_{j_{l_i},Q} = B(Y_Q k_{p-1}, 1/m_{p-1})$。计算后验假阳性概率期望值以及带宽期望值的样本平均近似（sample average approximation）值：

$$\hat{f} = \frac{1}{T}\left(\left(1 - \mathrm{e}^{-n_1 k_1/m_1}\right)^{k_1}\left(1 - \mathrm{e}^{-n_2 k_1/m_1}\right)^{k_1} \times \right.$$

$$\left. \prod_{p=2}^{d}\left(\prod_{l_2=1}^{k_1}\cdots\prod_{l_p=1}^{k_{p-1}}\left(\left(1 - \mathrm{e}^{-\hat{Y}_{(j_{l_p},\cdots,j_{l_2})}k_p/m_p}\right)\left(1 - \mathrm{e}^{-\hat{Y}'_{(j_{l_p},\cdots,j_{l_2})}k_p/m_p}\right)\right)^{k_p}\right)\right) \tag{2.20}$$

$$\hat{W} = m_1 + \frac{1}{T}\left(\sum_{p=2}^{d}\left(\left(\prod_{j=1}^{p}m_j\right) \times \left(1 - \mathrm{e}^{-n_1 k_1/m_1}\right)\left(1 - \mathrm{e}^{-n_2 k_1/m_1}\right) \times \right.\right.$$

$$\prod_{p_j=2}^{p-1}\left(\left(1-\mathrm{e}^{-\hat{Y}_{(j_{l_{p_j}},\cdots,j_{l_2})}k_{p_j}/m_{p_j}}\right)\left(1-\mathrm{e}^{-\hat{Y'}_{(j_{l_{p_j}},\cdots,j_{l_2})}k_{p_j}/m_{p_j}}\right)\right)\right) \tag{2.21}$$

为了加快参数求解过程，提出了两个启发式来降低参数的搜索空间规模。首先，设定每个布隆过滤器的大小为 2 的倍数，从而减少参数选择空间。然后，根据布隆过滤器的最优哈希函数数目，计算第 $d$ 层的最优哈希函数数目为

$$k_d = \log 2 \times (m_d/E\,[Y_d]) = \log 2 \times \frac{m_d}{n \cdot \prod\limits_{l=1}^{d-1}(k_l/m_l)} \tag{2.22}$$

一方面，对于其他层的布隆过滤器，通过实验发现增大哈希函数数目可显著地降低 BloomTree 的先验和后验假阳性概率。另一方面，需要降低哈希函数数目来减少计算开销。因此，设定哈希函数数目的范围为 $[1,40]$。

讨论：首先，增大层数 $d$ 能够显著提高 BloomTree 中的布隆过滤器数目，进而提高找到准确判断元素是否位于集合内的布隆过滤器的概率。然而，增大层数同时增加了查询和插入元素的计算开销。因此，需要选择适当的层数 $d$ 实现零假阳性以及低计算开销。其次，对于根节点，如果 $m_1 < n$，那么根节点对应的布隆过滤器的所有比特可能均为 1。这样，根节点仅用于将元素映射到不同的第二层布隆过滤器，而无法准确地判断一个元素是否在集合内。这与 partition hashing 方法类似[7]。然而二者存在一个主要区别：在 BloomTree 中的每个布隆过滤器的哈希函数是唯一确定的；而 partition hashing 方法中不同的元素对应的哈希函数可能不同。这就导致 partition hashing 方法优化后的布隆过滤器无法用于查询两个集合的交集，而 BloomTree 则支持两个集合的交集。最后，为了适应新元素的插入，固定一个 BloomTree 的最大插入元素数目，而多余的元素被插入新的 BloomTree 中。由于每个 BloomTree 的假阳性概率为零，增加新的 BloomTree 并不会增大假阳性概率。

## 2.8 网络信息近似表示效果评估

实验对比方法包括传统布隆过滤器方法（SBF）、partition hashing 方法（PH）、基于 BloomTree 的交集求解方法（BT）。设置 BloomTree 交后验假阳性概率的上限 $P_u$ 为 0。$P_u$ 参数为其他值时的最优结果存在变化，但是实验结论保持一致。为了公平对比，设定每个方法的存储开销相同，然后对比不同方法的精确度、计算开销以及带宽开销。由于 BloomTree 的存储开销是动态的，导致其无法事先确定，因此设定其余方法的存储开销与 BloomTree 的存储开销相同。性能度量包括后验假阳性概率 $P_a$、绝对误差、带宽开销（单位为 KB）、

计算时间（单位为 s）。计算 100 000 次，计算最大值。机器配置为 Windows 7 32 位操作系统，Intel Core（i5-2300）3GHz，内存 3GB。实验数据集为合成数据集、Facebook 数据集。

下面介绍如何计算假阳性概率以及集合的交集

(1) 计算假阳性概率。假设知道所有集合的大小的最大值 $n$，离线计算优化的 BloomTree 参数，并将其作为每个集合构建 BloomTree 的参数。随机地选择一个用户，将其数据项列表插入 BloomTree，然后计算观测假阳性概率 $P_o$ 和后验假阳性概率 $P_a$。

(2) 交集计算过程。假设知道所有集合的大小的最大值 $n$，离线计算优化的 BloomTree 参数，并将其作为每个集合构建 BloomTree 的参数。然后，随机地从数据集中选择两个用户，根据用户的数据项列表构建 BloomTree，然后逐层地传输 BloomTree，接收者计算 BloomTree 的交集，利用当前的数据项列表查询得到两个集合的交集。

其余方法的交集计算与该方法类似。

## 2.8.1 假阳性概率优化

### 1. $P_o$ 与 $P_a$ 的偏差

为了确认 BloomTree 的后验假阳性概率 $P_a$ 符合实际观测的假阳性概率 $P_o$，对二者的相似程度进行对比。BloomTree 的后验假阳性概率 $P_a$ 定义为式 (2.9)。计算 BloomTree 中后验假阳性概率的最大值。但受限于模拟输入，为了便于计算 $P_o$，设定元素集合大小 $n$ 为 1000，BloomTree 的先验概率 $P_b$ 位于 $[10^{-4}, 10^{-6}]$，然后随机地选择不在集合内的 $10^6$ 个元素进行查询。计算 $P_a$ 与 $P_o$ 的相对偏差为 $\dfrac{|P_a - P_o|}{\min(P_a, P_o)}$。对比过程重复执行 100 000 次，结果为二者的平均值。而在层数 $d$ 为 4 或者更高时，BloomTree 的后验假阳性概率远低于 $10^{-6}$，在此不列出其结果。

表 2.2 给出 $d=2$ 和 $d=3$ 的后验假阳性概率与观测假阳性概率的相对偏差和方差，由表可以看出后验假阳性概率与观测假阳性概率的偏差不到 0.1，说明 BloomTree 的后验假阳性概率公式能够较为准确地匹配观测假阳性概率；试验方差平均低于 0.1，说明采取 Monte Carlo 方式具有较好的健壮性。

### 2. 合成数据集

利用合成数据集检验 BloomTree 的精确度。与 2.8.1 节中 1 相同，计算 BloomTree 中最大的后验假阳性概率。表 2.3 给出不同方法的后验假阳性概率对比结果，结果说明 BloomTree 方法在相同存储空间下显著降低了后验假阳性概率，而 PH 方法的优化幅度不超过传统布隆过滤器的 6 倍。

表 2.2　合成数据集后验假阳性概率与观测假阳性概率的相对偏差和方差

| $P_b$ | $e_{ab}, d=2$ | $e_{ab}, d=3$ |
|---|---|---|
| $10^{-4}$ | $0.080 \pm 0.062$ | $0.092 \pm 0.065$ |
| $10^{-4.5}$ | $0.078 \pm 0.054$ | $0.064 \pm 0.062$ |
| $10^{-5}$ | $0.075 \pm 0.063$ | $0.062 \pm 0.057$ |
| $10^{-5.5}$ | $0.082 \pm 0.056$ | $0.065 \pm 0.063$ |
| $10^{-6}$ | $0.076 \pm 0.062$ | $0.061 \pm 0.057$ |

表 2.3　不同方法的后验假阳性概率对比

| 方法 | $n=500$ | $n=2000$ |
|---|---|---|
| SBF,$d=3$ | $2.06 \times 10^{-35}$ | $2.01 \times 10^{-55}$ |
| SBF,$d=4$ | $5.030 \times 10^{-74}$ | $4.26 \times 10^{-69}$ |
| PH,$d=3$ | $5.72 \times 10^{-36}$ | $5.43 \times 10^{-56}$ |
| PH,$d=4$ | $1.88 \times 10^{-74}$ | $1.47 \times 10^{-69}$ |
| BT,$d=3$ | $0$ | $0$ |
| BT,$d=4$ | $0$ | $0$ |

接着对比不同方法插入元素和查询元素的时间开销。图 2.3 所示为合成数据集元素查询时间。由于 PH 方法并不允许在线插入新的元素，因此只给出 PH 方法的查询时间开销。三层的 BloomTree 方法较其他方法的元素插入时间和查询时间均有显著降低，即降为原来的 33%，而四层的 BloomTree（$n = 2000$ 时）的元素插入时间和查询时间高于其他方法的对应时间开销。这是由于参数设置中除最底层布隆过滤器外，其他的布隆过滤器均较小，容易形成全 1 比特数组。而如果一个布隆过滤器为全 1 比特数组，元素插入和查询则跳过该布隆过滤器，直接处理下一层布隆过滤器。因此三层的 BloomTree 的元素插入和查询时间开销低于其他方法需要的时间开销。但随着层数增大，底层布隆过滤器的个数增多，导致元素插入时间和查询时间均较长。

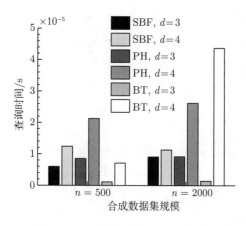

图 2.3　合成数据集元素查询时间

表 2.4 对比 BloomTree 中不同层数的空间存储开销。最底层占据了绝大多数的存储开销，而其他层的存储开销均接近零。这说明除最底层外，其他层的布隆过滤器均为 1。三层 BloomTree 的最底层的存储开销远低于四层 BloomTree 的最底层存储开销，这是由于底层布隆过滤器的数目与层数呈指数级增长关系。

表 2.4　合成数据集空间存储开销随层数的变化　　　　　　　　　　　　KB

| 层数 | 第一层 | 第二层 | 第三层 | 第四层 |
| --- | --- | --- | --- | --- |
| $n = 500, d = 3$ | 0 | 0 | 16 | − |
| $n = 2000, d = 3$ | 0 | 0 | 256 | − |
| $n = 500, d = 4$ | 0 | 0 | 0 | 256 |
| $n = 2000, d = 4$ | 0 | 0 | 0.022 | 4095.9 |

#### 3. Facebook

利用 Facebook 数据集检验 BloomTree 的精确度。由于 Facebook 数据集的大小差异较大，表 2.5 对比不同方法的最大后验假阳性概率。BloomTree 的精确度显著优于其他方法，这与合成数据集上的实验结果相一致。

表 2.5　Facebook 数据集后验假阳性概率 $P_a$

| 方法 | $d = 3$ | $d = 4$ |
| --- | --- | --- |
| SBF | $2.01 \times 10^{-45}$ | $1.52 \times 10^{-61}$ |
| PH | $5.91 \times 10^{-46}$ | $3.81 \times 10^{-62}$ |
| BT | 0 | 0 |

表 2.6 给出了 Facebook 数据集空间存储开销，由表发现最底层占据了绝大多数的存储开销，并且其他层数的存储开销并不为零，这是由于许多集合的规模较小，导致顶层至底层的各布隆过滤器并不全为 1。

表 2.6　Facebook 数据集空间存储开销　　　　　　　　　　　　KB

| 层数 | 1 | 2 | 3 | 4 |
| --- | --- | --- | --- | --- |
| $d = 3$ | 0.0013 | 0.0074 | 30.23 | − |
| $d = 4$ | 0.0014 | 0.0157 | 0.19 | 48.23 |

图 2.4 所示为 Facebook 数据集元素最大查询时间。BloomTree 的时间开销不到其他方法的一半；这是由于如果布隆过滤器全为 1 时，元素插入和查询均绕过这些布隆过滤器。

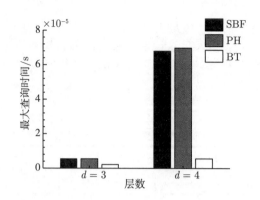

图 2.4　Facebook 数据集元素最大查询时间

## 2.8.2　交集计算优化

本节对比利用 BloomTree 与传统的布隆过滤器求解交集的效率。使用合成数据集和 Facebook 数据集，合成数据集设定两个集合大小均为 2 000，改变两个集合的交集数目。

### 1. 合成数据集

表 2.7 给出了在合成数据集上 BloomTree 与布隆过滤器求解交集的绝对误差的最大值。二者均能够精确地计算交集，这是由于 BloomTree 在零后验假阳性概率下，布隆过滤器的假阳性概率同样较低，导致交集求解结果是精确的。

表 2.7　合成数据集绝对误差的最大值

| 方法 | SI = 0 | SI = 50 | SI = 100 | SI = 700 |
|---|---|---|---|---|
| SBF, $d = 3$ | 0.00003 | 0.00003 | 0.00003 | 0.00003 |
| BT, $d = 3$ | 0 | 0 | 0 | 0 |
| SBF, $d = 4$ | 0.00006 | 0.00006 | 0.00006 | 0.00006 |
| BT, $d = 4$ | 0 | 0 | 0 | 0 |

图 2.5 所示为合成数据集最大计算时间，由图可以看出 BloomTree 较布隆过滤器时间开销显著降低，这是由于计算过程绕过了全为 1 的布隆过滤器。并且随着层数增大，计算时间显著增加。

图 2.6 所示为合成数据集最大带宽开销，由图可以看出二者带宽开销类似，这是由于 BloomTree 的传输带宽主要取决于最底层布隆过滤器，而最底层的布隆过滤器大多数包含 0 比特，故 BloomTree 传输的带宽开销与布隆过滤器类似。三层 BloomTree 交集求解的带宽开销远小于四层 BloomTree 的带宽开销，这是由于最底层布隆过滤器的数目与层数呈指数级增长关系。

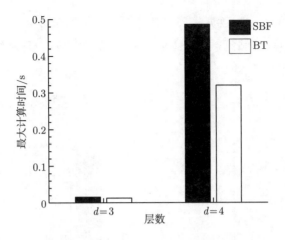

图 2.5 合成数据集最大计算时间

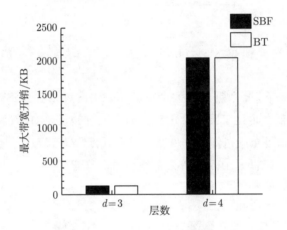

图 2.6 合成数据集最大带宽开销

## 2. Facebook

表 2.8 给出了在相同存储开销下的 BloomTree 与布隆过滤器交集求解的绝对误差，结果显示 BloomTree 较布隆过滤器性能显著提升。这是由于 Facebook 数据集具有较大的偏斜性，对应 BloomTree 的存储开销相对较低，导致部分集合求解时布隆过滤器因为比特数组不够大造成交集计算误差。

表 2.8 Facebook 数据集绝对误差的最大值

| 方法 | $d = 3$ | $d = 4$ |
|------|---------|---------|
| SBF | 0.002 | 0.008 |
| BT | 0 | 0 |

图 2.7 所示为 Facebook 数据集最大计算时间，由图可以看出 BloomTree 的计算时间较布隆过滤器的计算时间降低了约 20%，同样是因为 BloomTree 绕过了全为 1 的比特数组。

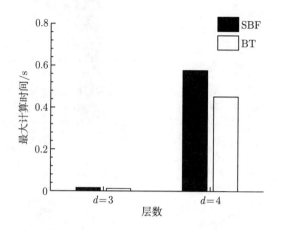

图 2.7　Facebook 数据集最大计算时间

图 2.8 所示为 Facebook 数据集最大带宽开销，由图可以看出 BloomTree 较布隆过滤器的带宽开销显著降低，而且三层 BloomTree 的带宽开销仅是布隆过滤器的 24%，而四层 BloomTree 的带宽开销是布隆过滤器的 92%。这是由于随着层数上升，最底层布隆过滤器的传输开销显著增大，降低了 BloomTree 的带宽优化幅度。

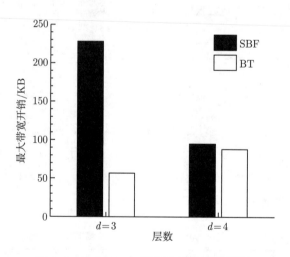

图 2.8　Facebook 数据集最大带宽开销

## 2.9 本章小结

针对稀疏、偏斜和动态的集合求交问题,本章提出了改进的布隆过滤器结构 BloomTree。BloomTree 通过树状结构对不同规模的集合动态地增加存储空间。BloomTree 通过随机规划的方式设置优化参数, 使得其假阳性概率降低至零。本章提出了基于 BloomTree 的交集计算方法, 以自适应地计算两个集合的交集。模拟测试表明 BloomTree 在精确度和带宽开销方面均优于传统的布隆过滤器,并且计算开销和带宽开销均较低。

## 参考文献

[1]  CUTILLO L A, MOLVA R, STRUFE T.  Safebook: Feasibility of transitive cooperation for privacy on a decentralized social network[C]. Proc. of the WOWMOM.  IEEE, 2009: 1-6.

[2]  AIELLO L M, RUFFO G.  LotusNet: Tunable privacy for distributed online social network Services[J].  Computer Communications, 2012, 35(1):75-88.

[3]  CHENG X, LIU J.  NetTube: Exploring social networks for peer-to-peer short video sharing[C]. Proc. of the INFOCOM 2009, IEEE.  2009: 1152 -1160.

[4]  EPPSTEIN D A, GOODRICH M T, UYEDA F, et al.  What's the Difference?[J]. ACM SIG-COMM Computer Communication Review, 2011, 41(4): 218-229.

[5]  Data domain global deduplication array[EB/OL]. http://www.datadomain.com/products/global-deduplication-array.

[6]  JAIN N, DAHLIN M, TEWARI R.  TAPER: Tiered approach for eliminating redundancy in replica synchronization[C]. Proc. of the 4th conference on USENIX Conference of File and Storage Technologies, 2005(4): 21.

[7]  HAO F, KODIALAM M, LAKSHMAN T V.  Building high accuracy bloom filters using partitioned hashing[C]. Proc. of the ACM SIGMETRICS Performance Evaluation Review. 2007, 35(1): 277-288.

[8]  BRODER A Z, MITZENMACHER M.  Network applications of bloom filters: A Survey[J]. Internet Mathematics, 2004, 1(4): 485-509.

[9]  BOSE P, GUO H, KRANAKIS E, et al.  On the false-positive rate of bloom filters[J].  Informations Process. Letters, 2008, 108(4): 210-213.

[10] CHRISTENSEN K, ROGINSKY A, JIMENO M. A new analysis of the false positive rate of a bloom filter[J]. Information Processing Letters 2010, 110(21): 944-949.

[11] KIRSCH A, MITZENMACHER M. Less hashing, same performance: Building a better bloom filter[J]. Random Struct. Algorithms, 2008, 33:187-218.

[12] SHAPIRO A. Monte carlo simulation approach to stochastic programming[C]. Proc. of the Winter Simulation Conference, 2001: 428-431.

# 第 3 章

# 网络空间的邻近搜索

网络空间邻近搜索的目的是提供网络拓扑感知，即通过测量物理网络中节点之间的网络距离，提供精确、可扩展的物理网络视图。网络距离主要通过网络延迟、网络带宽、丢包率等双向网络参数体现，还可通过节点 CPU 负载、内存容量、网络接入带宽、流量上限体现，其中网络延迟最为常用。

假设一个属于延迟敏感型应用的分布式系统中存在一组具有动态性的服务器面向 Internet 的用户提供服务。每个服务器可能由于更新、维护、失效等而动态地退出系统，同时新的服务器可能动态地加入系统中。满足这种假设的系统如典型的 BitTorrent 应用、P2P 流媒体应用、分布式代理应用等。假定每个在线的服务器向用户提供相同的服务，即将用户的请求定位到不同的服务器，而对应的服务器则根据自己的服务能力向用户提供服务。同时，假定每个服务器的服务能力根据其硬件配置、系统管理需求以及网络状况等因素，定义为一个变量。例如，服务器根据其 CPU 处理能力、出口带宽容量或者流量成本等因素设定一个最大服务数量。一个服务器在其服务数量不超过最大服务数量时，响应来自 Internet 不同位置的服务请求。

## 3.1 网络空间邻近搜索技术

为了支撑网络延迟的获取和应用优化，一个基本的方式是获取网络延迟矩阵。它描述了互联网节点间的双向网络延迟，是网络测量的重要基础。网络延迟矩阵规模巨大，动态波动，难以实时获取。目前主流的方式是通过网络坐标系统为互联网节点提供坐标位置，并通过网络坐标的距离预测网络延迟矩阵。

为了构建和维护网络延迟矩阵，采取分布式的邻近搜索，将服务节点组织为轻量级的无结构化覆盖网，每个服务节点均响应任意用户节点提出的 K 近邻搜索请求，仅利用少量的网络延迟，预测互联网节点间的邻近关系。本章提出分布式 K 近邻搜索框架 DKNNS (distributed K nearest neighbor search)。DKNNS 算法适用于网络延迟空间分簇现象，每个服务节点通过低开销的流言 (gossip) 通信和邻近节点搜索过程，快速地发现位于网络延迟空间各个距离尺度的邻居节点集合。因此在 K 近邻搜索时，每个服务节点均能够利用邻居集合分布式地发现距目标节点最近的邻居。为了快速地完成 K 近邻搜索，在搜索时，首先，利用最远节点搜索机制选择 K 近邻搜索的发起节点，避免距目标过近导致的搜索过早中止问题；其次，DKNNS 利用分布式搜索结合快速回退的方式在目标节点邻近区域迅速确定 K 个近邻节点。

理论分析表明 DKNNS 能够以 $O(K\log\Delta)$ 跳步发现 K 个近似最近邻居，其中 $\Delta$ 为服务节点间最大延迟距离。基于模拟测试发现，DKNNS 算法能够确定近似最优的 K 个服务节点，在 $K=10$ 时，与真实 K 近邻的重合率超过 80%。同时 DKNNS 引发的查询延迟和查询开销并不随着系统规模增大显著提高。基于 PlanetLab 部署的实验证实了 DKNNS 得到的近邻集合接近最优结果，超过 50% 的查询时间不到 10s，平均查询带宽开销不到 5KB，且 K 近邻信息具有稳定性，能够满足延迟敏感型应用的服务节点选择需求。

## 3.2 网络邻近搜索概念模型

假定 $V$ 为分布式系统中的服务器以及用户节点的集合。网络延迟为一个二元函数 $d$：$V \times V \to \mathbf{R}^+$。给定一组动态的服务节点集合 $S \in V$，假定每个服务器 $i \in S$ 能够接纳的最大访问请求数目为一个常数 $\Delta_i$，且在时刻 $t$ 已经接纳的用户请求数为 $A_i(t)$。

给定一个具有动态性的服务节点集合，K 近邻搜索从服务节点集合中可扩展地寻找距任意用户节点网络延迟最近的 K 个节点集合。其中 K 为系统参数，$K=1$ 即为最近服务节点搜索。而 $K > 1$ 时，搜索后返回距用户节点最近的 K 个服务节点，有利于上层应用设计灵活的服务节点筛选策略，从而选择综合性能最好的邻近服务节点。

与 K 近邻搜索相关的研究工作按服务节点选择过程可分为集中式排序和分布式搜索两类。集中式排序需要预先测量服务节点与用户节点间的邻近度，导致测量开销较大，且存在单点失效问题，故可扩展性不高。而分布式搜索避免了网络通信瓶颈，降低了测量开销。然而已有的分布式搜索算法容易陷入局部最优值[1]。

基于上述假设，在分布式系统中集中式地选择距用户网络延迟最小的服务器面临着可扩展性和通信性能瓶颈等问题，因此，希望通过分布式的方式定位距每个用户（称为一个目标节点）网络延迟最小的服务器。定义分布式最近邻搜索问题如下。

**定义 1** 分布式最近邻搜索问题定义为寻找距目标节点 $T$ 网络延迟最小且能够接纳新用户访问请求的服务器 $i^*$，即 $A_i(t) < \Delta_i$。

考虑一个简化的分布式最近邻搜索问题，即服务器响应任意数目服务请求下（即 $\Delta_i = \inf$）的最近邻搜索问题，而在服务器请求数目为有限数值情况下，搜索距目标节点的多个最近服务节点，然后从中筛选距目标节点最近且能够接纳新服务请求的服务器。定义无穷服务能力下最近服务器搜索问题如下。

**定义 2**　假定 $V$ 为分布式系统中的服务器以及用户节点的集合。网络延迟为一个二元函数 $d: V \times V \rightarrow \mathbf{R}^+$。给定一组动态的服务节点集合 $S \in V$，寻找距目标节点 $T$ 网络延迟最小的服务器 $i^*$。

由于延迟敏感型网络应用中服务节点集合和目标节点集合具有大规模、动态性的特点，分布式实现 K 近邻搜索，避免网络性能瓶颈，成为一个亟待研究的问题。分布式 K 近邻搜索通过如下方式定义。

**定义 3**(分布式 K 近邻搜索)　假设一个分布式系统中存在一个动态的服务节点集合 $S$，给定 Internet 中任意的节点 $T$，基于服务节点集合分布式协作，从 $S$ 中寻找距 $T$ 网络延迟最小的 $K$ 个节点集合 $S_1$，$K$ 为系统参数。

由定义 1 可知，目标节点 $T$ 的真实 K 近邻可能并不唯一。在分布式环境下，由于每个节点只有少量的邻居节点集合，难以完全收集所有服务节点距目标节点的距离信息，导致分布式 K 近邻搜索过程得到的结果容易陷入局部最优值。

为了量化搜索到的 $K$ 个近邻距目标节点的邻近度，通过近似度来量化分布式 K 近邻搜索的精确度。

**定义 4**($\Theta$ 近似)　假设基于分布式 K 近邻搜索机制得到 $K$ 个近邻节点集合 $S_1$，目标节点 $T$ 的真实 K 近邻节点集合为 $S_2$，若 $S_1$ 距 $T$ 的距离和与 $S_2$ 距 $T$ 的距离和比值不大于 $\Theta$，即 $\dfrac{\sum_{i \in S_1} d_{iT}}{\sum_{i \in S_2} d_{iT}} \leqslant \Theta$，则称该分布式 K 近邻搜索结果为 $\Theta$ 近似，$\Theta \geqslant 1$。

$\Theta = 1$ 时，搜索到的 $K$ 个近邻 $S_1$ 就是目标节点 $T$ 的一组真实 K 近邻。利用反证法证明若将 $S_1$ 中每个节点按距目标节点 $T$ 的距离升序排序，则序列中第 $i$ 个节点距目标节点的距离与第 $i$ 个真实近邻距目标节点的距离相等。否则，得到一个距目标节点距离和更小的 K 近邻序列，这与 $S_2$ 为真实的 K 近邻前提矛盾。

已有的分布式搜索方法大多基于启发式搜索过程：每个节点通过利用局部信息维护的一组逻辑邻居，在一个节点 $P_i$ 接收到一个目标节点为 $T$ 的最近服务器搜索请求后，选择逻辑邻居中距目标节点距离比当前节点还近的节点 $P_{itl}$ 作为新的搜索节点，并将搜索消息发送给节点 $P_{itl}$，最后节点 $P_{itl}$ 递归地执行最近服务器搜索过程。上述搜索过程如图3.1所示。最近服务器搜索模块类似于 DNS 服务查询部署于 Internet 中，每个用户 $T$ 在访问网络服务前通过最近服务器搜索模块定位距本节点最近的服务器。

然而已有的最近服务器搜索研究受到精确度、可扩展性等限制，仍然亟待改进。进一步地将最近服务器搜索的关键需求归纳如下：①精确，搜索到的服务器距目标节点延迟需要足够小，以提高用户的服务访问质量；②快速，分布式搜索过程的完成时间要足够小，以满足用户实时查询的需求；③可扩展，随着系统的增大，搜索过程的探测带宽和逻辑邻居维护带宽开销需要适中；④动态适应性，在服务器动态地加入或者退出时，搜索精确度下降幅度必须保持平滑。

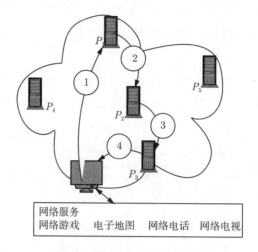

图 3.1　最近服务器搜索过程

选定集合 $V$ 中的一个节点 $P$ 作为球心，一个以 $r$ 为半径的闭球包含的节点集合表示为 $B_P(r)$，即 $B_P(r) = \{v|d(P,v) \leqslant r, P, v \in V\}$。一个球的容积（volume）定义为球中包含的节点的个数。定义集合的覆盖如下。

**定义 5**　设定 $S$ 和 $\Omega$ 为两个节点集合，如果 $\Omega \subseteq S$，称集合 $S$ 覆盖集合 $\Omega$。

低度量模型 (inframetric modle) 定义如下。

**定义 6**　称一个距离函数 $d: V \times V \rightarrow \mathbf{R}^+$ 为一个 $\rho$ 低度量模型 $(\rho > 1)$，当且仅当针对任意的节点对 $P_1$、$P_2$：①自反性，若 $d(P_1, P_2)=0$，则 $P_1 = P_2$；②对称性，$d(P_1, P_2) = d(P_2, P_1)$；③低度量性，对于任意的节点 $P_3$，其中 $P_3 \notin \{P_1, P_2\}$，满足 $d(P_1, P_2) \leqslant \rho \max\{d(P_1, P_3), d(P_3, P_2)\}$。

低度量模型具有两个显著特点：

(1) TIV-自适应。由上述条件③可知，随着参数 $\rho$ 减小，任意三元组的三个边越来越接近；随着参数 $\rho$ 增大，三元组中存在一个边远大于任意的另外两个边，即可能产生三角不等性。

(2) 动态性。为了描述网络延迟的变化，低度量模型通过三元组参数 $\rho$ 进行调整。

增量维度[2] 定义为相同球心不同半径的两个球包含的节点数目对比。

**定义 7**　在一个 $\rho$ 低度量模型中选择任意的半径 $r \in \mathbf{R}^+$，$\gamma_g \in \mathbf{R}^+$ 以及球心 $P \in V$，如果 $|B_P(\rho r)| \leqslant \gamma_g |B_P(r)|$，那么称 $\rho$ 低度量模型的增量维度 $\gamma_g \geqslant 1$。

增量维度越低，说明球 $B_P(\rho r)$ 覆盖的节点数目与 $B_P(r)$ 覆盖的节点数目越类似。假定节点间的距离满足三角不等性，D.R.Karger 和 M.Ruhl[3] 指出，一方面，若沿着节点 $P$ 增大球的半径，那么球覆盖的节点数目按照匀速的方式增大；另外，任意的节点 $P$ 通过均匀随机采样的方式发现距任意目标节点更近的节点。然而上述结论并不直接适用于三角不等性违例较为显著的网络延迟空间。

## 3.3 分布式邻近搜索机制

针对网络延迟空间的三角不等性违例，以及分簇现象，为了支持灵活的 K 近邻搜索服务，提出了分布式 K 近邻搜索算法 DKNNS。DKNNS 算法不依赖三角不等性假设，而是基于低度量模型[2]，构建反映节点间分簇特征的邻居列表-多级环，然后，递归地搜索多级环上距目标节点最近的服务节点，查询 1 个近邻，然后通过快速的搜索回退过程，查询剩余的 $(K-1)$ 个近邻，从而实现面向任意目标节点的 K 个最近服务节点搜索服务。

在 DKNNS 中，每个服务节点利用一个多级环缓存少量的逻辑邻居集合。多级环由按照距当前服务节点的延迟指数级增大的距离范围划分为多个环。每个环包含少量的逻辑邻居。为了维护多级环，每个服务节点通过定期发出 gossip 消息以及 K 近邻搜索消息发现新的服务节点集合，并按照距当前服务节点的延迟，插入多级环的对应环。gossip 消息在逻辑邻居之间进行转发，用于在全局范围均匀随机地选择服务节点，而 K 近邻搜索消息用于发现邻近服务节点，避免了均匀随机选择过程容易忽略占所有服务节点比例较低的邻近服务节点的不足。

针对最近邻搜索需求，假定一个节点 P 接收到一个最近邻居搜索请求。节点 P 从同心环中选择距目标节点邻近的候选节点集合，然后节点 P 从候选邻居中集合延迟预测以及直接探测方式选择距目标节点最近的逻辑邻居。由于目标节点可能是 Internet 的任意一个节点，导致其并没有一个坐标向量。为了预测逻辑邻居到目标节点的延迟，为目标节点分布式地计算一个坐标位置。在确定当前距目标节点最近的节点（记为 $P_*$）后，节点 P 判断是否终止最近邻居搜索过程：若 $P_* \neq P$，那么节点 P 将搜索请求转发给节点 $P_*$；否则，节点 P 终止搜索过程，节点 P 向目标节点 T 提供服务。

图3.2所示为 K 近邻搜索流程示意图。针对 K 近邻搜索需求的整体流程如下。首先，响应搜索消息的服务节点确定目标节点的坐标位置，利用逻辑邻居与目标节点的坐标距离并结合直接探测，发现多级环中距目标节点坐标距离最近或最远的少量候选节点集合，然后利用直接探测的方式从候选节点中选择真正最近或者最远的逻辑邻居；其次，当前服务节点利用最远节点搜索过程，通过递归地选择多级环中距目标节点最远的逻辑邻居，选择全局范围距目标节点延迟最大的服务节点执行 K 近邻搜索操作，避免因发起 K 近邻搜索的服务节点距目标节点过近导致的搜索过程过早终止问题；再次，在 K 近邻搜索时，发起搜索节点利用贪心搜索的方式，递归地选择多级环中距目标节点最近的逻辑邻居，分布式地发现距目标节点最近的服务节点；最后，通过回退以及随机重启的方式，在目标节点邻近区域快速地确定剩余的 $(K-1)$ 个最近服务节点。图3.3所示为 K 近邻搜索示意图。

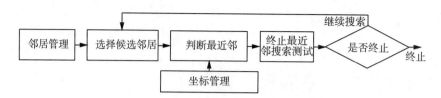

图 3.2　K 近邻搜索流程示意图

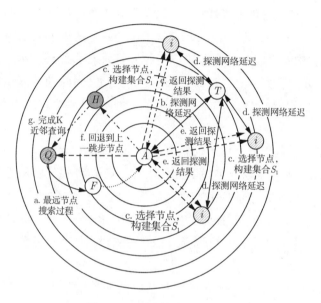

图 3.3　K 近邻搜索示意图

尽管坐标距离具有近似精确度[4]，单纯利用坐标距离并不能发现真实的最近邻，但是DKNNS 中采取坐标预测选择少量的候选节点，然后利用候选节点直接探测目标节点的延迟测量结果，选择最近的候选节点，能够以较低的探测开销精确地发现多级环中距目标节点延迟最小或者最大的逻辑邻居。

## 3.4　网络空间邻近搜索关键算法

### 3.4.1　网络探测优化

为了快速发现距目标节点的邻近节点集合，降低搜索过程延迟，基于坐标距离预测的方式进行选择。为了得到准确的目标节点坐标会 K 近邻搜索的最初请求节点 P 初始化目标节点坐标位置，然后每个 K 近邻搜索的中间节点更新目标节点坐标位置。K 近邻搜索的发起节点 P 首先向目标节点请求坐标位置，如果目标节点维护了坐标位置，则通过请求得到目标节点的初始坐标位置，否则，发起节点 $P$ 随机选择 $L$ 个邻居节点探测距目标节点的延迟，然后利用该邻居节点集合的坐标位置信息，基于改进的 Vivaldi 算法[5]迭代地计算目标节点的初始化坐标，迭代轮数设定为 15。每个 K 近邻搜索的中间查询节点 $I$ 在接收到 K 近邻搜索消息 $M$ 后，从 $M$ 中提取目标节点的坐标位置以及误差值。然后中间查询节点 $I$ 探测距目标节点的延迟，并基于本节点的坐标位置，用改进的 Vivaldi 算法[5]更新目标节点的坐标位置。

由 3.3 节的搜索流程可知，每个节点至少需要选择 $3\left(\dfrac{\rho^2}{\beta}\right)^\alpha$ 个候选邻居。参数 $\alpha$ 和 $\rho$ 取决于网络延迟空间，无法对其进行修改。而 $\beta$ 是一个自由变量。增大 $\beta$ 可降低候选邻居数目，并且能够降低发现的最近服务器距目标节点的延迟。因此，将 $\beta$ 设置为其上限值 1。

由于网络坐标用于延迟预测，因此避免直接延迟探测导致的带宽开销。利用延迟预测进一步降低测量开销。基于改进的 Vivaldi 算法[5]预测延迟（记为 TIV-Vivaldi）。该算法迭代地更新坐标位置，具有较高的可扩展性和快速的收敛速度。然而网络坐标并不与真实的延迟值完全匹配，错误的预测延迟可能影响搜索过程的精确度。因此单独利用网络坐标进行最近服务器选择并不可靠。所以，检测网络坐标的精确度，在错误预测结果时同时进行直接延迟探测以选择距目标最近的候选节点。

为了降低延迟测量开销，为目标节点计算一个坐标向量，从而通过延迟预测的方式计算候选邻居与目标节点的网络延迟。首先，若一个节点 $P$ 接收到一个最近邻居搜索请求，节点 $P$ 判断目标节点的坐标位置是否被初始化：如果搜索请求消息没有目标节点的坐标位置，那么节点 $P$ 初始化目标节点 $T$ 的坐标位置；否则，节点 $P$ 利用本节点到目标节点 $T$ 的延迟更新目标节点 $T$ 的坐标位置，以提高目标节点 $T$ 坐标的精确度。

在初始化坐标向量时，节点 $P$ 随机选择同心环上一组逻辑邻居，让这些逻辑邻居探测距目标节点的延迟，并反馈给节点 $P$。节点 $P$ 根据逻辑邻居的坐标位置，为目标节点初始化一个坐标位置。节点 $P$ 将目标节点 $T$ 的坐标位置和坐标误差存储到搜索请求消息，然后发送给下一跳步搜索节点。

### 3.4.2  最远节点初始化

若随机选择一个发起节点执行 K 近邻搜索操作，在 K 值较大时，可能因为发起节点距目标节点过近导致无法继续搜索，而仅能搜索到较少数目的近邻。因此设计一个 K 近邻初始化节点选择过程，选择距目标节点最远的节点发起 K 近邻搜索过程。

为了避免因为搜索发起节点距目标节点较近导致无法搜索足够数目的近邻，首先发起一个 K 近邻初始化节点选择过程，选择距目标节点最远的节点发起 K 近邻搜索过程。由于一个包含很少节点信息的逻辑邻居难以提供距目标节的邻近信息，因此需要被排除在 K 近邻搜索过程之外。K 近邻搜索的最初请求节点 $P$ 首先选择非空环数目不小于 $R$ 的候选节点子集，然后从中选择距目标节点坐标距离最远的 $L$ 个节点直接探测距目标节点的 RTT 延迟，判断返回的 RTT 值是否存在大于本节点距目标节点距离阈值 $\beta_f$ ($\beta_f$ 默认为 1.2) 倍的节点 (设为 $P_2$)，若存在，则将最远节点搜索请求发给 $P_2$，$P_2$ 继续递归的搜索；否则，当前节点 $P$ 停止最远发起节点搜索过程，并选择当前距目标节点最远的节点 (设为 $P_F$) 作为 K 近邻搜索的发起节点。

### 3.4.3 最近邻搜索

由于搜索的每一跳步都需要选择位于特定区域内足够数目的随机采样节点作为搜索候选节点，每个节点都需要主动地维护足够数目的逻辑邻居以方便候选节点选择。由于目标节点可能位于网络延迟空间的任意位置，因此，每个节点的逻辑邻居集合都需要覆盖网络延迟空间的典型区域。

已有的最近服务器选择方法（如 Meridian 和 OASIS 算法）主要通过 gossip 的方式发现逻辑邻居，并将逻辑邻居组织为同心环结构以方便从球形空间随机采样搜索候选邻居。同心环结构包括多个相同球心不同半径的环。每个环上包含常数数目的逻辑邻居。各个环对应的半径大小呈指数级增长，以便于采样网络延迟空间距一个节点邻近的区域。然而，通过实验发现在同心环上内部和外部的环包含的逻辑邻居数目远小于中间部分环包含的逻辑邻居数目，并且中间部分的环由于逻辑邻居数目过多，经常触发逻辑邻居替换事件，增大了同心环维护开销。

首先基于低度量模型构建最近服务器搜索理论。假设任意的节点 $P$ 在接收到目标节点为 $T$ 的最近搜索消息后，节点 $P$ 在球 $B_P(\rho r)$ 包含的节点集合内有替换地均匀随机选择 $3\left(\dfrac{\rho^2}{\beta}\right)^\alpha$ 个节点时，那么在 $\log_{\frac{1}{\beta}}\Delta_d$ 搜索跳步后，搜索过程终止，并且发现最近邻距目标节点延迟不大于真实最近服务器距目标节点延迟的 $1/\beta$ 倍。其中 $r$ 为从节点 $P$ 到节点 $T$ 的延迟，$\beta$ 为搜索的延迟降低幅度（$0 < \beta \leqslant 1$），$\Delta_d$ 为网络延迟空间中节点间的最大延迟与最小延迟的比值，而 $\alpha$ 定义为 $\alpha \in [\log_\rho \gamma_g, \leqslant 2\log_\rho \gamma_g]$。

接着提出了一个实用的最近服务器搜索方法，称为 HybridNN。上述最近邻搜索理论结果由于需要严格的随机采样保证而影响了其实用性。HybridNN 在保持理论成立的随机采样前提下，提高其动态适应性以及测量过程的可扩展性。

基于贪心搜索的思想进行分布式的迭代搜索: 当前节点根据多级环上逻辑邻居距目标节点的延迟信息，每次选择的下一跳步节点距目标节点需要比当前节点近 $\beta$ 倍，从而以指数级速度逼近目标节点；在搜索到 1 个近邻后，由于两个相同发起节点的贪心搜索过程中间经历的节点集合序列相同，仅区别于最后跳步的节点，故在目标节点的邻近区域继续发现剩余的近邻节点。

为了动态选择搜索过程的候选节点，HybridNN 利用改进的同心环维护一组在线的逻辑邻居集合，从而能够及时地筛选出合适的最近邻搜索候选节点。Meridian、OASIS 等工作已经提出同心环的概念。HybridNN 的改进包括扩大同心环的覆盖范围以提高搜索过程的可持续搜索能力以及降低测量开销以提高搜索过程的可扩展性：①通过理论分析中的随机采样数目下限确定同心环中每个环上的逻辑邻居数目，使得 HybridNN 能够以最低数目的逻辑邻居发现距目标节点更近的服务器；②通过带偏好的邻居采样策略，为每个环尽可能多地选择逻辑邻居，以方便定位距不同目标节点更近的服务器；③HybridNN 通过网络坐标进行延迟预测以避免邻居维护过程的探测开销，由于网络坐标的近似精确度，邻居维护结果仍然保持了最大化环上节点覆盖范围的物理意义。

为了提高分布式搜索过程的精确度和可扩展性，采取多种措施在降低测量开销的同时保证搜索过程的健壮性：

(1) HybridNN 通过改进的 Vivaldi 网络坐标方法[5] 预测服务器之间以及服务器与目标节点间的延迟，从而避免大量的直接延迟探测开销，并且 HybridNN 基于被动的方式更新坐标位置，避免了主动方式坐标维护过程中的测量带宽开销。

(2) 由于网络坐标的预测延迟并不与真实延迟完全匹配，HybridNN 实时地检测网络坐标的误差率，在延迟预测误差率较高时，HybridNN 利用少量的直接网络延迟探测避免错误率较高的延迟预测。

(3) HybridNN 将 $\beta$ 设定为 1，以降低直接探测开销并提高搜索过程的健壮性，已知每个节点需要采样 $3\left(\dfrac{\rho^2}{\beta}\right)^{\alpha}$ 数目的逻辑邻居作为候选邻居；可通过增大 $\beta$ 降低候选邻居数目。由于网络延迟分簇可能造成候选邻居距目标节点延迟类似，进而导致搜索过程过早终止，因此，增大 $\beta$ 降低了新的搜索节点的筛选要求，有利于避免因网络延迟分簇造成的搜索过早终止问题，提高搜索过程的健壮性。设定 $\beta$ 为 1 保证了 HybridNN 选择最小数目的逻辑邻居作为最近邻搜索过程的候选节点，同时，允许以没有任何延迟降低的步骤进行搜索，有利于适应当前节点与一些候选节点距目标节点延迟相似的现象。

假设当前节点 $P_F$ 距目标节点的坐标距离为 $d_T$，当前节点从距本节点坐标距离范围在 $[0, \rho \times d_T]$（$\rho$ 为低度量模型参数，默认为 2.5）的逻辑邻居集合中。选择不在已经搜索近邻节点集合且非空环数目不小于 $R$ 的候选节点子集，然后选择 $L$ 个最靠近目标节点的候选节点。实验发现 $R$ 为 4 且 $L$ 为 4 时精确度较高。接着，每个候选节点主动地探测距目标节点的距离，节点 $P_F$ 根据直接探测距离从候选节点中选择距目标节点最近的节点 (设为 $P_C$)。

首先，如果 $P_C$ 与目标节点的距离小于当前节点与目标节点距离乘以参数 $\beta$($\beta$ 小于 1，称为下一跳步选择阈值)，则当前节点将 K 近邻搜索消息发送给 $P_C$，$P_C$ 继续进行 K 近邻搜索，当前节点成为 $P_C$ 的 K 近邻搜索父节点；否则，当前节点选择距目标节点最近的邻居 ($P_C$ 或者 $P_F$) 为距目标节点最近的一个近邻，并将该节点缓存到 K 近邻搜索消息。K

近邻搜索消息中缓存的每个近邻节点标记为已经搜索近邻节点，已搜索过的节点不再参与当前的 K 近邻搜索过程。

从候选邻居中筛选距目标节点最邻近的节点子集，从而降低直接探测开销。首先从候选邻居中选择距目标节点坐标距离最近的 $m$ 个邻居，记为 $S_c$。其次，选择候选邻居中坐标误差超过误差阈值的邻居，坐标误差阈值默认为 0.7。此外，还选择坐标距离与真实的网络延迟值偏差超过 50ms 的节点，以适应由于三角不等性违例造成的坐标误差。图3.4综合了上述选择规则，记上述选择过程得到的逻辑邻居集合为 $S_* = S_c \cup S_e \cup S_t$。

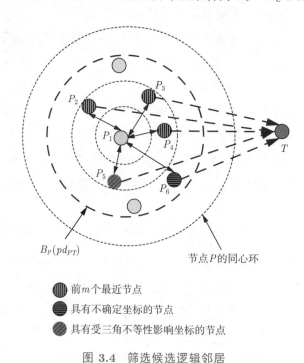

图 3.4　筛选候选逻辑邻居

节点 $P$ 接着请求集合 $S_*$ 内的节点探测距目标节点 $T$ 的网络延迟，然后节点 $P$ 从中选择距目标节点最近的逻辑邻居。若多个逻辑邻居距目标节点的延迟相同，那么随机地从中选择一个节点。

### 3.4.4　搜索终止判定机制

如前文所述，HybridNN 设定搜索阈值 $\beta$ 为 1。因此，若 3.4.3 节筛选的逻辑邻居比当前节点 $P$ 距目标节点更远，那么终止搜索过程，并将节点 $P$ 作为向目标节点 $T$ 提供服务的节点。

### 3.4.5 逻辑邻居维护机制

**1. 同心环**

由于 3.4.3 节搜索流程要求在球形区域内随机采样候选节点，因此采取同心环存储逻辑邻居。同心环上第 $i$ 个环包含距当前节点延迟值位于 $(2^{i-1}, 2^i]$ 区间的节点。假定需要选择半径为 $d_2$ 的球形区域内的节点作为候选节点，为不遗漏候选节点，需要选择同心坏上第 1 个到第 $\lceil \log_2 d_2 \rceil$ 个环包含的逻辑邻居。

同心环的一个重要参数是环上逻辑邻居数目 $\Delta$。为了以至少 95% 的概率定位距目标节点更近的一个候选邻居，需要选择 $3\left(\dfrac{\rho^2}{\beta}\right)^\alpha$ 个逻辑邻居。在 $\beta$ 为 1 时，逻辑邻居数目位于区间 $[3\gamma_g^2, 3\gamma_g^4]$。由于增量维度 $\gamma_g$ 较为适中[3]，一般低于 5，因此，设置环大小 $\Delta$ 为较小的整数值，默认值为 8。

**2. 邻居发现机制**

由于需要为同心环的各个环选择逻辑邻居，因此提出基于 gossip 方式和随机行走方式的邻居发现机制。gossip 方式中，每个节点定期地与其逻辑邻居交换邻居集合，实现均匀随机的逻辑邻居采样过程。而随机行走方式中，每个节点定期地发起随机行走消息，该随机行走消息按照逐个跳步的方式进行随机转发。每个中间转发节点筛选距发起节点最近或者最远的 $K$ 个节点。随机行走消息缓存的节点作为发起节点更新其同心环的内部环和外部环的候选邻居。综上，gossip 方式和随机行走方式具有互补性，并且二者的通信开销以及计算开销均较低，适合作为频繁执行的通信过程。

此外，每个节点基于邻居发现过程中的延迟探测结果维护其坐标位置。因此坐标维护过程是被动式的，不引发额外的延迟探测开销。

(1) 基于 gossip 的邻居发现。

为了实现 gossip 方式的邻居发现，每个节点定期地与其逻辑邻居交换邻居信息。节点 $P$ 从同心环上随机选择一个邻居 $Q$ 作为交换 gossip 消息的节点，然后节点 $P$ 从同心环的每个环上的逻辑邻居中随机地选择一个邻居，并将选择的邻居的通信地址存储到一个 gossip 请求消息中。节点 $P$ 将该 gossip 请求消息发送至节点 $Q$。在节点 $Q$ 接收到该请求消息后，立即发送一个 gossip 响应消息至节点 $P$。节点 $Q$ 针对 gossip 请求消息中存储的每个节点进行直接延迟探测，然后根据成功的延迟探测结果将对应的节点插入其同心环上。

(2) 基于随机行走的邻居发现。

为了向同心环的内部和外部的环上插入逻辑邻居，每个节点（称为 1 个发起节点）通过随机行走的消息转发机制采样距节点较近或者较远的节点集合。每个节点发送具有一定生存周期的随机行走消息至随机选择的逻辑邻居。在消息转发过程中，每个中间节点将距发起节点最近或者最远的 $K$ 个节点存入该随机行走消息。最终，该随机行走消息反馈给随机行走的发起节点。随机行走消息缓存的 $2K$ 个节点作为发起节点，更新其同心环的内部环和外部环的候选邻居。随机行走过程的参数 $K$ 取决于系统需求。实验发现适中的 $K$ 值即可满足精确的最近邻搜索需求（默认值为 10）。

利用一个实例介绍随机行走的基本过程。假设节点 $P$ 需要利用随机行走过程选择邻近或者最远的逻辑邻居。节点 $P$ 首先从同心环上随机选择一个邻居 $Q$ 作为通信节点，然后节点 $P$ 将本节点的坐标位置以及随机行走跳步数（记为 hop）存储到一个随机行走消息并发送给 $Q$。节点 $Q$ 接收到该随机行走消息后，从本节点的同心环上选择距节点 $P$ 坐标距离最近和最远的 $K$ 个邻居，将这些邻居的地址以及坐标位置存储到该随机行走消息，并将消息的 hop 值减 1。然后，节点 $Q$ 将该消息发送至一个随机选择的逻辑邻居 $Q_2$。类似节点 $Q$，节点 $Q_2$ 判断 hop 是否为零，若为零，则将该随机行走消息立即转发给节点 $P$；否则，节点 $Q_2$ 从其同心环上选择距 $P$ 最近或最远的 $K$ 个邻居，然后将这些节点与随机行走消息中包含的 $2K$ 个节点进行对比，从中选择距节点 $P$ 最近和最远的 $K$ 个节点，并利用计算后的 $2K$ 个节点替换随机行走消息中缓存的节点。节点 $Q_2$ 将消息的 hop 值减 1，并随机地选择一个新的节点递归地进行转发。最终，节点 $P$ 收到随机行走消息，选择消息缓存的 $2K$ 个节点作为候选逻辑邻居，针对每个候选邻居进行延迟探测，并根据成功的延迟探测结果将对应的候选邻居插入逻辑环中。

(3) 邻居替换机制。

为了控制邻居集合的存储开销，在一个环上的邻居数目超过最大值 $\Delta$ 后，将多余的节点删除。节点删除过程需要最大化邻居集合的多样性，以发现与目标节点邻近的逻辑邻居。利用最大化超体积算法[6]可保留环上节点间距离最大的 $\Delta$ 个逻辑邻居。

然而最大化超体积算法需要环上节点间延迟探测作为算法输入，会引发平方量级的探测开销。为了避免探测开销，可利用环上邻居的坐标位置预测邻居间的延迟距离，从而提高邻居替换机制的可扩展性。

## 3.4.6　回退策略

若已经得到 $K$ 个近邻，则 K 近邻搜索过程结束；若当前节点 $P_F$ 没有父节点，则重启 K 近邻搜索过程，否则，进行回退搜索。当前节点将 K 近邻搜索消息发送至上一跳步父节点，父节点从候选节点集合中排除当前已搜索节点，进行继续搜索。

在重启 K 近邻搜索过程时，当前节点从多级环上选择距目标节点最远且不在已搜索过节点集合的逻辑邻居 $P_N$，然后将 K 近邻搜索请求发送给 $P_N$，$P_N$ 从候选节点集合中排除当前已搜索节点，进行最近邻搜索。

## 3.5 分布式邻近搜索理论分析

利用 $d_{uv}$ 代表 $u$ 与 $v$ 之间的延迟。$B_u(r)$ 为以节点 $u$ 为圆心，$r$ 为半径包含节点构成的闭球，定义 $B_{ui} = B_u(2^i)$。每个节点 $u$ 维护 $\log(\Delta)$ 个环，其中 $\Delta$ 为最大距离，每个环 $S_{ui} \subset B_{ui} \setminus B_{(u,i-1)}$，且环的大小为 $m$。

**定义 8**（良好） 如果 $S_{ui}$ 为 $B_{ui} \setminus B_{(u,i-1)}$ 的 $m$ 个随机节点构成的节点子集，则环 $S_{ui}$ 为良好 (well-formed)。

**定义 9**（$\varepsilon$-nice） 如果对于任意的节点对 $u$ 和 $v$，节点 $u$ 的多级环具有一个邻居节点 $w \subset S_{ui}$，使得 $d_{wv} \leqslant \varepsilon d_{uv}$，$d_{uv}(1 + \epsilon) \leqslant 2^i$，则多级环为 $\varepsilon$-nice。

可利用网格维度表达不同半径球之间的大小关系。给定一个 $n$ 维网格，任意的球覆盖的节点数目至多小于同样球心及 $x$ 倍半径的球覆盖节点数目的 $x^\alpha$ 倍。一个网格维度 (grid dimension) 为上述属性成立的最小的 $\alpha$。同时列出两个网格维度的关键性质。

**引理 1** 如果一个 $\rho$-低度量模型具有增量 (growth)$\gamma_g \geqslant 1$，对于任意的 $x \geqslant \rho$，任意的球覆盖的节点数目至多小于同样球心及 $x$ 倍半径的球覆盖节点数目的 $x^\alpha$ 倍，其中 $\rho$-低度量模型的网格维度为 $\log_\rho \gamma_g \leqslant \alpha \leqslant 2\log_\rho \gamma_g$。

**引理 2** 设定一个 $\rho$-低度量模型为 $\gamma_d$-倍增的，对于任意的 $x \geqslant \rho$，任意的球覆盖的节点数目至多小于同样球心及 $x$ 倍半径的球覆盖节点数目的 $x^\alpha$ 倍，其中 $\rho$-低度量模型的网格维度的可行区间为 $\frac{1}{4}\log_\rho \gamma_d \leqslant \alpha \leqslant \log_\rho N$，$N$ 为节点总数。

证明：(1) 假设 $\rho$-低度量模型网格维度为未知数 $\alpha$，对于任意的 $u$ 和 $v$，$v \in B_u(\rho r)$，其中 $r > 0$。对于任意满足 $x \in B_u(\rho^2 r)$ 的节点 $x$，根据低度量模型定义，$x$ 距 $v$ 的距离 $d_{vx}$ 满足

$$d_{vx} \leqslant \rho \max\{d_{uv}, \rho^2 r\} = \rho^3 r$$

因此 $x \in B_v(\rho^3 r)$，故

$$B_u(\rho^2 r) \subseteq B_v(\rho^3 r)$$

根据网格维度的定义可知：

$$|B_u(\rho^2 r)| \leqslant |B_v(\rho^3 r)| \leqslant (\rho^3)^\alpha |B_v(r)| \leqslant (\rho^4)^\alpha |B_v(r/\rho)|$$

(2) 采取贪心的方式利用半径为 $r$ 的球构建球 $B_u(\rho r)$ 的覆盖 $F$。设 $m \leftarrow 0$，若球 $B_u(\rho r)$ 存在没有被包含的节点子集，即

$$B_u(\rho r) \setminus \bigcup_{1 \leqslant i \leqslant m} B_{v_i}(r) \neq \text{NULL}$$

则任意选择一个新的球心节点 $v_{m+1}$，满足

$$v_{m+1} \in B_u(\rho r) \setminus \bigcup_{1 \leqslant i \leqslant m} B_{v_i}(r)$$

然后更新 $m \leftarrow m+1$，递归执行上述过程。

对于上述基于贪心方式构建的一个覆盖 $F$：$B_u(\rho r) = \cup_{1 \leqslant i \leqslant \gamma_d} B_{v_i}(r)$，标记 $C$ 为 $F$ 中所有球 $B_{v_i}(r)$ 的球心组成的集合。根据球心的选择方式可知，球心集合 $C$ 中任意节点 $v_i$ 位于球 $B_u(\rho r)$ 内部，即 $d_{v_i u} \leqslant \rho r$，并且任意两个球心 $v_i$、$v_j$ 之间的距离 $d_{v_i, v_j}$ 大于 $r$。

基于反证法证明以上述集合 $C$ 为球心，以 $r/\rho$ 为半径的球两两不相交。任意选择两个球心 $v_i \in C$，$v_j \in C$，假设存在节点 $w$ 满足

$$w \in B_{v_i}(r/\rho) \cap B_{v_j}(r/\rho)$$

则根据低度量模型定义可知

$$d_{v_i, v_j} \leqslant \rho \max\{d(v_i, w), d(v_j, w)\} \leqslant r$$

而这与已知的 $d_{v_i, v_j} > r$ 矛盾，故以 $C$ 中节点为球心，$r/\rho$ 为半径的任意两个球 $B_{v_i}(r/\rho)$ 与 $B_{v_j}(r/\rho)$ 是互不相交的。

(3) 综合 (1) 与 (2) 可知，以球心集合 $C$ 中节点为球心，$r/\rho$ 为半径的球的并集满足

$$\left|\cup_{1 \leqslant i \leqslant \gamma_d} B_{v_i}(r/\rho)\right| \geqslant \gamma_d \left|B_u(\rho^2 r)\right| / (\rho^4)^\alpha$$

由 (2) 贪心覆盖构造过程可知，每个球心 $v_i$ 都位于 $B_u(\rho r)$ 内部，即 $v_i \in B_u(\rho r)$，根据低度量模型定义可知

$$B_{v_i}(r/\rho) \subseteq B_u(\rho^2 r)$$

因此

$$(\rho^4)^\alpha \geqslant \gamma_d$$

即

$$\alpha \geqslant \frac{\log \gamma_d}{4 \log \rho} = \frac{1}{4} \log_\rho \gamma_d$$

故 $\rho$-低度量模型为 $\gamma_d$-倍增时，网格维度 $\alpha \geqslant \frac{1}{4} \log_\rho \gamma_d$。

(4) 由于 $|x^\alpha| \leqslant N$，因此在 $x \geqslant \rho$ 时，$\alpha \leqslant \log_\rho(N)$，$N$ 为系统中节点总数。综上可知，引理 2 得证。

本节逻辑邻居维护质量利用了引理 3。引理 3 基于网格维度进行定义，通过综合 B.Wong 等[6] 推导的定理可得。

**引理 3**　给定一个节点集合，由节点间距离组成的距离空间具有网格维度 $\alpha$，设 $\delta \in (0,1)$，$\varepsilon < 1$，$\gamma$ 为常数，$N$ 为节点集合规模，每个环的大小为 $O(1/\varepsilon)\log(N/\delta)$，任意选择两个节点 $u$、$v$，设 $r = \varepsilon d_{uv}$，选择最小的 $i$ 使得 $d_{uv} + r \leqslant 2^i$，如果存在 $|B_{ui}| \leqslant \gamma^\alpha |B_v(r)|$，那么按照切尔诺夫界 (Chernoff bound)，从环 $S_{ul}(l \leqslant i)$ 选择一个点，落在 $B_v(r)$ 外面的失效概率小于 $\delta/N^2$。

引理3给出了网格维度下多级环满足 $\varepsilon$-nice 的一个充分条件：在网格维度下对于系统中任意两个节点 $u$、$v$，若以 $u$、$v$ 为球心，半径分别为 $2^i$ 和 $r$ 的两个球包含节点的个数比例不大于一个常数 $\gamma^\alpha$，那么，从节点 $u$ 的多级环上选择一个邻居满足与 $v$ 的距离降低至不大于 $\varepsilon d_{uv}(\varepsilon < 1)$ 的成功概率接近 1，即多级环为 $\varepsilon$-nice 的。

## 3.5.1　最近节点搜索

为了便于分析，根据 3.4 节分布式最近服务器选择定义，将分布式搜索过程的每一步定义如下。

**定义 10**　在最近节点搜索的每一步，一个节点 $P_1$ 需要选择另外一个节点 $P_2$，使得 $P_2$ 与目标节点 $T$ 的距离不大于本节点与该目标节点距离的 $\beta$ 倍，即 $d_{P_2T} \leqslant \beta \times d_{P_1T}$。同时在搜索过程的每一步，只从当前节点集合均匀随机地选择一组采样节点。

首先分析搜索过程的随机采样数目需求，然后分析整个搜索过程的精确度、搜索时间以及开销等。不失一般性，假定要保证至少以 95% 的成功率定位到满足定义10需求的节点 $P_2$，分析所需的随机采样数目。而随着概率的增大，所需的随机采样数目将会增大。

首先计算低度量模型下相同球心不同半径的球所包含的节点数目的比例。

**引理 4**　假定一个 $\rho$-低度量模型的增量维度为 $\gamma_g \geqslant 1$，给定任意的正实数 $x \geqslant \rho$，$r > 0$ 以及节点 $P$，球 $B_P(r)$ 的容积不小于球 $B_P(xr)$ 容积的 $x^\alpha$ 倍，其中 $\log_\rho \gamma_g \leqslant \alpha \leqslant 2\log_\rho \gamma_g$。

证明：首先，根据增量维度定义可得

$$|B_P(xr)| \leqslant \gamma_g \left| B_P\left(\frac{x}{\rho}r\right) \right|$$

然后递归调用 $\lceil \log_\rho x \rceil$ 次增量维度定义，直至 $\dfrac{x}{\rho^{\lceil \log_\rho x \rceil}} < 1$，可得

$$|B_P(xr)| \leqslant \gamma_g^{\lceil \log_\rho x \rceil} |B_P(r)| = x^{\log_x \gamma_g^{\lceil \log_\rho x \rceil}} |B_P(r)| = x^\alpha |B_P(r)|$$
$$\alpha = \log_x \gamma_g \times \lceil \log_\rho x \rceil$$

因此，根据上限函数 $\lceil \ \rceil$ 定义，计算 $\alpha$ 的下界：

$$\alpha \geqslant \log_x \gamma_g \times \log_\rho x = \log_\rho \gamma_g$$

由于 $x \geqslant \rho$, $\gamma_g > 1$, 因此可得

$$\log_\rho \gamma_g = \frac{\log \gamma_g}{\log \rho} \geqslant \frac{\log \gamma_g}{\log x} = \log_x \gamma_g$$

求解 $\alpha$ 的上界:

$$\begin{aligned}
\alpha &\leqslant \log_x \gamma_g \times \left( \log_\rho x + 1 \right) \\
&= \log_\rho \gamma_g + \log_x \gamma_g \\
&\leqslant \log_\rho \gamma_g + \log_\rho \gamma_g \\
&= 2\log_\rho \gamma_g
\end{aligned}$$

结论得证。

给定任意的参数 $x$, 引理4说明相同球心不同半径的球的节点个数比至多为 $x^\alpha$。参数 $\alpha$ 是一个变量, 取决于不同的球包含的节点数目。统计不同半径 $r$ 下 $\alpha$ 的变化情况。图3.5显示大多数的 $\alpha$ 不大于 3, 并且随着半径的增大或者参数 $x$ 增大迅速降低。因此, 相同球心不同半径的球所包含的节点数目差异幅度适中。

接着计算满足定义10所需的随机采样节点数目, 也就是满足至少存在一个节点被球 $B_T(\beta r)$ 包含所需的采样数目。

**引理 5**　假定一个 $\rho$-低度量模型的增量维度为 $\gamma_g \geqslant 1$, $r$ 为一个正实数, 且满足当前节点 $P$ 与目标节点 $T$ 的距离为 $d_{PT} \leqslant r$。在从球 $B_P(\rho r)$ 均匀随机地选择 $3\left(\dfrac{\rho^2}{\beta}\right)^\alpha$ 个节点时, 以至少 95% 的概率保证至少一个节点被球 $B_T(\beta r)$ 包含, 其中 $\log_\rho \gamma_g \leqslant \alpha \leqslant 2\log_\rho \gamma_g$, $\beta \leqslant 1$。

证明: 首先分析低度量模型中不同球心、不同半径的球之间的包含关系, 作为引理5的分析基础。

**引理 6**　给定任意的节点对 $p$ 和 $q$ 以及 $d_{pq} \leqslant r$, 可知

$$B_q(r) \subseteq B_p(\rho r) \subseteq B_q(\rho^2 r) \tag{3.1}$$

证明: 假设任意的节点 $i$ 满足 $d_{qi} \leqslant r$, 即 $i \in B_q(r)$, 根据低度量模型定义可知 $d_{pi} \leqslant \rho \max\{d_{pq}, d_{qi}\} \leqslant \rho r$, 因此 $i \in B_p(\rho r)$ 成立。那么

$$B_q(r) \subseteq B_p(\rho r) \tag{3.2}$$

成立。对于任意的节点 $j$ 满足 $j \in B_p(\rho r)$, 由低度量模型定义可知

$$d_{qj} \leqslant \rho\{d_{pq}, d_{pj}\} \leqslant \rho^2 r \tag{3.3}$$

综合式 (3.2) 和式 (3.3), 引理得证。

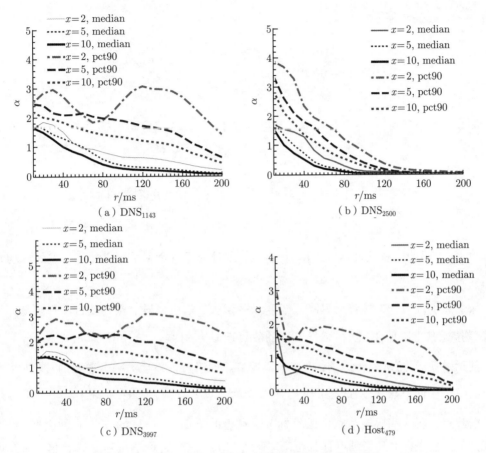

图 3.5  参数 $\alpha$ 随球半径 $r$ 以及参数 $x$ 增长的变化

根据引理6可知，$B_T(\beta r) \subset B_T(r) \subseteq B_P(\rho r)$，所有被球 $B_T(\beta r)$ 包含的节点同样被球 $B_P(\rho r)$ 包含。因此，只需要在球 $B_P(\rho r)$ 采样足够数目的节点以寻找位于球 $B_T(\beta r)$ 内的一个节点。

对于满足 $d_{PT} \leqslant r$ 的两个节点 $P$ 和 $Q$ 可知

$$|B_P(\rho r)| \leqslant |B_T(\rho^2 r)| = \left| B_T\left(\frac{\rho^2}{\beta}\beta r\right) \right| \tag{3.4}$$

由于 $\rho > 1$，$\beta \leqslant 1$，可知 $\dfrac{\rho^2}{\beta} \geqslant \rho^2 \geqslant \rho$。因此引理4的前提条件成立，可知球 $B_P(\rho r)$ 与 $B_T(\beta r)$ 的大小关系为

$$|B_P(\rho r)| \leqslant \left| B_T\left(\frac{\rho^2}{\beta}\beta r\right) \right| \leqslant \left(\frac{\rho^2}{\beta}\right)^{\alpha} |B_T(\beta r)| \tag{3.5}$$

其中，$\log_{\rho}\gamma_g \leqslant \alpha \leqslant 2\log_{\rho}\gamma_g$。因此，从球 $B_P(\rho r)$ 包含的节点集合均匀随机地选择一个节

点被球 $B_T(\beta r)$ 包含的概率为

$$\frac{|B_T(\beta r)|}{|B_P(\rho r)|} \geqslant \frac{|B_T(\beta r)|}{\left(\frac{\rho^2}{\beta}\right)^\alpha |B_T(\beta r)|} = \frac{1}{\left(\frac{\rho^2}{\beta}\right)^\alpha} \tag{3.6}$$

那么随机选择 $3\left(\frac{\rho^2}{\beta}\right)^\alpha$ 个采样节点均不被球 $B_T(\beta r)$ 包含的概率至多为

$$\left(1 - \frac{1}{\left(\frac{\rho^2}{\beta}\right)^\alpha}\right)^{3\left(\frac{\rho^2}{\beta}\right)^\alpha} \leqslant \left(\frac{1}{e}\right)^3 \leqslant 0.05 \tag{3.7}$$

式 (3.7) 说明随机选择 $3\left(\frac{\rho^2}{\beta}\right)^\alpha$ 个采样节点时选择一个满足定义10的节点的成功率至少为 95%。

从上述引理可知，随着延迟降低幅度 $\beta$ 的增大，随机采样节点的数目不断降低；并且随着 $\beta$ 接近其上限值 1，随机采样节点的数目近似为 $3\left(\frac{\rho^2}{\beta}\right)^\alpha \approx 3\rho^{2\alpha} \in [3\gamma_g^2, 3\gamma_g^4]$。

基于引理5的随机采样需求，将整个最近节点搜索过程描述为一个递归的过程：在搜索过程的每个中间节点 $P$ 从球 $B_P(\rho d_{PT})$ 包含的节点集合内随机地采样 $3\left(\frac{\rho^2}{\beta}\right)^\alpha$ 个节点作为候选节点，若这些候选节点中距目标节点最近的节点 $P_2$ 与目标节点 $T$ 的延迟 (不失一般性，在度量分析中又将延迟称为距离) 不大于节点 $P$ 与目标节点延迟的 $\beta$ 倍，那么将最近节点搜索请求发送给节点 $P_2$，否则终止搜索过程并将当前已知的最近节点作为向目标节点 $T$ 提供服务的节点。

为了量化搜索到的节点与目标节点的邻近度，定义 $\omega$-近似度如下：

**定义 11** 给定一个目标节点 $T$，若一个节点 $A$ 与节点 $T$ 的距离 $d_{AT}$ 不大于最近节点与目标节点 $T$ 的距离 (记为 $d_*$) 的 $\omega$ 倍，即 $d_{AT} \leqslant \omega d_*$，那么称节点 $A$ 与节点 $T$ 为 $\omega$-近似度。

根据定义11可知，近似度越低说明发现的节点距目标节点越接近。接着分析搜索到的最近节点的近似度以及搜索速度。

**定理 1** 给定任意目标节点 $T$，发现的最近服务器具有 $\frac{1}{\beta}$-近似度，并且搜索跳步数至多为 $\log_{\frac{1}{\beta}} \Delta_d$，其中 $\Delta_d$ 为网络距离空间中最大距离与最小距离的比值。

证明：(1) 假设 $P_*$ 为距目标节点 $T$ 最近的服务器。首先采取反证法证明搜索节点的近似度。假定搜索过程终止时发现的最近节点为 $P_x$，且 $P_x$ 与目标节点的距离的近似度大于 $\frac{1}{\beta}$，即 $d_{P_xT} > \frac{1}{\beta} d_{P_*T}$。由于 $\beta \leqslant 1$，那么 $d_{P_xT} > d_{P_*T}$。因此在节点 $P_x$ 处继续采取随机采样的方式发现距目标节点比 $P_x$ 更近的节点。这与搜索过程终止的假设矛盾，因此搜索到的最近节点的近似度至多为 $\frac{1}{\beta}$。

(2) 假设节点 $P$ 将最近搜索请求发送给另外一个节点 $Q$，记该次搜索转发过程的搜索改进度为二者与目标节点 $T$ 的距离比值 $\frac{d_{PT}}{d_{QT}}$。根据引理5可知，一次搜索转发过程的搜索改进度至少为 $\frac{1}{\beta}$。设 $d_{\min}$ 为网络距离空间中最小距离值且 $d_{\min} > 0$，$l$ 为搜索转发次数。假定经过 $l$ 次搜索转发后，条件

$$\beta^l d_{PT} = d_{\min}$$

成立，那么搜索过程由于没有距目标节点更近的节点而终止。由于 $d_{PT} \leqslant \Delta_d \times d_{\min}$，可知

$$\frac{1}{\beta^l} d_{\min} = d_{PT} \leqslant \Delta_d \times d_{\min}$$

即

$$l \leqslant \log_\beta \left( \frac{1}{\Delta_d} \right) = \log_{\frac{1}{\beta}} \left( \Delta_d \right)$$

由于转发次数 $l$ 为整数，因此实际值可能比上述连续值更小。所以在至多 $\log_{\frac{1}{\beta}} \Delta_d$ 次搜索转发后，搜索过程终止。综合 (1) 与 (2)，定理得证。

搜索过程中每次发现的节点以至少 95% 的概率与目标节点的距离降低 $(1 - \beta)$ 倍。这就意味着若当前搜索过程无法发现满足上述条件的新的节点进行最近邻搜索，那么搜索过程可能在没有发现真实的最近邻前终止。$l$ 搜索跳步时的搜索过程失效概率为 $1 - (95\%)^l$。例如假定总搜索跳步数为 4，那么搜索过程提前终止的概率至多为 18.55%。为了避免搜索过程提前终止，通过增大随机采样节点数目来增大每次的成功率。然而实验结果发现，采取适中的随机采样节点数目即可将近似度降低至接近 1。

上述理论分析实际上假定每次搜索过程只比当前节点与目标节点的距离降低 $(1 - \beta)$ 倍。然而由于每次搜索转发过程均选择候选节点中与目标节点最近的节点作为新的搜索节点，因此每次搜索过程的距离降低幅度可能远大于 $(1 - \beta)$。即使设定 $\beta$ 为 1，搜索过程的距离降低幅度也没有变化。本章邻近搜索的算法设计即利用这种不变性优化 $\beta$ 值。

## 3.5.2　精确度及搜索时间

**定理 2**(增量维度下的多级环质量)　在 $\rho$-低度量模型具有增量 $\gamma_g \geqslant 1$ 时，固定 $\delta \in (0, 1)$，$\varepsilon < 1$，设定多级环的每个环的大小为 $O\left(\frac{1}{\varepsilon}\right)^{\log \gamma_g} \log(N/\delta)$，如果每个环为良好的，则多级环以 $1 - \delta$ 的概率为 $\varepsilon$-nice。

证明：任意选择两个不同的节点 $u$ 和 $v$，$d_{uv} > 0$，设 $r = \varepsilon d_{uv}$，选择最小的整数 $i$ 满足 $d_{uv} + r \leqslant 2^i$，因此 $r + d_{uv} > 2^{i-1}$，否则与 $i$ 是最小的整数矛盾。

根据低度量模型定义，对于球 $B_{ui}$ 中的任意节点 $x$，节点 $x$ 与节点 $v$ 的距离 $d_{xv}$ 满足

$$d_{vx} \leqslant \rho \max \{d_{uv}, d_{ux}\} \leqslant \rho \times 2^i \leqslant \rho \times 2\,(r + d_{uv}) = \rho \times 2 \left(1 + \frac{1}{\varepsilon}\right) r = \rho \gamma r$$

其中，$\gamma = 2\,(1 + 1/\varepsilon)$。因此，球 $B_{ui}$ 满足如下条件：

$$B_{ui} \subseteq B_v\,(\rho \gamma r)$$

接着利用引理1结论，可得

$$|B_{ui}| \leqslant |B_v\,(\rho \gamma r)| \leqslant (\rho \gamma)^\alpha\,|B_v\,(r)|$$

其中，$\alpha$ 为倍增维度的网格维度。基于引理3，位于 $S_{ul}(l \leqslant i)$ 环上的某个节点，位于 $B_v(r)$ 的失效概率小于 $\delta / N^2$。定理 2 得证。

定理2说明，如果多级环的每个环均匀随机地从对应距离范围选择逻辑邻居，那么对于任意的目标节点，多级环中均存在一个逻辑邻居，与目标节点的距离小于当前节点与目标节点距离的 $\varepsilon$ 倍，$\varepsilon < 1$。因此，多级环结构能够支持基于贪心搜索策略的 DKNNS 算法中的 K 近邻搜索过程。

**定理 3**(倍增维度下的多级环质量)  若一个 $\rho$-低度量模型为 $\gamma_d$-倍增，固定 $\delta \in (0, 1)$，$\varepsilon < 1$，设定多级环的每个环的大小为 $O\left(\dfrac{1}{\varepsilon}\right)^{\log \gamma_d} \log\,(N/\delta)$，如果环为良好的，则多级环以 $(1 - \delta)$ 的概率为 $\varepsilon$-nice。

证明：首先选择两个不同的节点 $u$ 和 $v$，$d_{uv} > 0$，设 $r = \varepsilon d_{uv}$，选择最小的整数 $i$ 满足 $d_{uv} + r \leqslant 2^i$。根据低度量模型定义，对于球 $B_{ui}$ 中的任意节点 $x$，节点 $x$ 与节点 $v$ 的距离 $d_{xv}$ 满足

$$d_{vx} \leqslant \rho \gamma r$$

其中，$\gamma = 2\,(1 + 1/\varepsilon)$。因此，球 $B_{ui}$ 满足如下条件：

$$B_{ui} \subseteq B_v\,(\rho \gamma r)$$

接着，直接利用引理2结论，可得

$$|B_{ui}| \leqslant |B_v\,(\rho \gamma r)| \leqslant (\rho \gamma)^\alpha\,|B_v\,(r)|$$

其中，$\alpha$ 为倍增维度的网格维度。最后基于引理3结论，可知定理 3 成立。

通过定理2与定理3，证明了在增量维度和倍增维度下，只要多级环中每个环保持一定数目的随机节点集合，那么整个多级环实现 $\varepsilon$-nice，即对于任意的目标节点，均从多级环中发现与目标节点的距离降低至 $\varepsilon$ 倍以内的邻居，从而有效地支持最近邻搜索过程。

由于 DKNNS 算法要求搜索过程中下一跳步节点与目标节点的距离要降低至 $\beta$ 倍以内，需要限定搜索过程中的候选节点集合，从而不遗漏与目标节点距离降低 $\beta$ 倍的逻辑邻居，根据低度量模型定义，证明当前节点需要选择与木节点距离低于 $\rho d$ 的节点集合。

**定理 4**(候选节点选择范围)　DKNNS 算法中，如果当前节点 $A$ 希望选择与目标节点距离上限为 $\beta d$ 的节点集合 $H$，则 $H$ 中每个节点与 $A$ 的距离 $x$ 必满足如下条件：如果 $\rho\beta > 1$，则 $x < \rho d$；如果 $\rho\beta \leqslant 1$，则 $d/\rho < x < \rho d$。

证明：由于 DKNNS 算法的最近搜索过程要求下一跳步节点与目标节点的距离要降低至不大于当前节点与目标节点距离的 $\beta$ 倍，根据低度量模型定义，下一跳步的候选节点集合 $H$ 需要满足下述不等式组：

$$\begin{cases} \beta d < \rho \max\{x, d\} \\ x < \rho \max\{\beta d, d\} \\ d < \rho \max\{\beta d, x\} \end{cases}$$

根据 DKNNS 搜索策略的贪心特征可知 $\beta < 1$，而对于任意的三元组，根据低度量模型定义可知 $\rho > 1$。

为了化简上述不等式组，分情况进行讨论：

(1) 若 $x > d$，则将上述不等式组化简可得 $x < \rho d \wedge x > d$。

(2) 若 $x \leqslant d$，则上述不等式组可化简为 $d < \rho \max\{\beta d, x\}$。综合 (1) 和 (2) 可得：

- 当 $\rho\beta \geqslant 1$ 时，则 $x \leqslant \beta d \vee \beta d < x \leqslant d$，即 $x \leqslant d$。
- 当 $0 < \rho\beta < 1$ 时，则 $d/\rho < x \leqslant d$。

综上可知，若 $\rho\beta \geqslant 1$，则需要选择满足 $x < \rho d$ 的节点集合；若 $\rho\beta \leqslant 1$，则需要选择 $d/\rho < x < \rho d$ 范围的节点集合。定理 4 得证。

由于均匀随机地选择 $O(\log N)$ 数目的节点放入多级环的每个环中，即可实现多级环为 $\varepsilon$-nice 的。而通过实验验证，DKNNS 算法通过结合 gossip 方式和 K 近邻搜索的方式快速地填充多级环中的每个环。接下来分析在多级环为 $\varepsilon$-nice 时，DKNNS 算法的 K 近邻搜索的精确度。首先，在 $K=1$ 时，给出 DKNNS 算法寻找到的 1 近邻的近似度以及搜索效率。

**定理 5**(1 近邻)　设多级环为 $\varepsilon$-nice，$\varepsilon < \beta$，则 DKNNS 算法通过 $O(\log\Delta)$ 跳步，确定的 1 近邻为目标节点的 $1/\beta$ 近似 1 近邻，$\Delta$ 为系统中任意节点间的最大距离。

证明：根据 DKNNS 最近搜索判断步骤，下一跳步转发节点 $V$ 与目标节点 $T$ 的距离至少降低为当前节点到目标节点距离的 $\beta$ 倍 $(\beta < 1)$，因此 DKNNS 算法以指数级速度降低与目

标节点 $T$ 的距离，故 1 近邻搜索过程在 $O(\log\Delta)$ 跳步内结束。假设节点 $U$ 接收到 DKNNS 近邻搜索消息，并寻找到下一跳步节点为 $V$，因此 $d_{VT} \leqslant \beta d_{UT}$，且真实 1 近邻节点 $V^*$ 与 $T$ 的距离满足

$$\frac{d_{UT}}{d_{V^*T}} > \frac{1}{\beta}$$

因此，如果当前节点 $U$ 无法搜索到与目标节点距离不高于 $\beta d_{UT}$ 的下一跳步近邻，则搜索过程终止，此时当前环上与目标节点最近的节点 $V'$ 与目标节点的距离满足 $\frac{d_{V'T}}{d_{V^*T}} < \frac{1}{\beta}$。否则，因为环满足 $\varepsilon$-nice，且 $\varepsilon < \beta$，能够以接近 1 的概率寻找到与目标节点距离不大于 $\beta d_{UT}$ 的下一跳步转发节点，这与搜索过程终止矛盾。定理 5 得证。

定理5说明 DKNNS 搜索到的 1 近邻为近似最近邻居，近似度 $\Theta = 1/\beta$。因此提高 $\beta$ 使得近似度接近 1。由于 DKNNS 算法选择候选节点集合规模与 $\beta$ 无关，因此，DKNNS 算法设置较高的 $\beta$ 值并不会增大候选节点规模。进一步地，将定理5进行推广，在多级环保持 $\varepsilon$-nice 下，DKNNS 算法寻找的 $K$ 个近邻为近似最优的。

**定理 6**　假设多级环为 $\varepsilon$-nice$(\varepsilon < \beta)$，基于 DKNNS 的 $K$ 近邻搜索确定的 $K$ 个近邻节点集合 $S_1$ 相对于真实的 $K$ 近邻节点集合 $S_2$ 是 $1/\beta$ 近似，并且搜索过程在 $O(K\log\Delta)$ 跳步后完成，$K$ 为近邻数目，$\Delta$ 为系统中任意节点间的最大距离。

证明：在 DKNNS 算法寻找每个近邻节点的过程中，由假设条件多级环保持 $\varepsilon$-nice，类似定理 4 的证明过程，每个近邻节点 $V_i$ 与目标节点 $T$ 的距离相对于真实最近邻节点 $V^*$ 与目标节点 $T$ 的距离满足

$$\frac{d_{V_iT}}{d_{V^*T}} < \frac{1}{\beta}$$

否则，根据多级环保持 $\varepsilon$-nice，从 $V_i$ 的多级环上选择与目标节点距离不高于 $\beta d_{V_iT}$ 的下一跳步节点，满足 DKNNS 的最近搜索判断规则，这与 $V_i$ 节点是一个近邻发生矛盾。

因此，综合 DKNNS 算法发现的 $K$ 个近邻节点集合 $S_1$ 可得，

$$\sum_{v_i \in S_1} d_{V_iT} < \frac{1}{\beta} \times K \times d_{V^*T} \leqslant \frac{1}{\beta} \sum_{i \in S_2} d_{iT}$$

故基于 DKNNS 的 $K$ 近邻搜索确定的 $K$ 个近邻节点集合为 $1/\beta$ 近似。

由于每个近邻节点的搜索过程均是指数级降低与目标节点的距离，因此，DKNNS 算法的每个近邻节点搜索过程均在 $O(\log\Delta)$ 跳步完成，故 $K$ 个近邻搜索总跳步数为 $O(K\log\Delta)$。定理 6 得证。

定理6说明基于回退方式的 $K$ 近邻搜索过程快速地找到较为精确的近邻节点集合。同时随着 $\beta$ 接近 1，$K$ 近邻的近似度逐渐接近 1。

## 3.6 分布式邻近搜索效果评估

为了客观地对比算法性能，采取邻近性搜索研究通用的模拟方式：首先，利用 3997 个 DNS 服务器间的 RTT 延迟矩阵[7] 作为底层物理网络静态延迟；其次，选择一组节点作为执行 K 近邻搜索操作的服务器，其余节点为用户，每次 K 近邻搜索随机地从系统中的服务器与用户中选择 K 近邻搜索的目标节点；最后，模拟测试共执行 10 万次，K 近邻搜索的近邻数目在 $(1, 5, 10, 15, 20)$ 中进行选择。下面只给出 5 近邻和 10 近邻模拟测试结果，其余近邻数目下的模拟测试结果与上述近邻模拟测试结论一致。

目前公认先进的邻近性搜索算法包括 Cornel 大学提出的 Meridian 算法（通过分布式的搜索过程发现 1 个近邻），以及 HP 实验室提出的 Netvigator 算法（集中式地发现距一个目标节点的 K 近邻）。因此针对二者进行对比测试：

(1) Meridian 算法只返回 1 个近邻，然而由于发起节点通过重复执行 Meridian 算法就能够发现多个近邻，因此本节对比这种重复利用 Meridian 算法进行 K 次 1 近邻搜索的邻近性搜索方法。Meridian 算法采取开发者推荐的试验配置，同心环的每个环上节点数目上限为 10，近邻搜索的下一跳步选择阈值 $\beta$ 为 0.5。

(2) Netvigator 算法需要全局范围的地标节点信息以及查询节点与全局地标节点集合路由路径上的路由器作为额外的地标节点，而本节延迟矩阵不包含路由器信息，作为替代，在设置 30 个地标节点之外，还为每个节点随机选择 30 个节点作为额外的地标节点，这种方法称为 quasi-Netvigator。

(3) 本节 DKNNS 算法下一跳步选择阈值 $\beta$ 为 0.9，最远截断阈值 $\beta_f$ 为 1.2，多级环的每个环上最多允许 10 个邻居。坐标维度设定为 5。设定低度量参数 $\rho$ 为 2.5（基于 $3997 \times 3997$ 延迟矩阵发现超过 98% 的低度量参数 $\rho$ 小于 2.5）。

模拟测试对比性能指标包括：①平均绝对误差，定义为预测的 K 近邻与真实最近邻延迟差异绝对值与 K 的比值；②平均负载，定义为 K 近邻搜索产生消息的规模，模拟测试中设定每个数据包为 50 字节（byte）；③发现真实 K 近邻的比例，定义为预测的 K 近邻中包含真实 K 近邻所占的比例；④平均查询时间，定义为 K 近邻搜索所需的搜索时间，其中 Meridian 与 DKNNS 的搜索时间为分布式搜索过程的延迟，而 quasi-Netvigator 为探测到 30 个全局地标节点的延迟（由于额外地标节点模拟路由器节点集合，假定已经在探测全局地标节点延迟时稍带测量）。

首先，为了检验最远节点搜索过程的有效性，设定 DKNNS 搜索过程不启动搜索重启过程。设定服务节点集合规模为 1000。对比利用最远节点搜索和不用最远节点搜索时，K 近邻搜索的成功率。结果如表3.1所示。结果显示，利用最远节点搜索时，在 K 值较小（$K < 10$）时，是否采用最远节点搜索并不明显影响 K 近邻搜索的成功率，然而随着 K 值的增大，采

用最远节点搜索时能够确定 $K$ 个近邻的概率越来越高。这是因为最远节点搜索提高 K 近邻搜索的实际发起节点与目标节点的距离，因此可更好地适应较高的 $K$ 值。此外，结果还说明最远节点搜索过程并不能搜索到足够数目的近邻，因此，需要结合搜索过程重启实现任意 $K$ 个近邻的搜索。

表 3.1　K 近邻完成比例对比

| 方法 | $K=1$ | $K=5$ | $K=10$ | $K=15$ | $K=20$ |
|---|---|---|---|---|---|
| 带最远节点搜索 | 1 | 1 | 1 | 0.96 | 0.85 |
| 无最远节点搜索 | 1 | 1 | 0.97 | 0.87 | 0.63 |
| Meridian | 1 | 0.65 | 0.41 | 0.32 | 0.26 |

其次，实验发现，最远节点搜索过程平均经历 3 跳步完成，并不显著增大 K 近邻搜索网络延迟。因此，本节后面 DKNNS 的实验中均应用最远节点搜索过程。而相对应的，基于 Meridian 思想的 K 近邻搜索随着 $K$ 值的增大，成功找到的近邻数目不断降低。这是由于 Meridian 搜索过程没有回退过程，最终搜索到的近邻往往是已搜索的结果。

对比不同方法的精确度，结果如图 3.6(b) 和图 3.7(b) 所示。DKNNS 算法具有最高的精确度，DKNNS 算法平均绝对误差不高于 7ms，而基于 Meridian 的 K 近邻搜索平均绝对误差要高于 DKNNS，并且在不同节点规模下的稳定性低于 DKNNS 算法，基于相对坐标的 quasi-Netvigator 算法的绝对误差高于 30ms，并且在不同节点规模下的稳定性低于 DKNNS 算法。

对比不同方法的平均查询时间，结果如图 3.6(a) 和图 3.7(a) 所示。在 $K$ 为 10 时，DKNNS 的平均查询时间约为 3s，而 Meridian 算法的平均查询时间约为 25s。Meridian 算法由于需要所有的候选节点探测与目标节点的延迟，并且假定延迟空间符合三角不等性并不完全成立，导致 K 近邻搜索过程延长，搜索延迟要远大于 quasi-Netvigator 算法和 DKNNS 算法。三角不等性违例（triangle inequality violation，TIV）指的是以三个节点 $A$、$B$、$C$ 为顶点的三角形的两边之和小于第三边，即 $d_{AB} + d_{BC} < d_{AC}$。已有研究[5] 证实网络延迟空间存在显著的三角不等性违例，并且对最近服务器选择具有负面影响。

对比不同方法的网络通信负载，结果如图 3.6(c) 和图 3.7(c) 所示。DKNNS 算法的平均负载约为 2KB，且 DKNNS 算法随着节点规模的变化网络通信负载增加幅度不明显，显示了 DKNNS 算法能够更好地适应不同规模的节点集合环境。quasi-Netvigator 由于利用固定数目的地标节点集合，因此网络平均负载保持恒定，而 Meridian 算法由于需要选择延迟范围的所有节点探测与目标节点的距离，因此网络负载随着节点集合的增大而升高。

对比不同方法的真实 K 近邻覆盖比例，结果如图 3.6(d) 和图 3.7(d) 所示。DKNNS 算法的覆盖比例较高，Meridian 算法的覆盖比例低于 DKNNS 算法，quasi-Netvigator 算法的覆盖比例最低，保持在 0.1 左右。同时，通过模拟测试还发现 DKNNS 算法的覆盖比例在 $K$ 值增大时，稳定性增大，显示了 DKNNS 算法灵活地支持不同邻近节点数目的 K 近邻搜索。

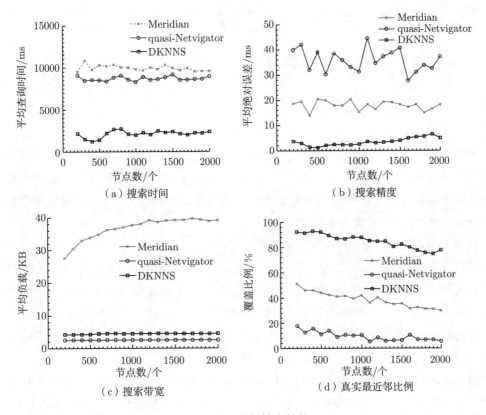

图 3.6  5 近邻搜索性能

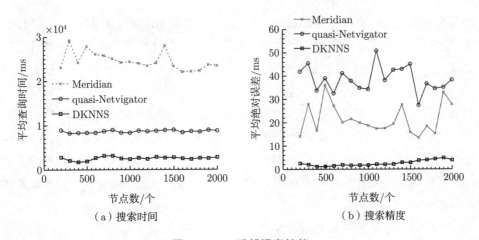

图 3.7  10 近邻搜索性能

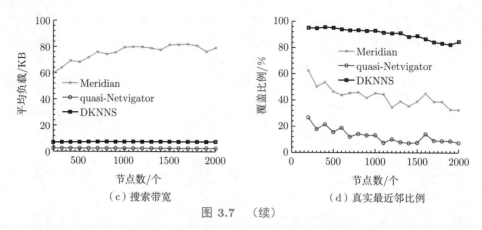

（c）搜索带宽　　　　　　　　　　（d）真实最近邻比例

图 3.7 （续）

为了检验真实环境下 DKNNS 算法与相关 K 近邻搜索方法的性能，基于 Java 语言设计实现了 DKNNS 算法，以及基于重复执行 Meridian 思想的 K 近邻搜索算法。选择 PlanetLab 上分布在全球的 173 个机器作为服务节点，并随机选择 PlanetLab 上 412 台服务器作为目标节点执行 K 近邻搜索操作。

试验过程对比算法包括：

(1) DKNNS：DKNNS 的 K 近邻搜索参数 $\beta$ 为 0.9，最远节点搜索的 $\beta_f$ 为 1.2，每个节点多级环上每个环大小上限为 10，设定坐标维度为 5，低度量参数 $\rho$ 为 2.5。每隔 30min 进行 1 次 K 近邻搜索，发现服务节点（ K 为 20 ）。

(2) 基于重复方式进行 K 近邻搜索的 Meridian 算法：K 近邻搜索的邻近性搜索阈值 $\beta$ 为 0.5，每个节点同心环上每个环大小上限为 10。

(3) 基于直接探测的集中式延迟测量机制，标记为 Direct：为了判断 K 近邻搜索的精确度，每个服务节点直接探测与各个目标节点的延迟，多次测量到达同一个节点的延迟时，利用滑动平均的方式进行计算。在收集到各个目标节点与各个服务节点的延迟后，集中式地统计与目标节点延迟最近的 K 个近邻。

为了公平对比 DKNNS 和 Meridian 算法的性能，对 DKNNS 和 Meridian 算法的逻辑邻居集合进行统一配置。设定每个节点每隔 30s 进行 1 次逻辑邻居集合更新操作，且每次集合更新时，与 10 个邻居进行消息通信。每个节点每隔 2min 进行 1 次 K 近邻搜索操作。 K 值在 1、10、25、30 中进行随机选择。

首先对比不同算法的 K 近邻完成比例。从图3.8发现，DKNNS 算法和 Direct 算法在不同的 K 值下均能够完全地搜索到足够数目的近邻。而 Meridian 算法则随着 K 值的增大，K 近邻完成比例急剧下降，在 K 为 25 和 30 时，平均完成比例均不超过 0.4。这说明 Meridian 算法的搜索过程由于没有回退过程，容易陷入已得到的近邻集合，导致难以发现足够数目的近邻。

其次，对比不同方法的 K 近邻搜索时间开销，结果如图 3.9(a) 和图 3.9(d) 所示，其中 CDF 为累积分布函数。实验发现，PlanetLab 试验床中机器的高负载对 K 近邻搜索延迟具有显著影响，DKNNS 与 Meridian 的 K 近邻搜索中从程序发出消息命令到消息实际从物理网卡中发出的等待延迟在数百毫秒到数秒不等。因此，DKNNS 与 Meridian 的查询延迟均比模拟测试有所增大。在 $K$ 为 10 时，DKNNS 查询延迟要显著优于 Meridian 算法，超过 85% 的 DKNNS 查询在 30s 内完成，而此时仅有 60% 的 Meridian 查询在 30s 内完成。

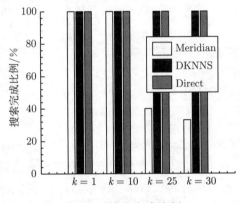

图 3.8　搜索完成比例

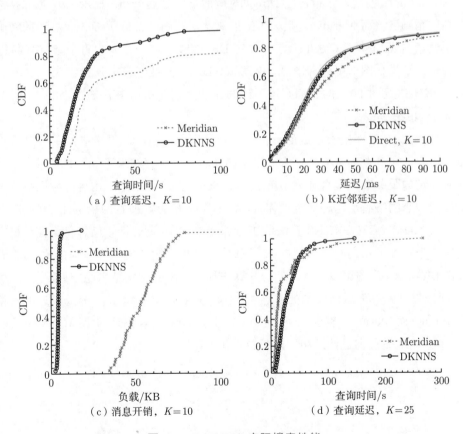

图 3.9　DKNNS 实际搜索性能

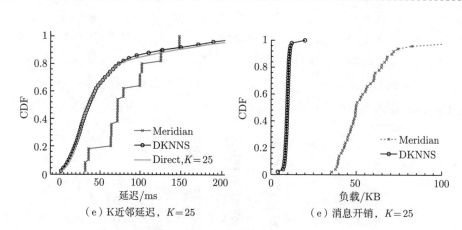

（e）K近邻延迟，$K=25$　　　　　（e）消息开销，$K=25$

图 3.9　（续）

由于难以实时测量 DKNNS 与 Meridian 相对于真实近邻的偏差程度，为了对比不同方法的 K 近邻搜索精度，转而采取近邻搜索结果延迟分布函数的形式，量化 K 近邻搜索过程返回近邻与目标节点的邻近性分布。显然，分布函数位于 Direct 结果右侧且差异越大，则搜索到的 K 近邻有效性越低。不同方法 K 近邻搜索结果的延迟分布如图 3.9(b) 和 3.9(e) 所示。DKNNS 的测量延迟分布接近 Direct 对应的近邻延迟分布，显示了 K 近邻搜索过程具有较高的精确度。而 Meridian 算法的 K 近邻搜索精确度要低于 Direct 算法的精确度。

为了度量 K 近邻搜索算法的效率，收集 DKNNS 与 Meridian 中每个参与节点的 K 近邻搜索开销，结果如图 3.9(c) 和图 3.9(f) 所示。DKNNS 搜索带宽开销较 Meridian 算法显著降低。DKNNS 超过 90% 的查询开销不到 6KB，而 Meridian 算法超过 90% 的 10 近邻搜索开销大于 40KB。

为避免频繁 K 近邻搜索造成的等待时间延长问题，在实际网络应用中可能需要将 K 近邻结果缓存。在节点集合频繁加入、退出的环境下，缓存结果可能很快失效。因此，考察在相对稳定的服务节点集合环境下 K 近邻搜索的稳定性。例如，内容分发网络或者地理分布的数据中心网络满足这种稳定性需求。为了检验 K 近邻搜索的稳定性，在所有节点加入后，对比 Meridian 与 DKNNS 算法的 1 近邻搜索和 10 近邻搜索结果稳定性，稳定性通过对比同一个目标节点的时间邻近的 K 近邻搜索结果包含相同近邻节点的比例进行度量。结果如图3.10所示，由图可以发现 DKNNS 算法具有较高的搜索结果稳定性。在 $K$ 为 1 时，约 70% 时间邻近的查询返回相同的节点。在 $K$ 为 10 时，不到 10% 的查询返回的相同近邻数低于 0.6。而 Meridian 算法在 $K$ 为 1 时，不到 50% 的查询返回相同的结果，而 $K$ 为 10 时，超过 20% 的查询返回的相同近邻数低于 0.6。

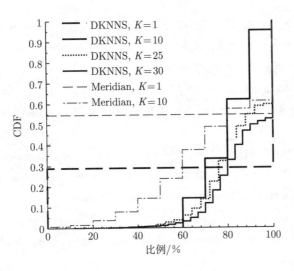

图 3.10 搜索稳定性

## 3.7 本章小结

    针对延迟敏感型应用中，可扩展地寻找任意目标节点的 $K$ 个服务节点的问题，本章提出了分布式 $K$ 近邻搜索算法 DKNNS。每个节点维护一个邻近性感知的多级环，利用网络距离预测算法快速地预测多级环上邻居与目标节点的延迟，在执行 $K$ 近邻搜索操作时，利用贪心搜索策略以指数级速度逼近目标节点邻近区域，然后基于回退的方式快速地确定 $K$ 个近邻。基于理论分析和模拟测试实际部署发现，DKNNS 算法搜索精确度高、查询开销低，且查询延迟短。

## 参考文献

[1] VISHNUMURTHY V, FRANCIS P. On the difficulty of finding the nearest peer in P2P systems [C]. Proc. of the 8th ACM SIGCOMM conference on Internet measurement, 2008: 9–14.

[2] FRAIGNIAUD P, LEBHAR E, VIENNOT L. The inframetric model for the Internet [C]. Proc. of the IEEE INFOCOM 2008 Conference, 2008: 1085–1093.

[3] KARGER D R, RUHL M. Finding nearest neighbors in growth-restricted metrics [C]. Proc. of the thiry-fourth Annual ACM Symposium on Theory of Computing, 2002: 741–750.

[4] CHOFFNES D R, SANCHEZ M, BUSTAMANTE F E. Network positioning from the edge - an empirical study of the effectiveness of network positioning in p2p systems [C]. Proc. of the IEEE INFOCOM 2010 Conference, 2010: 291–295.

[5] WANG G H, ZHANG B, EUGENE NG T S. Towards network triangle inequality violation aware distributed systems [C]. Proc. of the 7th ACM SIGCOMM Conference on Internet Measurement, 2007: 175–188.

[6] WONG B, SLIVKINS A, SIRER E G. Meridian: A lightweight network location service without virtual oordinates [C]. Proc. of the 2005 Conference on Applications, Technologies, Architectures, and Protocols for Computer Communications, 2005: 85–96.

[7] ZHANG B, EUGENE NG T S, NANDI A, et al. Measurement-based analysis, modeling, and synthesis of the Internet delay space [J]. IEEE/ACM Trans actions on Networking, 18(1):229–242.

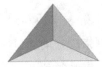

# 第 4 章

# 网络行为的关联分析

**面向全域实时网络流量的关联分析**：大规模智能化图分析在网络安全、网络健康诊断、检测网络安全线程和网络异常、故障排除、流量工程和计费方面提供了丰富的信息。中国科学院计算技术研究所的程学旗研究员在 2022 年撰写的《大数据分析处理技术新体系的思考》[1]，将图结构与网络大数据计算引擎列为新一代大数据分析处理软件栈的关键技术之一。美国芝加哥大学杰出服务教授 A.A. Chien 在 2022 年受访时指出，大规模图结构的高效可扩展计算将成为未来几十年的标志性计算挑战[2]。

**基于机器学习（ML）的网络管理**：图提供网络实体和网络行为的丰富特征，最大限度地提高分析信息的有用性，这些特征指标用作上层测量应用程序的输入，例如基于规则的安全应用程序、基于机器学习的应用程序。否则，分析人员将无法可靠地推断出单通道流量数据包的缺失指标。针对已超过所有互联网流量的 90% 的加密流量，网络行为的统计特征是其唯一有用信息。网络流量由网络流组成，其中每个网络流关联特定 5 元组（源 IP 地址、目标 IP 地址、源端口、目标端口、协议类型，其称为流 ID）的数据包流。网络流的特征是指其数据包流的统计属性。由于网络流量剖析需求多样化，需要从网络流量中采集全面丰富的特征，如流量、流量速率、数据包抖动、双向延迟等，作为基于不同类型查询的态势感知、异常检测和安全操作的数据源，例如大流（heavy hitter）、超级传播者、流量回溯等。

**实时遥测**：图提供多元网络实体的实时网络遥测态势。实时遥测需要跟踪 ISP 中转链路内或进出大型企业网络的所有网络数据包的丰富网络特征，这些网络由于网络攻击或计算机病毒而携带大量面向用户的应用程序有效负载或恶意流量。大多数应用程序只需要网络测量的聚合信息[3-5]。

## 4.1 网络行为关联分析技术

本章提出了基于图的网络流分析架构 Saturn。Saturn 收集在线网络流的各种统计特征，并基于两级图形模型组织网络流量的丰富动态特征。系统为图形中流向边的每个网络流定义丰富状态,并在统一的联机框架中增量更新这些状态,通过基于节点、基于边和图形级别的查询来表示网络流分析任务,用于计数相关、流相关和网络相关网络流查询接口。客户端基于这些原语自定义复杂的图查询,例如广度优先搜索(BFS)[6-8] 和 PageRank[9] 计算,以发现网络中的可达性关系和重要节点。

## 4.2 网络采集现状

网络全报文抓取和保存是保真度最好、可信度最高的网络流量采集方式,但是成本比较高,而且信噪比比较低。例如,对 10Gb/s 的链路做一个月的全报文抓取大约耗费 120 万美元。目前较为成熟的是数据报文采样,即只收集极少量的数据报文并采用固定大小的哈希表缓存。例如,NetFlow[3] 和 sFlow[4],直接聚合来自交换机的每个网络流的少量固定属性。NetFlow 是思科的专有网络协议,在支持 NetFlow 协议的网络设备收集和聚合网络流信息,其他类似协议有 IPFIX、sFlow、Netstream。NetFlow 协议主要包括缓存更新和过期导出操作,将暂时保存在哈希表中的记录转储到远程端点。以 NetFlow 为代表的采样哈希方式的缺点是不适合灵活、准确和丰富查询的需求。

学术界提出了 CICFlowMeter[5] 等简单方法从网卡获取数据包流,将其存储到本地磁盘,从数据包流中提取网络流特征,并将网络流存储在数据库中。这种方法虽然富有灵活性且准确,但它有几个局限性。第一,此方法在引入和提取阶段会占用大量存储空间。第二,提取阶段太慢,无法处理高速数据包流,因为在多次传递中遍历数据包流。第三,很难找到与特定 IP 地址或端口范围对应的流量子集,因为没有基于 IP 地址或端口范围构建索引或聚合。第四,许多查询是结构化的,例如计算源 IP 地址已联系的目标数量。

## 4.3 问题模型

网络流嵌入了数据包编号和流大小之外的丰富功能[10]。这些功能是计数相关、流相关和网络相关的。

(1) **计数相关问题**:每个 IP 地址发送或接收多少数据包或字节?对于每对 IP 地址,向前或向后发送多少数据包或字节?为每个网络流累积计数,并为每个 IP 地址或每对 IP 地址计数,但如果没有合适的 IP 地址通信关系索引,就会涉及大量重复工作。

(2) **流相关问题**:两个事件数据包之间的平均或最短时间是多少?一对 IP 地址的子流中向前或向后方向的数据包或字节数是多少?通过来自同一网络流的数据包的时间戳来计

算到达间隔时间和子流的统计信息。

(3) **网络相关问题**：哪个 IP 地址最重要？病毒宿主的感染程度如何？例如，计算 IP 地址网络上下文中每个 IP 地址的重要性，并为每个 IP 地址分配重要性分数。通过广度找到相关的 IP 地址。通过 IP 地址的通信历史记录对连接的组件进行首次搜索（即 BFS）。

这些用例需要访问网络流的统一表示模型，以支持各种测量查询。广泛采用的表结构模型失去了网络流事务的层次结构，并为不同 IP 地址之间的多方关联分析带来了障碍。随着加密互联网流量的增加，具有大量用于第 4 层网络协议（TCP 和 UDP）的特征运算符的流图变得越来越重要。流图追踪拓扑并聚合边要素。图模型具有丰富的表现力，与 IP 地址之间的正向和反向关系的一元和二进制关系相关。通过图查询原语可实现各种网络分析任务，例如，判断网络中的两个 IP 节点是否通过可达性查询连接，并查找网络中的 DDoS 攻击者节点。每个网络实体通常由其 IP 地址表示。

网络流分析需要满足高速数据包流的严格要求：

(1) **状态处理**。每个数据包除了标头之外不会携带太多信息，因为越来越多的数据包被加密。所以，为了提取网络流的特征，需要有状态处理器来计算数据包序列的统计信息。系统需要以在线方式从分组流中收集各种特征，因为许多攻击或网络异常很难立即被发现，而是从分组序列中关联起来。

(2) **可扩展**。系统以非常高的速率引入数据包流，但代价是内存占用量很小。存储整个网络流以重放攻击的成本太高，因为用于网络流分析的环境通常是资源有限的交换机或网络主机。由于网络流量大，内存占用量承受着很高的压力。因此，控制内存成本以处理尽可能多的网络流。

(3) **快速**。物理网络和云虚拟网络的数据包速率不断提高，为了最大限度地提高网络流分析的可见性，最大限度地提高了网络流分析的数据包吞吐量。系统必须实时引入数据包流，以跟上网络事件的步伐。

(4) **可扩展查询**。系统需要为计数相关、流相关和网络相关查询类型以及自定义查询（如 BFS 或 PageRank 查询）启用通用查询接口。

## 4.4 流图表示

越来越多的网络操作和安全任务需要从多个网络流中关联，然而传统的网络流分析由于与数据存储的紧密耦合而修复查询 API。为了支持广泛的监视查询，键值结构化模型失去了网络流事务的层次结构，并由于间接性难以用于不同 IP 地址之间的关联分析。针对这些不足，本章构建了一个统一的网络流图表示模型，利用图模型固有的表现力，挖掘分析网络流量的关联关系，例如 IP 地址之间的正向和反向关系的一元和二进制关系。

流量可表示为元素序列 $e = (x, y, w, t)$，其中 $x$、$y$ 是有向边 $(\overrightarrow{x, y})$ 的节点，权重为 $w$，时间戳为 $t$。流式处理序列 $G =< e_1, e_2, \cdots, e_n >$ 自然形成一个图形 $G = (V, E)$，其中 $V$ 是一组节点，$E$ 是一组边。网络主机被抽象为图中的节点，主机之间的通信行为被抽象为一条边，网络流属性被抽象为一条边上的权重向量。权重参数是与边相关的特征向量 $w = (w_1, w_2, \cdots, w_m)$。

流图 $G$ 表征 IP 地址之间的一元和二元关系，支持对计数相关、流相关和网络相关查询进行多样化的聚合和过滤，并为高阶关系（例如网络流之间的关系）构建自定义查询。例如，通过设置阈值并查询网络中的重磅打击者和超级传播者来快速判断网络中是否存在攻击以及攻击者和受害者。还可在网络中运行广度优先搜索查询，以确定哪些 IP 节点在一段时间内曾经连接过。图 4.1 所示为 DDos 攻击和端口扫描程序构建了一个图形，其中包含两层 IP 对和端口对，由图可以看到，关键实体保留在这个两层图中。

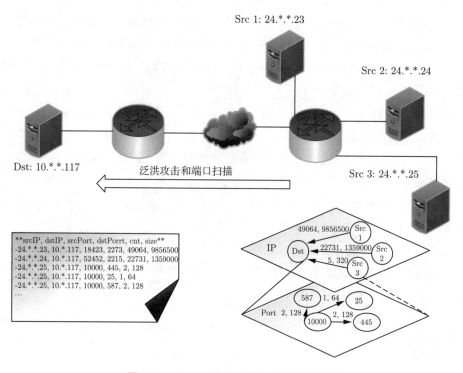

图 4.1　DDos 攻击和端口扫描示意图

为了解释上述分析，提出了一个富有表现力和高性能的两层模型，以实现连续和有状态的监控，保持分层网络流语义。上层构建 IP 图，顶点指 IP 地址，边指一对 IP 地址之间的通信关系。上层图保持 IP 地址之间的二进制连接关系，其中图的顶点是 IP 地址，边指向嵌套图的下层。下层构建端口图，维护 IP 地址对端口之间的二进制连接关系。IP 地址对通常有多个端口对，每个端口对通常对应于一个应用程序。边描述网络流或相应应用程序的状态特征。顶点指与一对通信 IP 地址关联的端口。端口图与 IP 图的边相关联，因为后者可能对应于并行应用程序会话，每个会话都引用一对或多对通信端口。因为不考虑网络协议，所以两层流图模型简化了 IP 地址和端口之间多维关系的维护。在实践中发现，分层的 IP 和端口图在大多数情况下跟踪大多数网络流连接，这是由于不同协议的端口选择具有随机性。通过分层设计，两层流图模型捕捉网络节点之间的连接关系，为多样化查询提供索引。它还支持对融合框架中的网络流要素进行及时的有状态操作。

下面通过图 4.1 所示的示例来说明表示模型的设计。网络流具有丰富的特征。首先，网络流具有嵌套层次结构：在上层，IP 地址对之间存在数据包；而在较低层，一对 IP 地址的多个应用程序会话共存。其次，网络流量由不同 IP 对之间的许多并行会话组成，从拓扑角度进行分析，因为通信关系本身自然形成了网络。最后，网络流是动态的和不断发展的，因为数据包总是到达。两层图框架可实现简洁的模型：IP 图和端口图。流量指标单独保存在两层图的边权重中。DDoS（重击者）和端口扫描程序（超级传播者）功能都完全总结在图结构中。此外，可以通过两层图框架分析 IP 图和端口图的图级属性，例如，通过图拓扑连接受害者和攻击者，推断图中的攻击路径。

## 4.5　总体架构

图 4.2 所示为系统架构，它由集中式控制平面组件和数据平面节点组成。控制平面保留一个流式图数据存储，包含来自不同数据平面节点的摘要，用于各种应用程序（如流量分类），并将测量任务分配给数据平面节点。数据平面节点处理网络内流量并保持有状态更新，定期向控制平面报告。数据平面保持优化的流式处理图框架，以有效地索引现有流记录并准确更新有状态计数。

控制平面通过定期从数据平面节点收集图形数据结构来支持图形查询。为了获得灵活的网络可见性，数据平面分配测量清单，这些清单指定了测量任务的配置。清单是通过考虑资源约束和网络环境策略手动设置的。

Saturn 利用 OpenNetVM[11] 的软件可编程功能，通过零拷贝 I/O 和无中断 DPDK 的轮询框架路由超过 40 Gb/s 的数据包。可基于 libcuckoo 库[12] 实现哈希表与行和列的索引 xxHash 库[13] 计算。布谷鸟哈希矩阵不同桶中的布谷鸟哈希表元素同时独立修改，保证了线程安全，从而保证了并发条件下更新流图中边的正确性。

Saturn 以被动方式监听新数据包，并通过多核和缓存优化对网络流进行增量处理，通过多个线程获取队列中的数据包以匹配网络数据包流的速度。图 4.3 所示为 Saturn 的工作流程。Saturn 首先将数据包存储在缓冲区队列中，然后获取数据包，并使用紧凑的内存存储数据结构，更新网络流功能。

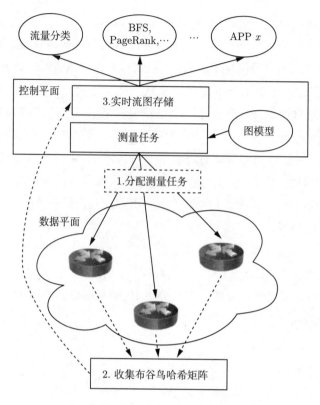

图 4.2 系统架构组成

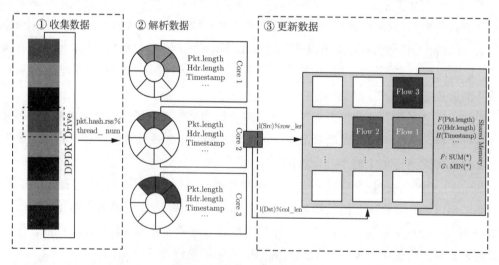

图 4.3 Saturn 的工作流程

## 4.6　网络行为关联分析

### 4.6.1　深度网络特征抽取

网络流由一系列数据包组成，而每个数据包除了报文头之外不携带太多信息，且越来越多的数据包被加密。所以，为了提取网络流的特征，需要有状态处理器来计算数据包序列的统计信息。由于机器学习模型的激增，网络测量需要同时从数据包流中收集不同的特征，且每个数据包只遍历一次。将常用的聚合指标总结为以下 3 类：

(1) **基于计数的聚合**：它保持网络流计数，并查找哪些 IP 地址与 DDoS 攻击（发送大量流量）、重击者（接收大量流量）和超级传播者（联系许多网络地址）相关。跟踪实时双向（发送、接收）数据包变得越来越重要。示例计数查询包括对源地址、目标地址、源地址加端口、目标地址加端口或源地址和目标地址的查询。因此，它与 IP 地址和端口之间的一元和二进制关系有关。此外，还需跟踪网络流之间的可访问性和级联关系。

(2) **基于时间的聚合**：与时间相关的功能广泛用于网络安全机器学习场景。这些统计信息转换为网络流的特征计算：计算两个事件数据包之间的平均或最小时间，以及一对 IP 地址的子流中向前或向后方向的数据包或字节数。

(3) **过滤**：它按数据包标头过滤特定类别的数据包，例如端口号、TCP 字段或 UDP 字段。这些过滤条件转换为在后验方法中选择满足这些特征需求的网络流子集，因为过滤条件因不同的应用程序需求而后期绑定到网络流。

为基于统一的特征流框架计算各种潜在特征，需要综合考虑与 IP 地址相关的一元和二元关系在内的特征，主要包括与流量数量、到达时间和到达间隔相关的指标。根据参考文献 [5] 中的特征定义，本章筛选了 68 个最关键的特征，涵盖了数据包大小的多种统计度量（例如总和、最大值、平均值、方差）、数据包头部长度的统计信息（总和和最小值），以及 TCP 标志的出现次数。这些特征被本地存储以供进一步分析。

可按照每个网络流的到达数据包的时间戳顺序来处理状态。第一个数据包确定了前向（源到目标）和后向（目标到源）方向。可将同一 IP 地址对之间的双向网络流的网络功能总结为一个双向流。

### 4.6.2　图存储索引结构

图存储结构需要提供快速且可扩展的数据存储。存储整个网络流以重放攻击的成本太高，因为环境是资源有限的。修复存储大小会限制对突发流量的适应。因此，测量数据结构应根据网络流量的变化平滑动态发展。

不同网络流的数据包以多路复用方法到达。因此，每个网络流的数据包可能以不连续的方式到达。必须在内存中保留一个数据结构，以正确索引联机网络流，并提供高效的插入和查询操作来支持联机有状态功能更新。数据结构要测试每个新的传入数据包是否插入了网络流，如果测试为真，需要将对应的流记录读到内存中，并用新的传入数据包更新记录。此外，由于有状态算子需要根据先前记录的计数更新记录，因此需要准确地跟踪流记录。

尽管网络流对 IP 地址之间的通信关系进行编码，但每个 IP 地址可能具有针对不同端口对的并行应用程序会话。传统的图形存储引擎会产生大量成本，并且 I/O 性能有限，并且不考虑对网络流分析的联机状态更新的支持。传统的图存储引擎通常只表达节点之间的二进制关系，在支持网络流分析的在线状态更新时，I/O 性能有限，因为它需要频繁查询图中的任何边并计算边上的要素。存储结构应权衡插入和查询性能。

一种方法是将数据包流存储到边列表，但是这种方法不能满足持续和实时更新网络流状态功能的需求，并且会产生高内存开销。另一种方法是在内存中维护一个相邻的矩阵，该矩阵在恒定的时间内索引边。然而，相邻矩阵不能适应 IP 和端口的层次结构，最适用于具有已知顶点实体的静态图，因为动态调整动态图的矩阵存储具有挑战性，（网络流分布相当偏斜和低密度），既耗时又浪费空间。此外，键值方法不保留图语义，而基于结构化图数据库的方法由于操作复杂而无法适应高速数据包。

网络流记录通常是客户端和服务器 IP 地址以及 TCP 和 UDP 端口号的 4 元组。IP 地址通常是测量查询的主要实体，而端口是 IP 地址的关联实体，因此表示模型需要适应分层实体。现实世界中的网络流图基本上遵循顶点度的偏斜分布（skewness），包括少量超高度的顶点和许多低度的顶点。表 4.1 显示了在不同互联网主干链路上收集的两个真实网络流图中的顶点度分布。这些图中的大多数顶点的相邻点少于十几个，但最大顶点度数高达210 000（见图 4.4）。在高度顶点边进行更新和查询会导致长时间延迟。

表 4.1　两个真实网络流图中的顶点度分布

| 数据集 | 顶点度 | 邻居数 < 10 占比/% | 邻居数 < 100 占比/% | 邻居数 < 1000 占比/% |
|--------|--------|--------------------|---------------------|----------------------|
| CAIDA | 2.42 | 97.79 | 99.80 | 99.99 |
| MAWI | 50.29 | 44.99 | 98.13 | 99.72 |

构建布谷鸟哈希矩阵。与邻接矩阵类似，布谷鸟哈希矩阵被设计为二维矩阵，其中矩阵中的每个桶都保留一个指向布谷鸟哈希表[14] 的指针。由源地址和目的地址的有序元组索引，使用对节点标识符的随机哈希函数实现负载均衡，并根据顶点度使用单独的边存储来平衡局部性和可更新性。布谷鸟哈希矩阵拥有图形模型邻接矩阵的语义，其中顶点表示 IP 地址，边表示一对 IP 地址之间网络流的测量指标。每条记录的值字段保留了这对 IP 地址的相应特征向量。布谷鸟哈希矩阵空间成本最高为 $O(|E|)$，更新时间复杂度为 $O(1)$。

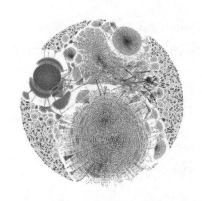

图 4.4　MAWI 数据集图拓扑示意图

布谷鸟哈希矩阵的插入过程需要通过根据 IP 地址的哈希值计算索引来确定矩阵中网络流的实际位置。布谷鸟哈希矩阵由一个 $m \times m$ 的桶矩阵组成，其中每个桶都有一个指向布谷鸟哈希表[14] 的指针。每个传入的边都通过哈希函数映射到矩阵中随机选择的存储桶。具有相同行数和列数的多个布谷鸟哈希矩阵是可以合并的，因为每个项目都映射到每个布谷鸟哈希矩阵实例的同一存储桶。如图 4.5 所示，数据包计数是 IP 地址对之间生成的所有网络流中的数据包计数的总和，而不是为每个端口对单独维护数据包计数。

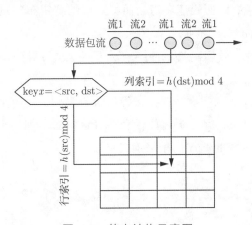

图 4.5　基本结构示意图

当接收到数据包 $(s, d, \mathrm{sp}, \mathrm{dp}; t; \boldsymbol{w})$ 时，通过 IP 对 $\langle s, d \rangle$ 及端口对 $\langle \mathrm{sp}, \mathrm{dp} \rangle$ 确定特定网络流边，并对该边的权重向量 $\boldsymbol{w}$ 进行更新操作。首先，利用哈希函数计算源地址 $s$ 和目的地址 $d$ 的哈希值 $H(s)$ 与 $H(d)$，生成相应的指纹 $\langle F(s), F(d) \rangle$。将指纹 $\langle F(s), F(d) \rangle$ 作为布谷鸟哈希表中网络流记录的键。然后，基于指纹进行模运算 $\mathrm{FM}(s) = F(s)\%\mathrm{mr}\_$ 和 $\_\mathrm{FC}(d) = F(d)\%\mathrm{mc}\_$ 对存储桶进行索引。若以 $\langle F(s), F(d) \rangle$ 为键的查询返回非空结果，则进一步在嵌套的内部哈希表中执行查询操作；若此查询结果以 $\langle \mathrm{sp}, \mathrm{dp} \rangle$ 为内部键且非空，则更新相应权重 $\boldsymbol{w}$。反之，若上述任一查询结果为空，则在当前哈希表中新建一条记录，并使用当前数据包信息初始化权重。所有接收的数据包经过批量处理后被插入布谷鸟哈希矩阵中。布谷鸟哈希表的最坏时间复杂度为 $O(1)$。实验观察表明，吞吐量对于行数和列数的选择并不显著敏感，因为负载会在不同的存储桶间均匀分布。故默认设置布谷鸟哈希矩阵的行数与列数相等。

布谷鸟哈希矩阵的结构分布化存储网络流，为并行处理提供了便利。设 $e$ 和 $N$ 分别表示边数和顶点数，$n_s$ 和 $n_t$ 分别表示源顶点和目标顶点的数量，$m_r$ 和 $m_c$ 分别表示行数和列数。假设哈希函数是均匀随机的，则源顶点映射到任何行的概率为 $\dfrac{1}{m_r}$，目标顶点映射到列的概率为 $\dfrac{1}{m_c}$，边映射到存储桶的概率为 $\dfrac{1}{m_r m_c}$，每行的预期源顶点数为 $\dfrac{n_s}{m_r}$，每列的预期目标顶点数为 $\dfrac{n_t}{m_c}$，每个存储桶的预期边数为 $e \times \dfrac{1}{m_r m_c}$。

布谷鸟哈希矩阵的查询过程类似插入。对于边查询，时间复杂度为 $O(1)$，与更新相同；对于节点查询，时间复杂度为 $O(m \times n_c)$，其中 $n_c$ 是布谷鸟哈希表的桶容量，$m$ 是矩阵的宽度。对于单个查询，布谷鸟哈希表通常使用两个哈希函数来解决冲突。

因为每个源地址只分配给一行，并且每个目标地址也分别绑定到布谷鸟哈希矩阵中的一列，所以布谷鸟哈希矩阵利用哈希计算实现负载分流。由于哈希函数的随机性，每个边都分布到一个随机桶，因此分别对源地址和目标地址的 IP 地址进行哈希处理。指针的二维矩阵存储在 CPU 缓存中以便快速参考，而特定桶的特定布谷鸟哈希表也因为来自同一网络流的数据包的到达而连续访问。

布谷鸟哈希表[14] 可有效解决哈希冲突，对于高度顶点导致的多条边同桶存储的热点问题，通过动态扩容哈希表来解决。但是，使用线性分析或链接方法的哈希表存在在高负载因子下严重降低查询性能的问题。选择布谷鸟哈希表[14]，它使用两个哈希函数来解决与最差查询操作的冲突。但是，因为缓存位置会随着容量的增加而迅速下降，布谷鸟哈希表的性能不能随着数据包速率的增加而很好地扩展。

### 4.6.3　高性能数据更新

在面对快速到达的数据包时，有状态更新过程须确保能够迅速执行，以防止关键数据包信息的永久性遗漏。具体而言，每当新的数据包抵达时，有状态处理框架需要实时捕获并处理这些数据包，否则，鉴于缓冲存储空间有限，新数据包将会被后续不断涌入的数据包所覆盖，尤其在查询频率相对较低的情况下，一旦错过当前的处理窗口（例如，在几分钟的测量周期内），那些未及时处理的数据包信息将会永久丢失。

不同的功能是分开处理的，这会导致处理速度变慢。为了最大限度地提高分析信息的有用性，增加了每个网络流的分析指标类别，否则，将无法可靠地推断出缺失的指标。这些特征指标用作上层监控应用程序的输入，例如，基于规则的安全应用程序、基于机器学习的应用程序。CICFlowMeter 是最著名的离线框架之一，衍生出多样化的流量特征，但是，当将数据包到达速率提高到 0.45 Mb/s 及以上时，CICFlowMeter 会错过许多数据包，因为它缺乏并行处理来更新每个流量指标的内存中的计数。所以，为了不错过重要的数据包信息，必须最大限度地提高并行处理能力，以更新各种流特征的状态指标。优化插入需要适应网络流分布，这对于大多数网络流来说是偏斜和短的，因此需要一种精简的存储结构，通过最大化内存利用率来处理倾斜的流量分布，支持恒定时间访问以提高插入性能，并通过弹性添加存储来避免空间浪费。

在网络流图中，同一边会多次出现（例如重复的边）。在两个真实世界的网络流图中，重复边与整个边的比例达到 90%。也就是说，大多数时候，处理图形流式时都在处理更新。更新和插入的区别在于，更新需要事先搜索以检查边是否已在存储结构中。鉴于重复边的数量如此之大，在处理高速图流时，基于邻接列表[15]或阻塞邻接列表[16]的存储结构的最大顶点度的渐近更新成本变得越来越大。

针对更新成本高昂的不足，系统设计为通过限定更新成本仅需固定次数的内存访问，并针对网络流图中频繁主机通信导致的重复边问题实施严格控制。其核心设计原则是依据顶点的度数确定边的存储位置，利用网络流图的偏斜分布特性以减少更新过程中的缓存未命中现象。具体实现上，对于低度顶点关联的边，采用与缓存行（cache line）大小对齐的顶点块数组进行就地存储，从而确保访问边时最多只会产生一个缓存未命中。而对于高度顶点关联的边，则将其存储于经过压缩的邻接矩阵中，矩阵内的每个桶由布谷鸟哈希算法组织成边块，使得现有边访问时最多造成两个缓存未命中。布谷鸟哈希算法在插入新边时，若因候选位置占用出现将原有元素踢出（kick out）的情况，则缓存未命中概率将上升。在这种情况下，可通过提高边块的设置关联性和运用并行处理技术，有效降低插入成本。后续的评估验证了这些设计策略的有效性。

许多现有的流图处理系统使用并发作为提高更新吞吐量的基本方法。但是，在处理网络流图时，将边简单地批处理到多个线程可能会导致错误。特别是当需要计算同一网络流的数据包到达间隔的统计特征时，线程执行顺序的随机性破坏了数据包（边）流的到达顺序。因此，在使用并发以提高系统性能时，需要更仔细地设计。

同一网络流的边需要由同一线程同时处理，以保持结果的正确性。将同一 IP 地址对之间的双向网络流的网络功能总结为一个双向流。按照每个网络流到达数据包的时间戳顺序来处理状态。第一个数据包确定前向（源到目标）和后向（目标到源）方向。通过后期绑定来提高分析效率：一种类型计算插入时的最新值；另一种类型将最终值的计算延迟到输出。对于后者，只在插入时保留一些必要的信息，比如时间戳，以便在输出时完成相关特征的计算。

系统为每个线程批量处理数据包，每个线程从缓冲区队列中批量拉取大量数据包，从而降低了同步成本。队列配置为无锁结构[17]或环形结构。当队列已满时，将数据包插入队列的生产者线程将被阻止，直到多个使用者线程从队列中获取一些数据包后，某些队列存储桶空闲。尽管环形缓冲区被广泛使用，但实验表明，无锁结构优于环形结构，代价是额外的内存消耗。这是由于环形结构设置了所用内存量的上限，因此，为了加快数据摄取速度，将高速传入数据包流缓冲到无锁缓冲区队列中，然后通过并行批处理处理队列中的数据包。可将每个环形缓冲区都固定到专用 CPU 内核，以提高吞吐量。

### 4.6.4　多维关联查询

由于大多数网络监控都侧重于成对关系，因此将面向网络监控的图查询分解为单跳邻居查询序列。顶点的外邻和内邻分别组织在布谷鸟哈希矩阵中的同一行和同一列中，从而降低了搜索成本。此外，由于矩阵元素的独立性，使用多个线程并行查询不同列或行中的不同存储桶，以隐藏查询延迟。为了找到 $v$ 的单跳后继节点（外邻），搜索第 $H(v)$ 行的所有存储桶。对于与按行 $H(v)$ 和列 $c$ 编制索引的存储桶关联的哈希表，如果哈希表中存在键为（$F(v)$、$F(d)$）的记录，则 $I(d) = F(d) \times m + c$ 将被添加到后续节点集中。

对于边查询 $e = (s, d, \mathrm{sp}, \mathrm{dp})$，如果图中存在权重向量 $\boldsymbol{w}(e)$，则返回 nil。首先，检查按行 $H(s)$、列 $H(d)$ 索引的存储桶，该行分别由行数和列数的哈希键 $s$ 和 $d$ 计算得出。如果在这个存储桶指向的哈希表中找不到键（$F(s), F(d)$），直接返回 nil；否则，继续查询由键 $(F(s), F(d))$ 对应的指针值指向的嵌套哈希表。如果找到键 $(\mathrm{sp}, \mathrm{dp})$，则返回相应的权重 $\boldsymbol{w}(e)$；否则，返回 nil。

查询节点 $a$ 的单跳后继者的过程如图 4.6 所示。当查询 $v$ 的单跳前驱节点（邻居）时，

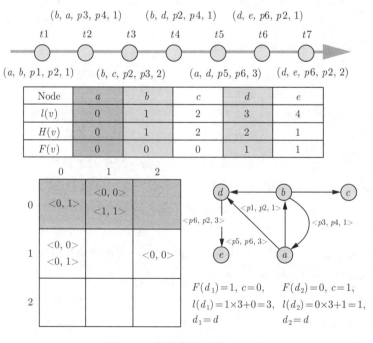

图 4.6　单跳邻居查询示意图

有一个类似的操作，即只需要搜索矩阵中所有 $H(v)$ 列的存储桶。算法 2 列出了查询邻接顶点的流程。在此基础上，根据给定顶点的标识符，可以实现复杂的多级图计算算法，例如 BFS（算法 3）和 PageRank（算法 4）。同时，可以通过多核并行加速 BFS 和 PageRank 的流程。

---

**算法 2:** 查询邻接顶点的流程

    **输入:** 两级流图：$g$；目的顶点：dest

    **输出:** 目的顶点的 1 跳步邻接顶点集合

1  初始化结果集合 res;

2  col-index = g.getColumnIndex(dest);

3  #pragma omp parallel for **for** $i = 1 : $ g.row-length **do**

4      table = g.matrix[i][col-index];

5      **for** kv = table.first-entry : table.last-entry **do**

6         **if** kv.key.getDest() == dest **then**

7            res.push-back(kv.key.getSrc());

---

**算法 3:** BFS 查询的流程

    **输入:** 两级流图: g

    **输出:** 搜索结果

1  level = 1; active-vertex = 1; status-array[root-vertex] = level;

2  vertex-count = g.getVertices(vertices);

3  **while** active-vertex $\neq 0$ **do**

4      active-vertex = 0;

5      #pragma omp parallel for **for** $i = 1 : $ vertex-count **do**

6         v = vertices[i];

7         **if** status $-$ array[$v$] == level **then**

8            in-degree = g.queryInNeighbors(v, in-edges);

9            **for** j = 1 : in-degree **do**

10               u = in-edges[j];

11               **if** status $-$ array[$u$] == 0 **then**

12                  status-array[u] = level + 1;

13                  active-vertex++;

14      level++;

---

为了找到给定节点的外邻居，只比较键信息中的源地址是否与给定节点的 IP 地址匹配。如果匹配，则将键中的目标地址收集到结果集中。如果查询一个节点的所有出邻，则

计算节点的行索引，遍历布谷鸟哈希矩阵行中的每一列，检查每个矩阵元素，即布谷鸟哈希表，判断是否包含节点的 IP 地址。

---

**算法 4: PageRank 的流程**

---

**输入**：两级流图：$g$；迭代次数 ×: $c$
**输出**：各个顶点的 PageRank 值数组 rank-array

1  vertex-count = g.getVertices(vertices);
2  rank-array[vertex-count] = 0;
3  prior-rank-array[vertex-count] = 0.15;
4  degree-array[vertex-count] = 1/out-degree;
5  **for** iter = 1 : c **do**
6      #pragma omp parallel for **for** i = 1 : vertex-count **do**
7          $v$ = vertices[$i$];
8          in-degree = g.queryInNeighbors($v$, in-edges);
9          **for** $j$ = 1 : in-degree **do**
10             $u$ = in-edges[$j$];
11             rank-array[$v$] += prior-rank-array[$u$];
12     **if** iter $\neq c$ **then**
13         #pragma omp parallel for **for** i = 1 : vertex-count **do**
14             $v$ = vertices[$i$];
15             rank-array[$v$] = (0.15 + 0.85*rank-array[$v$]*degree-array[$v$];
16             prior-rank-array[$v$] = 0;
17     **else**
18         #pragma omp parallel for **for** i = 1 : vertex-count **do**
19             $v$ = vertices[$i$];
20             rank-array[$v$] = 0.15 + 0.85*rank-array[$v$];
21             prior-rank-array[$v$] = 0;
22     swap(prior-rank-array, rank-array);
23 **return** rank-array

---

## 4.7 流图复杂性分析

假设 $m$ 是矩阵的宽度，$n_c$ 是布谷鸟哈希表的桶容量，可用线程数为 $T$，当查询节点 $v$ 的单跳后继者集合时，为每个线程分配一个或多个行 $H(v)$ 的桶，并并行查询这些桶。此时，时间复杂度为 $O((m \times n_c)/T)$。此外，由于网络流图中的大量节点仅与少量其他节点通信，因此在大多数情况下，单跳后续查询不需要检查 $H(v)$ 行中的所有存储桶。所以，当在布谷鸟哈希矩阵的 $c$ 列中插入一条边时，记录源节点 $s$ 的最大值 $s_M$ 和最小值 $s_m$；查询列 $c$ 时，如果 $v > s_M$ 或 $v < s_m$，则不会查询 $c$ 列和行 $H(v)$ 中的存储桶。对于单跳前驱体查询，保留每行目标节点的最大 $d_M$ 和最小 $d_m$，用于筛选行。

## 4.8  网络行为关联分析效果评估

**数据集**：以下是工作中流量数据集的详细信息。

(1) MAWI：真实世界的跟踪由 MAWI 工作组[①] 维护，该工作组是从具有 1Gb/s 以太网链路的美日跨太平洋骨干线路被动收集的（2022-02-01 持续 15 min），包含 111 946 773 个数据包和 447 976 个 IPv4 地址。

(2) CAIDA：真实世界的痕迹包含匿名化来自 CAIDA[②] equinox-Chicago 监控 2016 年高速互联网骨干链路的被动流量跟踪，包含 30 265 208 个数据包和 747 997 个 IPv4 地址。

(3) ISCX-2014 僵尸网络[18]：ISCX-2014 数据集提供包含丰富多样僵尸网络流量的训练数据集和测试数据集。测试数据集的很大一部分包含训练数据集中未显示的僵尸网络样本，意味着它可用于评估分类器在检测以前未知的案例方面的准确率，这是当今僵尸网络爆炸的常见场景。

(4) Pktgen-DPDK：合成跟踪由 Pktgen-DPDK[③] 使用不同的固定大小数据包生成和重放，用于评估系统在不同流量有效负载下的在线吞吐量性能。

**对比方法**：使用以下方法作为基线方法。

(1) CICFlowMeter[5]：基于哈希图的基线流量测量方法。

(2) GSS[19]：一种最先进的数据结构，基于邻接矩阵和邻接列表缓冲区的混合存储，用于图形流，具有线性内存使用和高更新速度。邻接列表缓冲区记录矩阵中预期位置已被其他先前插入的边占据的所有剩余边，因此 GSS 还可确保各种图形查询和算法的高精度。

(3) 邻接列表：在各种最先进的图形存储引擎（如 GraphOne[15] 和 Stinger[16]）中使用最广泛的图形数据结构之一。在这里，使用邻接列表，该列表使用记录每个 IP 节点列表位置的映射进行加速。

(4) Terrace[20]：一种最先进的流式图系统，采用分层数据结构设计，根据顶点的程度将顶点的邻居存储在顶点数组、PMA 或 B 树中，以解决流式图中的偏斜问题。

---

① http://mawi.wide.ad.jp/mawi/

② https://www.caida.org/catalog/datasets/passive_dataset/

③ https://github.com/pktgen/Pktgen-DPDK

为了公平起见，需要确保上述基线在处理网络流数据集时计算相同的要素集。

**设置**：为了生成更新边，使用两种方法：一种方法与 Terrace 一致，即从用于生成合成 rMAT 图的 rMAT 生成器（具有相同的参数 $a = 0.5$，$b = c = 0.1$）中采样边，生成的边大多是新边（可能具有少量重复边），通过这种方式，模拟了新传入的网络流量占主导地位的场景；另一种方法是从现有图形中对边进行采样，使用这种方式来模拟重复边占主导地位的场景。报告显示了 10 项试验的平均结果。

**方法的吞吐率**：结果表明，Saturn 实现了每秒高达 7 500 万个重复边和每秒高达 2000 万个 rMAT 边的批量更新吞吐量。报告结果分别如表 4.2 和表 4.3 所示，其中 $S/T$ 代表 2 种方法的插入速率比值。

表 4.2　真实数据集下不同批次规模下的插入速率对比结果

| 批次规模 | CAIDA | | | MAWI | | |
|---|---|---|---|---|---|---|
| | Saturn | Terrace | $S/T$ | Saturn | Terrace | $S/T$ |
| $1 \times 10^1$ | $6.21 \times 10^4$ | $5.45 \times 10^5$ | 0.11 | $1.52 \times 10^5$ | $5.58 \times 10^4$ | 2.72 |
| $1 \times 10^2$ | $4.78 \times 10^5$ | $9.08 \times 10^5$ | 0.53 | $4.90 \times 10^5$ | $1.08 \times 10^5$ | 4.55 |
| $1 \times 10^3$ | $4.98 \times 10^6$ | $1.37 \times 10^6$ | 3.63 | $2.02 \times 10^6$ | $2.37 \times 10^5$ | 8.49 |
| $1 \times 10^4$ | $1.49 \times 10^7$ | $3.14 \times 10^6$ | 4.74 | $5.17 \times 10^6$ | $5.40 \times 10^5$ | 9.56 |
| $1 \times 10^5$ | $4.18 \times 10^7$ | $1.04 \times 10^7$ | 4.03 | $3.41 \times 10^7$ | $1.56 \times 10^6$ | 21.90 |
| $1 \times 10^6$ | $4.83 \times 10^7$ | $1.56 \times 10^7$ | 3.09 | $5.44 \times 10^7$ | $2.37 \times 10^6$ | 22.99 |
| $1 \times 10^7$ | $6.14 \times 10^7$ | $2.68 \times 10^7$ | 2.30 | $7.59 \times 10^7$ | $4.02 \times 10^6$ | 28.89 |

表 4.3　rMAT 合成图数据下不同批次规模下的插入速率对比结果

| 批次规模 | CAIDA | | | MAWI | | |
|---|---|---|---|---|---|---|
| | Saturn | Terrace | $S/T$ | Saturn | Terrace | $S/T$ |
| $1 \times 10^1$ | $1.30 \times 10^4$ | $2.72 \times 10^5$ | 0.05 | $1.25 \times 10^4$ | $4.93 \times 10^5$ | 0.03 |
| $1 \times 10^2$ | $1.34 \times 10^5$ | $8.90 \times 10^5$ | 0.15 | $1.32 \times 10^5$ | $7.66 \times 10^5$ | 0.17 |
| $1 \times 10^3$ | $1.16 \times 10^6$ | $3.83 \times 10^6$ | 0.30 | $1.23 \times 10^6$ | $3.60 \times 10^6$ | 0.34 |
| $1 \times 10^4$ | $7.22 \times 10^6$ | $9.09 \times 10^6$ | 0.79 | $8.24 \times 10^6$ | $9.97 \times 10^6$ | 0.83 |
| $1 \times 10^5$ | $1.38 \times 10^7$ | $1.05 \times 10^7$ | 1.32 | $1.61 \times 10^7$ | $1.27 \times 10^7$ | 1.27 |
| $1 \times 10^6$ | $2.61 \times 10^7$ | $1.09 \times 10^7$ | 2.39 | $2.19 \times 10^7$ | $1.55 \times 10^7$ | 1.41 |
| $1 \times 10^7$ | $2.48 \times 10^7$ | $1.12 \times 10^7$ | 2.22 | $2.17 \times 10^7$ | $1.24 \times 10^7$ | 1.75 |

在从 rMAT 图中采样边的情况下，Saturn 在较大批次的 100K 边上优于 Terrace，而在较小批次上 Terrace 的速度更快。Saturn 在较大批次上显示更好结果的原因是，在进行批处理更新时，工作线程之间的批处理边进行了负载平衡分片。小批量的分片和并行操作

的收益不如大批量的明显。但是，对于在短时间内处理大量流量的场景，大批量的可能更适合。

在从现有图中采样边的情况下，在 MAWI 上，Saturn 在所有批量大小上都比 Terrace 快，在 1000 万的批量大小上比 Terrace 快 28 倍；在 CAIDA 上，对于大于 1000 的批量大小，Saturn 的表现优于 Terrace。Terrace 在 MAWI 上存在明显的瓶颈，因为 MAWI 中的大量重复边与高度顶点相关，而 Terrace 则按顶点粒度执行更新。Terrace 需要更多时间来扫描高度顶点的相邻点以查找重复的边。Saturn 在恒定数量的缓存访问中更新重复的边。

**方法的缓存局部性**：由于从主内存获取数据，缓存未命中将导致额外的延迟。使用 Valgrind[21] 的工具 Cachegrind 来模拟程序和计算机缓存层次结构之间的交互。Cachegrind 模拟缓存的第一级和最后一级，因为最后一级缓存对运行时的影响最大，它阻止了对主内存的访问。此外，$L_1$ 缓存通常具有较低的关联性，因此模拟它们检测到代码与缓存之间的严重交互。$L_1$ 缓存的大小为 32KB，具有 8 路关联。$L_3$ 缓存的大小为 22 MB，具有 11 路关联。缓存行大小为 64 B。将 CM 与 TCM 和 GSS 以及 MAWI 数据集上的相邻列表进行了比较。从图 4.7 看出，CM 和 GSS 在 $L_1$ 和 $L_3$ 缓存上的读取命中率分别比 TCM 和 AdjList 高 1%～4%。这四种结构几乎不会在 $L_1$ 和 $L_3$ 缓存上写入未命中。这一结果解释了 CM 和 GSS 比 TCM 具有更好或相似的更新速度，尽管 TCM 在更新时的计算程序更简单。

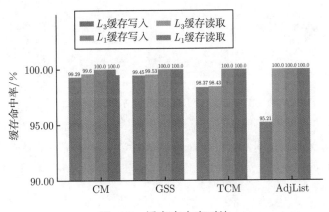

图 4.7　缓存命中率对比

进一步测试处理数据包所获得的性能。通过按顺序处理每个数据包来计算吞吐量。将线程数设置为 16，并将缓冲区大小调整为数据包总数与线程数之间的比值。从连续阵列读取数据包的平均时间为每数据包 12 ns，将数据包从共享内存区域插入并行线程缓冲区的平均时间为每数据包 10 ns。

**分类应用**：收集七个应用程序的加密网络流 pcap 文件，并按照 80:20 的比例将它们分为训练集和测试集。使用 sklearn 的随机森林分类器来实现这些加密流量的分类。分类结果如表 4.4 所示。当使用 Saturn 生成的特征向量进行加密流量分类时，准确率比 CICFlowMeter 高 4 个百分点。尽管两者生成的网络流特征相似，但 CICFlowMeter 通过设置超时阈值来划分流。如果网络流的持续时间超过 120 s（默认），则将重新记录流的特征，并将原始要素输出到文件中。Saturn 在更长的时间范围内有状态地更新网络流的特征，因此流的特征表示一段时间内的完整统计信息，从而进行加密流量分类。

表 4.4　加密流量分类对比

| 应用 | Saturn | | | CICFlowMeter | | |
|---|---|---|---|---|---|---|
| | 精确度 | 召回率 | $F_1$ 分数 | 精确度 | 召回率 | $F_1$ 分数 |
| FaceBook | 0.84 | 0.89 | 0.86 | 0.71 | 0.90 | 0.79 |
| FTP up | 0.86 | 0.91 | 0.95 | 1.00 | 0.95 | 0.98 |
| SCP | 1.00 | 0.80 | 0.89 | 1.00 | 0.33 | 0.50 |
| SFTP up | 1.00 | 1.00 | 0.92 | 1.00 | 0.83 | 0.91 |
| Tor | 0.80 | 0.73 | 0.76 | 0.87 | 0.62 | 0.72 |
| Vimeo | 0.82 | 0.75 | 0.78 | 0.84 | 0.79 | 0.81 |
| YouTube | 0.69 | 0.69 | 0.69 | 0.57 | 0.50 | 0.53 |
| **avg** | **0.84** | **0.84** | **0.84** | **0.80** | **0.78** | **0.78** |

## 4.9　本章小结

本章提出了一个连续的、有状态的网络内测量系统 Saturn，它为表达性查询任务提供了一个流图模型，并基于高性能的布谷鸟哈希矩阵数据存储引擎实现了这个图模型。在现实世界平台上的广泛评估表明，Saturn 在机器学习和流媒体任务上具有快速、高效、表现力丰富和灵活的特点。

## 参考文献

[1]　程学旗, 刘盛华, 张儒清. 大数据分析处理技术新体系的思考 [J]. 中国科学院院刊, 2022, 37(1): 60–67.

[2]　A. Chien[EB/OL]. https://epic.uchicago.edu/people/andrew-a-chien.

[3]　Cisco IOS NetFlow[EB/OL]. http://www.cisco.com/c/en/us/products/ios-nx-os-software/ios-netflow/index.html.

[4]　WANG M, LI B, LI Z. Sflow: Towards resource-efficient and agile service federation in service overlay networks[C]. Proc. of the International Conference on Distributed Computing Systems, 2004: 628–635.

[5]　LASHKARI A H, GIL G D, MAMUN M, et al. Characterization of tor traffic using time based features[C]. Proc. of the International Conference on Information Systems Security and Privacy, 2017: 253–262.

[6]　BEAMER S, ASANOVIC K, PATTERSON D. Direction-optimizing breadth-first search[C]. Proc. of the International Conference on High Performance Computing, Networking, Storage and Analysis, 2012: 1–10.

[7]　LIU H, HUANG H H. Enterprise: Breadth-first graph traversal on GPUS[C]. Proc. of the International Conference for High Performance Computing, Networking, Storage and Analysis, 2015: 1–12.

[8]　HANG L, HUANG H H, YANG H. IBFS: Concurrent breadth-first search on GPUS[C]. Proc. of the 2016 International Conference on Management of Data, 2016: 403–416.

[9]　PAGE L, BRIN S, MOTWANI R, et al. The pagerank citation ranking: Bringing order to the web[J]. Digital Libraries Working Paper, 1999: 1–14.

[10]　HUANG Q, JIN X, LEE P P C, et al. Sketchvisor: Robust network measurement for software packet processing[C]. ACM Special Interest Group on Data Communication, 2017: 113–126.

[11]　YURCHENKO M, CODY P, COPLAN A, et al. OpenNetVM: A platform for high performance NFV Service Chains[C]. Proc. of the Symposium on SDN Research, 2018: 211–212.

[12]　libcuckoo[EB/OL]. https://github.com/efficient/libcuckoo/.

[13]　xxHash[EB/OL]. https://github.com/Cyan4973/xxHash/.

[14]　PAGH R, RODLER F F. Cuckoo hashing[J]. Journal of Algorithms, 2024, 51(2): 122–144.

[15]　KUMAR P, HUANG H H. Graphone: A data store for real-time analytics on evolving graphs[C]. Proc. of the 17th USENIX Conference on File and Storage Technologies, 2019: 249–263.

[16]　EDIGER D, MCCOLL R, RIEDY J, et al. Stinger: High performance data structure for streaming graphs[C]. Proc. of the 2012 IEEE Conference on High Performance Extreme Computing, 2012: 1–5.

[17]　concurrentqueue[EB/OL]. https://github.com/cameron314/concurrentqueue.

[18]　BEIGI E B, JAZI H H, STAKHANOVA N, et al. Towards effective feature selection in machine learning-based botnet detection approaches[C]. Proc. of the 2014 IEEE Conference on Communications and Network Security, 2014: 247–255.

[19]　GOU X Y, ZOU L, ZHAO C X Y, et al. Fast and accurate graph stream summarization[C]. Proc. of the IEEE 35th International Conference on Data Engineering, 2019: 1118–1129.

[20] PANDEY P, WHEATMAN B, XU H, et al. Terrace: A hierarchical graph container for skewed dynamic graphs[C]. Proc. of the 2021 ACM International Conference on Management of Data, 2021: 1372–1385.

[21] NETHERCOTE N, SEWARD J. VALGRIND: A framework for heavyweight dynamic binary instrumentation[J]. ACM SIGPLAN Notices, 2007: 42(6): 89–100.

# 第 5 章

# 网络行为的实时跟踪

网络行为实时跟踪对于流量工程、网络诊断、网络取证，以及入侵检测和防御至关重要。不断增加的线速、巨大的流量和大量的活动流量，以及测量任务的多样化趋势[1-2]，如流量大小估计、流量分布和 heavy hitter（大流）检测，对全流量的实时跟踪提出挑战。

## 5.1 网络行为实时跟踪技术

网络行为实时跟踪需要高级数据结构和算法。文献中提出了许多节省空间和时间的方法，例如，流量采样 [如 Netflow（见图 5.1）、sflow]、流量计数[3-4] 和网络流量概要[5-7]。流量概要是一种越来越流行的方法，它能够在固定有限的空间将所有数据包记录采集到恒定大小的数据结构，因此可以很好地降低因大规模网络流量导致的空间开销。

缓存更新

| SrcIf | SrcIPadd | DstIf | DstIPadd | Protocol | TOS | Flgs | Pkts | Src Port | Stc Msk | Src AS | Dst Port | Dst Msk | Dst AS | NextHop | Bytes /Pkt | Active | Idle |
|---|---|---|---|---|---|---|---|---|---|---|---|---|---|---|---|---|---|
| Fa1/0 | 173.100.21.2 | Fa0/0 | 10.0.227.12 | 11 | 80 | 10 | 11 000 | 00A2 | /24 | 5 | 00A2 | /24 | 15 | 10.0.23.2 | 1528 | 1745 | 4 |
| Fa1/0 | 173.100.3.2 | Fa0/0 | 10.0.227.12 | 6 | 40 | 0 | 2491 | 15 | /26 | 196 | 15 | /24 | 15 | 10.0.23.2 | 740 | 41.5 | 1 |
| Fa1/0 | 173.100.20.2 | Fa0/0 | 10.0.227.12 | 11 | 80 | 10 | 10 000 | 00A1 | /24 | 180 | 00A1 | /24 | 15 | 10.0.23.2 | 1428 | 1145.5 | 3 |
| Fa1/0 | 173.100.6.2 | Fa0/0 | 10.0.227.12 | 6 | 40 | 0 | 2210 | 19 | /30 | 180 | 19 | /24 | 15 | 10.0.23.2 | 1040 | 24.5 | 14 |

过期导出

| SrcIf | SrcIPadd | DstIf | DstIPadd | Protocol | TOS | Flgs | Pkts | Src Port | Stc Msk | Src AS | Dst Port | Dst Msk | Dst AS | NextHop | Bytes /Pkt | Active | Idle |
|---|---|---|---|---|---|---|---|---|---|---|---|---|---|---|---|---|---|
| Fa1/0 | 173.100.21.2 | Fa0/0 | 10.0.227.12 | 11 | 80 | 10 | 11 000 | 00A2 | /24 | 5 | 00A2 | /24 | 15 | 10.0.23.2 | 1528 | 1800 | 4 |

图 5.1　Netflow 记录和刷新示意图

流量概要的技术挑战是需要在准确率、速度和资源预算之间进行复杂的算法权衡。首先，流量概要处理线速数据包的需求增加了概要结构的资源争用。许多面向概要计算的测量系统正朝着可编程网络设备的方向发展，例如 P4、FPGA、SmartNIC 和软件交换机，它们将概要数据结构嵌入可编程数据包处理管道中。随着需要检查的数据包越来越多，必须全面调整概要的空间和时间复杂性，以在准确率、速度和查询类型之间进行权衡。然而，可编程开关的正向流水线与基于实时反馈环路的操作不太一致。其次，概要将每个传入数据包映射到固定大小的桶数组中的桶，该桶由相应网络流标识符的哈希进行索引。来自同一网络流的所有数据包都将映射到同一桶，这大约保留了网络流计数器。但是，哈希计算会发生概率出现的冲突，这在概要中很普遍，是由于将多个键映射到同一概要条目导致的。由于哈希函数的随机性，随着更多键被哈希到固定大小的数据结构中，哈希冲突的可能性会增加。哈希冲突会产生高度的近似误差，常见的解决方法是扩大概要结构的大小，或维护多个独立的概要实例，以便选择哈希冲突最少的概要条目。然而，现实世界的流量分布通常是不均匀的，因此近似误差可能会被网络流分布的长尾放大。

为控制流量概要的误差，可以通过将基于键的哈希过程替换为智能位置敏感的映射方法来减少近似误差。目前主流途径[8-9]提出了将大型网络流与其他流分离以减少峰值估计误差的方法。LSS[10]将类似的网络计数器映射到同一个桶阵列，以减少近似误差。遗憾的是，随着网络流计数器的不断增加，跟踪主内存中所有活动网络流的确切大小，并根据其大小将它们动态映射到不同的桶具有挑战性。

本章提出了基于子流聚类的流量概要框架 Jellyfish，其基础模型是子流（subflow），是一个由来自同一网络流的数据包子集组成的聚合指标，可以使用限定最大子流计数器的灵活阈值参数来调整子流的粒度。降低阈值可以平滑子流分布，但会增加用于重建网络流级别计数器的子流记录数。因此，可以为不同的网络流分布设置合适的子流阈值。

首先，Jellyfish 使用高性能哈希表从数据包流生成子流记录。其次，Jellyfish 将类似的子流计数器映射到同一个"桶"阵列。最后，Jellyfish 在查询过程中推迟了网络流计数器的重建，其中每个网络流计数器都是通过从同一网络流的桶数组估计的子流计数器的总和计算的。真实实验表明，Jellyfish 的性能优于最先进的概要计算方法，每个流查询的平均相对误差减少高达 $10^6$ 次，熵查询的平均相对误差减少 $10^6$ 次，重度查询的平均 $F1$ 分数值提升 10 倍。此外，Jellyfish 在大多数情况下会在 60 ms 内传递消息，因此基于消息总线的解耦概要框架在大多数时间内可以提供及时的传递。

## 5.2 数据概要

数据概要（sketch）是一种基于散列的数据结构，可以在高速网络环境中实时地存储流量特征信息，只占用较少的空间资源，并且具备在理论上可证明的估计精度与内存的平衡特性。

count-min[11]是数据管理和计算机网络等领域常用的精简数据结构，用于记录一组键-值（key-value）对集合的元素，具有常数时间的维护和查询开销。count-min 允许有误差，因为在高速网络条件下，若把所有信息都准确地记录下来，要消耗大量计算和空间开销，无法满足实时性要求；而且在很多情况下，并不需要非常精确的测量数据，在一定程度上可靠的估计值，便足以满足需求。由于键–值对集合具有广泛的抽象表示能力，count-min 摘要得到了广泛的应用。例如，在软件定义网络的路由器和交换机中采用 count-min 摘要记录网络流的大小；在数据流管理系统中，count-min 摘要用于记录数据流的出现频率。具体而言，count-min 摘要由一组整数或浮点数编码的数组构成，每个数组包含相同数目的桶（桶为逻辑概念，用于指代比特数组的一个位置），每个桶用于记录插入该位置的键对应的值。当需要插入一个键–值对时，首先通过哈希函数从每个比特数组中均匀随机选择一个桶，然后将对应的值插入选中的桶中。在查询一个键对应的值时，首先利用相同的哈希函数从每个比特数组计算桶的位置，其次读取每个桶的值，最后选取所有桶值的最小结果作为该键对应的值返回。可以看出，如果多个键插入相同的桶中，那么这个桶记录各个键对应值的代数和并不严格对应一个键的原始值。count-min 摘要具有查询误差，并且查询误差取决于共同位置键的值的分布情况，事先难以界定查询误差。count-min 测量值和真实值相比尽可能偏大，这是因为使用哈希的方法会产生冲突，多个网络流数据哈希到同一个桶内，那么这个桶的计数值就会偏大。

## 5.3　网络流量监测

对于拥有数百个异构物理和虚拟网络设备和链路的云数据中心，我们希望跟踪网络流量分布并检测潜在的网络异常（如 heavy hitter），以便实时检测异常。尽管这些网络设备通常提供 Netflow 或 sflow 记录，但监控输出过于粗糙，无法用于实时监控和诊断目的。对于软件交换机，我们可以使用共享内存队列与软件交换机交换数据包，但代价是增加仪器的复杂性。随着交换机数量的增加，这种基于服务器的监控过程很快就会饱和。因此，更具可扩展性的方法将以低内存占用量跟踪近似的网络流计数器。

网络流量监测主要包括两种方案：一种是基于序列的滑动窗口，每个间隔最多保留 $N$ 条流量记录，之后生成新的间隔；另一种是基于时间的窗口内，每个间隔在固定时间段内记录数据包，并在间隔结束后创建一个新间隔。

网络流通常表示为键–值对，其中键定义为几个基本数据包标头字段的组合，值定义为流的当前统计信息，例如数据包数或流字节数。基于概要的监视器检查数据包标头以提取键信息并计算数据包的值，然后将此记录插入概要数据结构。基于概要的监视应用程序通常包括：一个采集组件，该组件拦截来自物理网络接口的传入数据包并为概要生成键值输入；一个概要组件，该组件将键值输入馈送到概要结构。该结构使用一个或多个基于哈希的桶数组近似这些键–值对。

### 5.3.1　理论模型

概要通常由长度为 $m$ 的桶数组的 $k$ 组组成，其中桶保留一个计数器字段。为了在概要中插入一个传入键，首先使用 $k$ 个成对独立随机哈希函数将键信息哈希为 $k$ 个 $1 \sim m$ 内的随机数，然后从 $k$ 个数组（又称为阵列，bank）中选择由这些随机数地址索引的桶，最后根据传入键信息的值调整这些桶的计数器。查询过程类似基于同一组哈希函数的插入过程。

假设概要结构将传入的项目随机均匀地映射到桶数组。设 $\boldsymbol{X} : N \times 1$ 表示来自网络组件的流式处理键值序列的向量。设 $\boldsymbol{A} : N \times m$ 表示将向量 $\boldsymbol{X}$ 映射到大小为 $m \times 1$ 的桶数组 $a$ 的指示矩阵。设 $\boldsymbol{A}(i,j) = 1$ 当且仅当第 $i$-th 项 $\boldsymbol{X}_i$ 映射到第 $j$-th 桶 $\boldsymbol{I}_j$，并且 $\boldsymbol{A}(i,l) = 0$ 表示 $l \neq j, l \in [1, m]$。具有一个桶数组的概要由两个阶段组成：插入过程求解 $\boldsymbol{I} = (\boldsymbol{A}^{\mathrm{T}} \cdot \boldsymbol{X})$，而查询阶段求解 hat$\boldsymbol{X} = \boldsymbol{A} \cdot \boldsymbol{I}$，如图 5.2 所示。因此，概要的近似计数器可以表示为

$$\hat{\boldsymbol{X}} = \boldsymbol{A}\boldsymbol{A}^{\mathrm{T}}\boldsymbol{X} \tag{5.1}$$

可以为概要建立 $\boldsymbol{X}$ 和 hat$\boldsymbol{X}$ 之间的近似误差：

$$\min_{\boldsymbol{A}} \left\| \boldsymbol{X} - \hat{\boldsymbol{X}} \right\| = \left\| \boldsymbol{X} - \boldsymbol{A}\boldsymbol{A}^{\mathrm{T}}\boldsymbol{X} \right\| \tag{5.2}$$

其中，$\|\cdot\|$ 表示选定的度量，例如 Frobenius 范数。

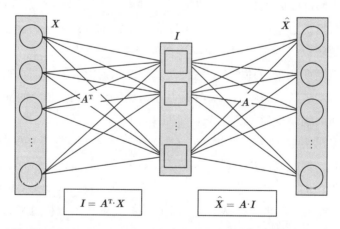

图 5.2　键-值对序列 $X$ 的插入过程（$I = A^{\mathrm{T}} \cdot X$）与查询过程（$\hat{X} = A \cdot I$）

为了推导出 (5.2) 的优化解，假设映射矩阵是一个随机变量，主成分分析（PCA）[12] 能够为一个隐藏层自动编码器找到一个重建误差最小的降维超平面。它需要将整个流保持在

$X$，这对于网络监控上下文是不可行的。此外，PCA 计算密集矩阵 $A$，而概要强制矩阵 $A$ 为超稀疏矩阵。

由于我们希望以较低的存储开销表示流量记录，因此概要的大小应比流记录的数量小几个数量级。否则，概要的空间效率会降低。我们可以证明（引理 7）流中每个项目的哈希冲突遵循二项分布 $B\left(\dfrac{N-1}{m},\dfrac{(N-1)\cdot\left(1-\dfrac{1}{m}\right)}{m}\right)$。

**引理 7**　设 $\varrho_i$ 表示元素 $i$ 的哈希冲突数目，则 $\varrho_i$ 服从二项分布，且期望 $E\left[\varrho_i\right]=\dfrac{N-1}{m}$，方差 $\mathrm{Var}\left[\varrho_i\right]=\dfrac{(N-1)\cdot\left(1-\dfrac{1}{m}\right)}{m}$。

**证明：** 设 $\Phi=AA^{\mathrm{T}}$。乘积矩阵 $\Phi$ 为一个 $N$-×-$N$ 的方型对称矩阵，且矩阵的阶的上界为 $m$。由于概要为压缩结构，满足 $m\ll N$，矩阵 $\Phi$ 不是满秩的，而且因为每个元素对应一个桶，$\Phi$ 的对角元素均等于 1。当且仅当元素 $i$ 和 $j$ 映射到相同的桶时，$\Phi$ 的非对角元素 $(i,j)$ $(i\neq j)$ 等于 1，其余情况为零。因此，可将矩阵 $\Phi$ 统一表述如下：

$$\Phi(i,j)=\begin{cases}1,A(i,:)=A(j,:)\\0,\text{其他}\end{cases}$$

非对角元素 $\Phi(i,j)$ $(i\neq j)$ 满足 bernoulli 分布：概率表达式满足 $Pr\left[\Phi(i,j)=1\right]=1/m$，$Pr\left[\Phi(i,j)=0\right]=1-1/m$。设 $\varrho_i=\{j|A(i,:)=A(j,:),j\neq i\}$ 代表与 $i$ 产生哈希冲突的元素集合。

变量 $\varrho_i$ 满足二项分布，且期望值满足条件 $E\left[\varrho_i\right]=\dfrac{N-1}{m}$，方差满足条件 $\mathrm{Var}\left[\varrho_i\right]=\dfrac{(N-1)\cdot\left(1-\dfrac{1}{m}\right)}{m}$。

为建立概要的理论优化框架，本节将概要与聚类分析建立联系。首先允许插入和查询过程使用不同的映射矩阵，在此基础上定义一个最小二乘损失函数：

$$\min_{B}\left\|X-BA^{\mathrm{T}}X\right\| \tag{5.3}$$

其中，$A$ 表示插入过程的映射矩阵，$B$ 表示查询过程的映射矩阵。接下来证明这种损失函数等效于 K-均值聚类模型。

**引理 8**　式(5.3) 中的最小误差近似等效于 K-均值聚类问题，该问题旨在将项目划分为一组方差最小的组。

(i) 式(5.3)定义了一个针对 $\boldsymbol{X}$ 的最小平方误差函数的仿射嵌入：

$$\min_{\boldsymbol{B}} \left\| \mathrm{Identity}(N) - \boldsymbol{B}\boldsymbol{A}^{\mathrm{T}} \right\| \tag{5.4}$$

其中，$\mathrm{Identity}(N)$ 表示 $N\text{-}\times\text{-}N$ 的单位矩阵。推导解析结果 $\boldsymbol{B}^{+} = \boldsymbol{A}(\boldsymbol{A}^{\mathrm{T}}\boldsymbol{A})^{-1}$，其中 $\boldsymbol{B}^{+}$ 表示矩阵 $\boldsymbol{B}$ 的伪逆矩阵，$(\boldsymbol{A}^{\mathrm{T}}\boldsymbol{A})^{-1}$ 表示 $\boldsymbol{A}^{\mathrm{T}}\boldsymbol{A}$ 的逆矩阵。由于 $\boldsymbol{B}^{+}\boldsymbol{A}^{\mathrm{T}} = \boldsymbol{A}(\boldsymbol{A}^{\mathrm{T}}\boldsymbol{A})^{-1}\boldsymbol{A}^{\mathrm{T}}$ 相对于 $\boldsymbol{X} = \boldsymbol{B}\boldsymbol{A}^{\mathrm{T}}$ 提供了最短长度的最小平方解析解，因此通过式(5.3)得到了 $\hat{\boldsymbol{X}}$ 的仿射嵌入最优解：

$$\hat{\boldsymbol{X}}_{\boldsymbol{A}} = \boldsymbol{A}(\boldsymbol{A}^{\mathrm{T}}\boldsymbol{A})^{-1}\boldsymbol{A}^{\mathrm{T}}\boldsymbol{X} \tag{5.5}$$

(ii) K-均值聚类通过寻找一组大小为 $m$ 的聚类中心（记为 $C$）来最小化每个聚类的方差：

$$F(S) = \sum_{x \in S} \min_{c \in C} \|x - c\|^2 \tag{5.6}$$

其中，每个聚类中心等于该聚类元素的均值。

设 $\boldsymbol{A} \in \{0,1\}^{N \times m}$ 代表聚类的表征矩阵，若元素 $i$ 分配到第 $j$ 个聚类，$\boldsymbol{A}(i,j) = 1$，否则设 $\boldsymbol{A}(i,j) = 0$。因此，可将式(5.6)相对于矩阵 $\boldsymbol{A}$ 表示如下：

$$\min_{\boldsymbol{A}} \left\| \boldsymbol{X} - \boldsymbol{A}(\boldsymbol{A}^{\mathrm{T}}\boldsymbol{A})^{-1}\boldsymbol{A}^{\mathrm{T}}\boldsymbol{X} \right\| = \min_{\boldsymbol{A}} \left\| \boldsymbol{X} - \hat{\boldsymbol{X}}_{\boldsymbol{A}} \right\| \tag{5.7}$$

其中，$\boldsymbol{A} \in \{0,1\}^{N \times m}$，$(\boldsymbol{A}^{\mathrm{T}}\boldsymbol{A})^{-1}$ 代表对角矩阵的伪逆矩阵。由此可知，式(5.7)解析等价于式(5.5)。

基于聚类解释模型分析可知，概要的映射矩阵 $\boldsymbol{A}$ 等价为 K-均值聚类模型中的聚类结构。假设预先训练映射矩阵 $\boldsymbol{A}$ 以将相似的项目分组到同一个桶，那么计算桶计数器的平均值，即聚类中心将以忽略项目计数器之间相似性的方法进行近似以接近原始项目，如图 5.3所示。

但是，通过数据包流进行聚类面临技术挑战。因为应该保证此网络流计数器始终映射到最近的聚类中心，如图 5.4所示，对于网络流的每个传入数据包，必须累积此网络流计数器并动态调整此网络流的聚类结构。图 5.5展示了聚类的动态更新，而更新这些网络流计数器的成本与网络流量成正比，不能很好地扩展。

## 5.3.2　误差分析

本节量化具有哈希冲突的噪声桶的预期数量。假设每个键都使用哈希函数统一随机映射到每个阵列中的桶。正如引理 9 所述，哈希冲突的概率随着桶数量和插入键数量之间的比值减小而迅速增加。

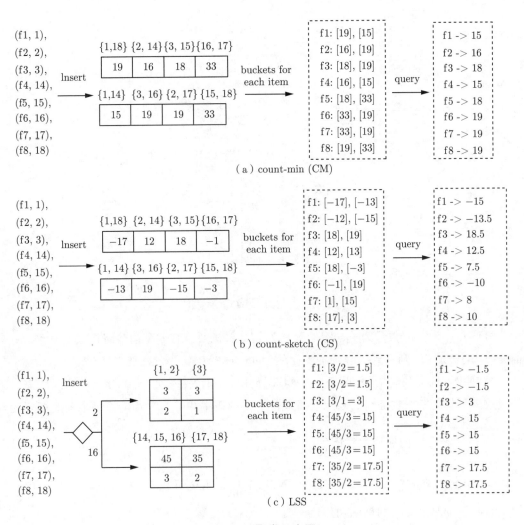

图 5.3 聚类示意图

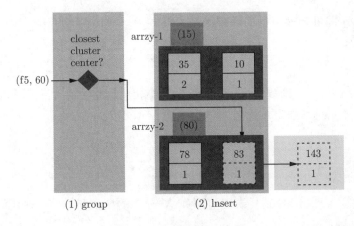

图 5.4 在线聚类示意图

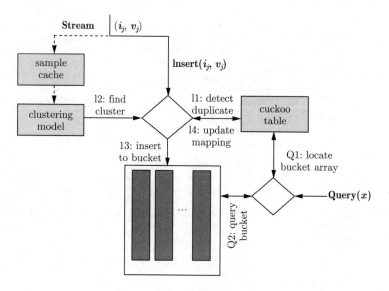

图 5.5　聚类结果更新示意图

**引理 9**　设桶的数量为 $m$，键的数量为 $N$。若概要具有 $c$ 个桶数组构成的阵列，每个桶数组大小为 $\dfrac{m}{c}$，则期望的噪声桶的比例为 $1-\mathrm{e}^{-cN/m}-\dfrac{cN}{m}\cdot\mathrm{e}^{-c(N-1)/m}$。

对单数组且桶数量为 $m$ 的概要结构进行分析。不失一般性，假设元素插入所需的哈希函数满足均匀随机的条件，则元素插入每个桶的概率相等，均为 $\dfrac{1}{m}$。每个桶的期望元素数量满足 $\dfrac{N}{m}$，空桶的期望数量满足条件：$\sum_i\left(1-\dfrac{1}{m}\right)^N=m\left(1-\dfrac{1}{m}\right)^N\approx m\mathrm{e}^{-N/m}$。具有 1 个元素的桶的期望数量满足条件：$\sum_i\left(N,1\right)\left(\dfrac{1}{m}\right)\left(1-\dfrac{1}{m}\right)^{N-1}\approx N\mathrm{e}^{-(N-1)/m}$。由此可知，包含至少两个元素的桶的期望比例为

$$\left(m-m\mathrm{e}^{-N/m}-N\mathrm{e}^{-(N-1)/m}\right)\cdot\dfrac{1}{m} \tag{5.8}$$

根据式 (5.8) 即可知噪声桶的期望比例为

$$1-\mathrm{e}^{-N/m}-\dfrac{N}{m}\cdot\mathrm{e}^{-(N-1)/m} \tag{5.9}$$

若一个概要包含 $c$ 个桶数组，每个桶数组大小相应调整为 $\dfrac{m}{c}$，但每个桶数组仍然需要插入 $N$ 个元素。此时可知噪声桶的期望比例为

$$1-\mathrm{e}^{-cN/m}-\dfrac{cN}{m}\cdot\mathrm{e}^{-c(N-1)/m} \tag{5.10}$$

我们为近似误差总和的期望和方差提供了下限，如下所述。

**引理 10**　设 $\mu$ 与 $\sigma^2$ 分别代表键值序列 $\boldsymbol{X}$ 分布的期望和方差，则任意桶数组的近似误差满足，期望的下界为 $\mu\left(\dfrac{N^2}{m}-N\right)$，方差的下界为 $\sigma^2\left(\dfrac{N^2}{m}-N\right)$。

设 $S_l$ 表示插入索引为 $l$ 的桶的元素，索引为 $i$ 的元素的近似误差可以表示为位于相同桶的差异元素的计数和，则近似误差的总和可以表示如下：$\sum_{l,S_l\neq\varnothing}\left((|S_l|-1)\sum_{j\in S_l}\boldsymbol{X}_j\right)$，且期望值满足条件 $\sum_{l,S_l\neq\varnothing}((|S_l|-1)|S_l|\mu)=\mu\left(\sum_{l,S_l\neq\varnothing}|S_l|^2-N\right)\geqslant\mu\left(\dfrac{N^2}{m}-N\right)$，这是因为 $F_i\left(\sum_{j\in S_l}\boldsymbol{X}_j\right)-|S_l|\mu$，且 $\sum_{l,S_l\neq\varnothing}|S_l|^2\geqslant\dfrac{N^2}{m}$。

假定所有元素没有关联，可知 $\mathrm{Var}\left(\sum_{j\in S_l}\boldsymbol{X}_j\right)=|S_l|\sigma^2$。因此，所有元素的近似误差的方差可以表示为

$$\sigma^2\sum_{l,S_l\neq\varnothing}((|S_l|-1)|S_l|)=\sigma^2\left(\sum_{l,S_l\neq\varnothing}|S_l|^2-N\right)\geqslant\sigma^2\left(\dfrac{N^2}{m}-N\right) \tag{5.11}$$

通过上述分析，当 $m\ll N$ 时，概要近似误差的方差是整个流方差的几倍。为了提高近似精度，需要优化映射到同一桶数组的项目的方差。

总结上述分析，通过聚类可以减小数据概要的近似误差。在此基础上，为了支持高效的聚类计算，需要将原始数据包合并归约，提高概要计算效率，从而解耦数据包到达率与概要数据结构。

(1) 具有在线聚类模型的网络流。先前概要的方差对传入的流键很敏感，而少量异常值流键可以显著增大许多桶的近似误差的趋势和方差。由于概要等效于聚类过程，因此可以通过使用聚类算法将相似的流键分组到同一桶数组来减小估计方差。但是，对动态流键进行聚类具有挑战性，因为分布通常是不确定的，所以需要一种扩展方法来绑定动态流键的分布，以实现高效的在线聚类。

(2) 使用子流模型支持各种概要。由于数据包流中嵌入了重复的网络流记录，因此对动态数据包进行群集效率低下。相比之下，可以创建子流记录来聚合有限数量的数据包和聚类静态子流记录，而不必担心网络流记录的重复。此外，概要可以适应流量键的规模，而不是数据包速率，因为数据包速率通常远小于网络流量速率。因此，子流记录为概要留下了大量的算法创新。

## 5.4 网络行为实时跟踪总体架构

面向可扩展高效的网络行为实时跟踪，本节构建了支持聚类规约的网络流量监控系统Jellyfish。该系统通过聚合来自同一网络流的连续数据包子集的计数器来生成子流记录，然

后根据在线子流聚类模型对子流记录进行聚类。

在插入阶段，Jellyfish 将每个子流记录放入一个桶数组中，该数组由最靠近此记录的聚类中心索引。接下来，Jellyfish 通过使用一个哈希函数对子流键进行哈希处理，并从该桶数组中随机选择一个桶，将子流计数器累积到此桶。在查询阶段，通过估计属于该网络流的每个子流记录并将其合并到最终估计结果中，为每个网络流重建计数器。

图 5.6 显示了基于 Jellyfish 的网络监控过程的整体框架，表示为 id1、id2 和 id3 的三个网络流被划分为子流记录，每个流记录由四个子流记录组成。表示为 id1、id2 和 id3 的网络流的大小等于属于同一网络流的相应子流记录的总和，分别为 139、147 和 137。子流记录基于聚类分析模型（12、34、76）进行聚类分析。每个子流记录都映射到由最近的聚类中心编制索引的桶阵列。接下来，根据具有哈希函数的子流标识符的哈希值从此桶数组中选择一个桶。最后，此桶的 sum 字段按传入子流记录增加，此桶的 count 字段递增 1。保留子流的成员身份是为了查询目的。根据对应子流记录的查询结果之和估算出 3 个网络流。id1、id2 和 id3 的估计结果分别为 138.5、154 和 130.5。

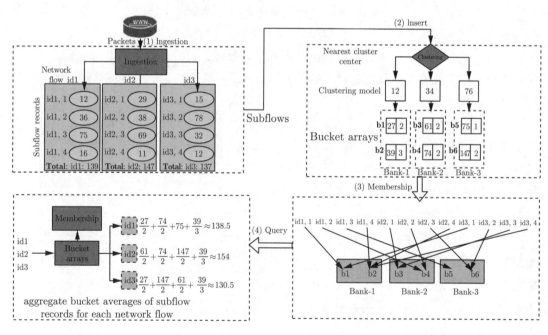

图 5.6　整体架构

从图 5.6 看到，近似结果与原始网络流计数器非常匹配。此外，Jellyfish 不需要历史样本的内存缓存，也不需要实时更新策略来动态调整不断发展的网络流计数器的聚类位置。

图 5.7 总结了基于子流的网络监视过程中的关键功能。成员函数保留子流记录到桶数组的映射。插入过程将子流记录插入桶数组。最后，查询函数启用通过网络流进行查询。

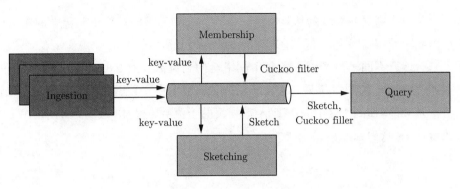

图 5.7 总体架构示意图

## 5.5 网络行为实时跟踪关键算法

### 5.5.1 子流聚合规约

子流表示来自同一网络流的连续数据包子集的聚合键值记录，其中键标识此子流，值累积这些数据包的计数器。

我们需要命名每个子流记录，并将子流记录链接到不同的网络流。通过在原始网络流记录 $x$ 附加一个单调升序索引函数 Index $(x)$ 来识别每个子流记录。因此，每个子流记录现在都有不同的表示形式：对于网络流键 $x$，子流标识符的形式为 recordID $(x)=$ "$(x, \text{Index}(x))$"，其中 Index $(x)$ 返回标识符 $x$ 的单调递增索引。

当使用升序索引来标识每个子流时，可以简单地获得每个网络流的子流记录总数：通过为每个网络流保留整数值子流基数 $f_s$ 来保留子流记录的数量。参数 $f_s$ 表示当前子流记录数。假设 $f_s$ 对于网络流 $x$ 等于 3，那么插入三个带有键 "$(x,1)$""$(x,2)$""$(x,3)$" 的子流记录。由于参数 $f_s$ 保留特定网络流的子流记录的基数，每个网络流只需要一个整数计数累积的基数（cardinality）。

将子流中的数据包聚合到键值哈希表中，基于阈值常量 $\tau$ 生成子流记录。只要子流的累积计数器超过阈值 $\tau$（默认为 128）或最大等待期到期，就会立即发布此子流。因此，子流记录的计数器最多为 $\tau$。阈值 $\tau$ 可根据分布进行调整。

所有网络流的子流记录将被完全聚类，每个聚类将入到同一个 Jellyfish 桶阵列中。因此需要对所有网络流使用相同的阈值，以确保同一桶数组中子流记录的低方差。相同或相似的子流值记录将聚类到同一桶数组，以优化估计方差，因为估计误差的根本原因是 Jellyfish 输入值的方差。

需要通过选择子流阈值 $\tau$ 来平衡估计精度和子流存储。减小阈值 $\tau$ 将减小子流记录的方差范围，从而提高 Jellyfish 的估计精度。由于 Jellyfish 需要跟踪子流记录的成员以重建网络流，因此随着阈值 $\tau$ 的降低，存储和子流记录数量将增加。

接下来，计算不同子流阈值 $\tau$ 的每个网络流的子流数。图 5.8 显示了子流数量的累积分布函数，超过 90% 的网络流只有一个子流元组，因为大多数网络流都是小流。此外，当子流阈值 $\tau$ 从 32 增加到 128 时，CAIDA 数据集的子流数量从 13 减少到 4，MAWI 数据集的子流数量从 19 减少到 5。

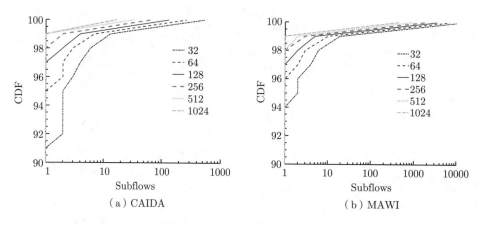

图 5.8　网络流的子流记录分布

为将网络流片段的聚合记录存入子流记录，需要保留不同网络流的子流成员，因此使用哈希数据结构来保留不同网络流的子流成员。为了降低存储开销，附加一个布谷鸟过滤器来跟踪子流记录，并以动态的方式将子流记录的标识符插入相应的布谷鸟过滤器中。布谷鸟过滤器支持高效地插入和删除项目，并且在低误报下比布隆过滤器更有效[13-15]。当多个子流记录可能映射到布谷鸟过滤器中的同一插槽时，就会发生误报，因为希望以插入一定程度的误报为代价来降低存储成本。我们可以对子流的成员使用更多空间优化的数据结构，代价是为子流成员插入一定程度的近似误差。

由于布谷鸟过滤器保留每个子流记录，因此可以通过聚合方法获得每个网络流的子流记录数 $f_s$：首先为每个网络 $x$ 流生成一个子流索引 $y$，该索引初始化为 1，并在每轮增加 1，然后将子流标识符连接为 $(x,y)$，并查询布谷鸟过滤器以测试此子流标识符是否插入此布谷鸟过滤器中，如果布谷鸟过滤器为子流成员查询返回 true，则声明此子流标识符在布谷鸟过滤器和变量 $f_s \geqslant y$ 中，继续使用递增的子流索引 $y$ 进行查询，否则声明 $f_s = y - 1$ 并返回子流记录。得到 $f_s$ 后能够获得子流标识符集，因此可以使用查询来保存子流基数 $f_s$ 的存储。

## 5.5.2 概要算法

**结构**：概要的物理组织由记录子流的 $k$ 个桶阵列组成。桶阵列的每个桶数组由多个桶组成，其中每个桶有两个字段：(1) 一个 sum 字段，用于记录映射到此桶的子流值的总和；(2) 一个 count 字段，用于记录插入此桶的子流记录数。由于每个子流都有一个唯一的标识符，因此 count 对于每个传入的子流记录只会递增 1。概要的基础操作包括插入和查询。

**插入**：插入算法如算法5所示。算法基于概要与聚类之间的等价性，将每个子流记录 $(x, v)$ 映射到相对于 $v$ 最近的聚类中心。选择传入记录 $x$ 的聚类索引对应的桶数组，然后在这个桶数组中找到一个哈希为键 kappa = recordID($x$) 的桶，并将映射桶的计数器递增键 kappa 的哈希值与子流计数器 $v$：sum = sum + $v$, count = count + 1。

---

**算法 5**：子流插入流程

1 Insert($x, v$)、
  输入：键值 $x$、子流大小（cardinality）域 Index($x$)、子流计数 $v$
2 生成键 $\kappa = (x, \text{Index}(x))$;
3 寻找最近桶数组索引 $i_\kappa = \text{argmin}_i \|v - \mu_i\|$ to the nearest cluster center;
4 更新桶 $h(\kappa)$ 的记录：$\boldsymbol{I}_{i_\kappa}[h(\kappa)].\text{sum}+ = v$, and $\boldsymbol{I}_{i_\kappa}[h(\kappa)].\text{count} +=1$;
5 将 $\kappa$ 加入第 $i_\kappa$ 个布谷鸟过滤器;

---

**时间复杂度**：查询最近的聚类中心的时间是 $O(\log k)$，在 K 聚类中心的排序数组上有一个二叉搜索树。接下来需要一个哈希评估来定位单个桶数组中的桶。最后将子流键插入相应的布谷鸟过滤器中，该过滤器可以与桶数组同时运行。

**查询**：查询算法如算法6 所示。对于网络流键 $x$，首先通过子流跟踪器在基数字段 $f_s$ 中查询键 $x$，然后构造键集 KEYs($x$)："$(x, 1)$""$(x, 2)$""$(x, f_s)$"。

---

**算法 6**：网络流的查询流程

1 Query($x$)、
  输入：网络流的键名称 $x$
  输出：网络流计数 $v$。
2 向 subflow tracker 查询键名称 $x$ 的子流数目 $f_s$（标记为 $x_s$）;
3 SumCounter = 0;
4 **for** $j = 1 \rightarrow x_s$ **do**
5 $\quad$ 生成子流的键名称 $\kappa = (x, j)$;
6 $\quad$ 通过布谷鸟过滤器阵列查询 $\kappa$ 对应的索引为 $i_\kappa$ 的桶数组;
7 $\quad$ SumCounter $+ = \dfrac{\boldsymbol{I}_{i_\kappa}[h(\kappa)].\text{sum}}{\boldsymbol{I}_{i_\kappa}[h(\kappa)].\text{count}}$;
8 **return** SumCounter;

---

对于 KEYs($x$) 中的每个键 $y$，可以通过查询与每个桶数组关联的布谷鸟过滤器来定位

桶数组的索引。在相应的桶数组中选择带有键哈希的桶，并返回除法 $\frac{\text{sum}}{\text{count}}$ 作为键 $y$ 的近似计数器。最后计算每个键的近似计数器总和（以 KEYs$(x)$ 为单位，并将此数字作为网络流 $x$ 的计数器返回）。

不同子流键的位置由布谷鸟过滤器独立保存。假设同一网络流的两个子流记录以不同的顺序放入同一个桶中，那么 Jellyfish 将正确地将这些子流记录的位置保存在不同的布谷鸟过滤器记录中。Jellyfish 事后可以正确恢复计数器：先根据布谷鸟过滤器和两个子流键的哈希值定位两条子流记录的索引，然后计算桶的平均数，累加这两个子流记录的计数器，因为两者都属于同一个网络流。

**时间复杂度**：在查询阶段，需要通过在 $O(kf_s)$ 时间查询布谷鸟过滤器的阵列来获取每个子流键的索引。由于查询阶段不在网络监视应用程序的关键路径中，因此查询阶段的速度远不如插入阶段的速度重要。

查询过程满足最终一致性要求[16]：如果没有为给定网络流生成新的子流记录，则最终对此网络流的所有查询都将返回上次更新值之后计算的结果。最终一致性可确保网络流的查询过程的正确性。由于大多数网络流都很短，超过 90% 的网络流的子流记录少于 10 条，因此对于大多数网络流来说，达到最终一致性的延迟很短。

大型网络流可能具有由采集组件临时维护的子流记录，但尚未插入概要中。因此，概要在最后一次插入时返回未完成网络流的结果。所以需要在采集组件处结合概要和哈希表值的结果，以便为相应的网络流提供实时结果：首先查询概要以获取上次插入的网络流估计计数器；其次通过网络流标识符查询哈希表；最后将这两个计数器汇总为网络流计数器的估计结果。

### 5.5.3　在线聚类

当固定子流阈值时，网络流分布是有界的。在每个测量周期之前创建新的聚类模型的成本很高，在线聚类较离线聚类更为有效。

在线聚类维护基于 K-均值聚类方法[10]的子流聚类模型，主要由 $k$ 聚类中心组成。K-均值聚类不仅简单且等效于概要设置[10]。

设 $S$ 表示一维样本的集合，两个样本 $x$ 和 $y$ $(x, y \in S)$ 之间的距离测量值为绝对差值 $\text{cost}(x, y) = |x - y|$。

**定理 7**　聚类模型维护 1 个包含 $k$ 个聚类顶点的集合 (称为中心，标记为 $\mu$)，目的是最小化各个聚类的方差：$\phi(S, \mu) = \sum\limits_{x \in S} \min\limits_{c \in \mu} (\text{cost}(x, c))^2$。参数 $k$ 为整数，控制聚类的数量。

K-means++[17] 提供了 K-均值聚类的在线过程，适应动态网络流分布，支持聚类模型的在线近似，以根据最新的子流记录调整聚类中心。

### 5.5.4 网络查询应用

查询函数使用成员函数中的网络流键对概要函数中的概要执行监视查询, 为分布式网络环境提供了多功能的可靠监控应用程序。每个概要实例都会在多个测量间隔内连续接收来自各种网络设备和终端主机的新记录, 只要布谷鸟过滤器的存储满足内存要求。查询应用程序的连续概要计算结果可实现长期准确的网络故障排除和异常检测。

典型的查询包括:

(1) 流查询。它们跟踪每个不同流的流量, 或计算流字节数。为了查询每个插入流的大小分布, 迭代地获得带有插入流标识符的近似结果, 然后构建一个近似流大小列表作为流大小分布。同样地, 将熵度量推导为近似流量大小的频率分布。

(2) heavy hitter。对于给定的重度检测阈值, 列出计数超过阈值的桶, 因为插入流的近似值来自桶的平均计数器。接下来, 查询布谷鸟过滤器以获取映射到这些桶的网络流列表。基于 heavy hitter, 还可以找到跨越多个窗口的流, 这些流的波动超过了预定义的阈值。

## 5.6 近似计算理论分析

如定理 8 所述, 估计计数器只是在短时间间隔内偏离了真实计数器的期望, 与每个网络流的子流记录数成正比。

**定理 8** 假设在一个桶数组中, 第 $l$ 个键映射到第 $j$ 个桶。设 $\tau$ 代表子流阈值。对于集合 $S$ 中的第 $l$ 个网络流, 设 $\text{Query}(\boldsymbol{X}_l)$ 代表其预测值, $\boldsymbol{X}_l$ 代表真实值。设 $f_s(\boldsymbol{X}_l)$ 代表 $\boldsymbol{X}_l$ 的子流数目。对于一个给定的正数 $w$, 预测结果的精度满足如下公式:

$$\Pr\left(|\text{Query}(\boldsymbol{X}_l) - E[\boldsymbol{X}_l]| \geqslant f_s(\boldsymbol{X}_l)w\right) \leqslant \frac{\tau^2}{w^2} \tag{5.12}$$

证明: 不失一般性, 假设将一个独立同分布的子流序列插入桶数组, 桶数量为 $m$, 子流序列的期望值为 $\phi$, 方差为 $\sigma^2$。子流序列的键列表表示为 $S$, 值列表表示为 $\boldsymbol{X}$。

设 $n_j$ 表示插入索引为 $j$ 的桶的子流数量。对于索引为 $j$ 的桶, 设其所包含的子流记录为 $\left\{\boldsymbol{Z}^{(j)}\right\}$。设 $\boldsymbol{Y}_j = \dfrac{\sum\limits_z \boldsymbol{Z}^{(j)}(z)}{n_j}$ 表示索引为 $j$ 的桶的计数均值。

(1) 期望分析。根据子流序列的独立同分布条件, 变量 $\boldsymbol{Z}$ 的期望满足条件 $E[\boldsymbol{Z}] = \phi$, 因此 $\boldsymbol{Y}_j$ 的期望等于变量的期望:

$$E[\boldsymbol{Y}_j] = \frac{1}{n_j} E\left[\sum_i \boldsymbol{Z}^{(j)}\right] = \frac{1}{n_j} \sum_i E\left[\boldsymbol{Z}^{(j)}\right] = \phi \tag{5.13}$$

(2) 方差分析。$\boldsymbol{Y}_j$ 的方差可以通过期望分析：

$$\mathrm{Var}\left[\boldsymbol{Y}_j\right] = E\left[\left(\boldsymbol{Y}_j - \phi\right)^2\right] = E\left[\left(\frac{\sum_i \boldsymbol{Z}^{(j)}}{n_j} - \phi\right)^2\right]$$

$$\leqslant E\left[\frac{1}{n_j{}^2}\left(\sum_i\left(\boldsymbol{Z}^{(j)} - \phi\right)\right)^2\right] \leqslant \frac{1}{n_j{}^2} \times n_j^2\tau^2 = \tau^2$$

这是由于任意子流记录与 $\phi$ 的差异存在上界，该上界取决于子流阈值 $\tau$。

(3) 界限分析。对于给定的变量 $w$，利用切比雪夫不等式界定 $\boldsymbol{Y}_j$ 的界限：

$$\Pr\left(|\boldsymbol{Y}_j - \phi| \geqslant w\right) \leqslant \frac{\mathrm{Var}\left[\boldsymbol{Y}_j\right]}{w^2} \leqslant \frac{\tau^2}{w^2} \tag{5.14}$$

(4) 网络流。给定任意的网络流键 $\boldsymbol{X}_l$，期望 $\boldsymbol{X}_l$ 可以表示为具有相同网络流键的计数和：$E\left[\boldsymbol{X}_l\right] = E\left[\sum_{\mathrm{FlowID}(z)=\boldsymbol{X}_l} \boldsymbol{Z}^{(j)}(z)\right]$，其中 $\mathrm{FlowID}(z)$ 表示子流 $z$ 所属的网络流键。由此可知 $E\left[\boldsymbol{X}_l\right] = \sum_{\mathrm{FlowID}(z)=\boldsymbol{X}_l} \phi = f_s(\boldsymbol{X}_l)\phi$，因此结论如下：

$$\Pr\left(|\mathrm{Query}(\boldsymbol{X}_l) - E\left[\boldsymbol{X}_l\right]| \geqslant f_s(\boldsymbol{X}_l)w\right) =$$

$$\Pr\left(|\mathrm{Query}(\boldsymbol{X}_l) - f_s(\boldsymbol{X}_l)\phi| \geqslant f_s(\boldsymbol{X}_l)w\right) =$$

$$\Pr\left(|\boldsymbol{Y}_j \cdot f_s(\boldsymbol{X}_l) - f_s(\boldsymbol{X}_l)\phi| \geqslant f_s(\boldsymbol{X}_l)w\right) =$$

$$\Pr\left(|\boldsymbol{Y}_j - \phi| \geqslant w\right)(两侧同时除以 $f_s(\boldsymbol{X}_l)$)$$

$$\leqslant \frac{\tau^2}{w^2}$$

## 5.7 网络行为实时跟踪效果评估

基于发布/订阅（简称 Pub/Sub）框架在模块化块中实现概要。采集模块以线速聚合数据包到子流记录[18]，并按预定义阈值 $\tau$ 逐出子流记录消息。聚合过程通过哈希表缓存预取和批处理来减小数据包处理延迟。

增加对数据结构的插入和查询的处理并行性。使用两个并发环形缓冲区队列缓冲插入和查询请求。多个线程从相应的缓冲区队列中批量拉取大量插入和查询请求。

以流方法调整聚类模型：

(1) 初始化。使用一组子流样本初始化聚类分析模型，初始样本仅收集一次，且聚类初始化只执行一次。

(2) 增量调整。逐步获取子流样本，以了解子流分布的变化。然后保留一个缓存以维护高达 $|S|$ 的时间戳记录样本。为了降低存储成本，为每个样本附加第一次出现的时间戳，并删除最早的时间戳记录计数器。根据样本逐步调整聚类模型，即从样本缓存中随机抽取第一个聚类中心，采样高达 $k$ 的聚类中心，并替换每个新的子流样本 $p$ 概率为 $\dfrac{\text{cost}(\{p\},\mu)}{\sum\limits_{q\in S}\text{cost}(\{q\},\mu)}$。
根据经验性能，默认聚类中心数量设置为 30。因此，聚类中心数量相对于子流记录的规模是适度的。聚集子流样本的数量在同一缓存中设置为常数。将样本数量选择为测量间隔中子流记录数的 0.1~1 倍不等，并且聚类性能相对于缓存中的样本数量是稳定的。

使用两个流行的数据集进行真实世界的实验研究：(1) CAIDA，它于 2016 年 2 月 18 日在 Equinix-Chicago Monitor 由 CAIDA[8] 收集，其中 17.997 亿个流网络流量持续 1h；(2) MAWI，它于 2019 年 5 月 20 日在 WIDE 到上游 ISP 的中转链路上收集，1400 万个流网络流量持续 899.99s，每个流网络流的源 IP 用作网络流的键信息。

**流程**：将每个数据集拆分为十个大小相等的间隔，每个间隔都会重播到插入过程，插入过程通过 Pub/Sub 框架将子流元组发布到概要组件。此概要在间隔结束后由操作员查询。

使用两个指标评估概要方法的有效性：(1) 相对误差（RE），即使用相对误差来量化每个流查询的准确率，定义为每个查询的网络流的相对误差的平均值；(2) $F1$ 分值即用 $F1$ 分数来量化 heavy hitter 者查询的精度，被定义为精度和召回率的调和平均值，即 $\dfrac{2\text{PR}\times\text{RR}}{\text{PR}+\text{RR}}$，其中 PR（精度）表示报告的真正 heavy hitter 实例的百分比，RR（召回率）表示发现的真正 heavy hitter 实例的百分比。

**参数**：根据灵敏度实验选择默认参数。将默认聚类数量设置为 30，将默认桶数量设置为评估区间内网络流数量的 0.1 倍，将子流元组的截断阈值设置为 128。实验重复十次，报告平均结果和第 95 个置信区间。

**流查询**：测试每个流查询的相对错误，将 Jellyfish 与五种流概要方法进行比较，包括 count-sketch（CS）[19]、cusketch（CU）[3]、count-min（CM）[11]、Elastic Sketch（ES）[8] 和 LSS[10]。图 5.9 显示了将桶存储从 1 KB 更改为 100 KB 时的相对错误，可以看到，Jellyfish 和 LSS 的相对误差比 CS、CM、CU 和 ElasticSketch 的相对误差小 3～5 个数量级。此外，Jellyfish 比 LSS 准确得多，因为 Jellyfish 中的记录分布比 LSS 中的记录分布偏差小。

**熵查询**：将 Jellyfish 熵查询的相对误差与五种熵概要方法进行比较，包括 CM[11]、CS[19]、Sieving[20]、ES[8] 和 LSS[10]。图 5.10 显示了将概要存储从 1 KB 更改为 100 KB 时的相对误差，可以看到 Jellyfish 比其他方法准确 3～6 个数量级，这是因为 Jellyfish 将偏差较小的子流记录聚类到桶数组，保留了网络流计数器的全局分布。

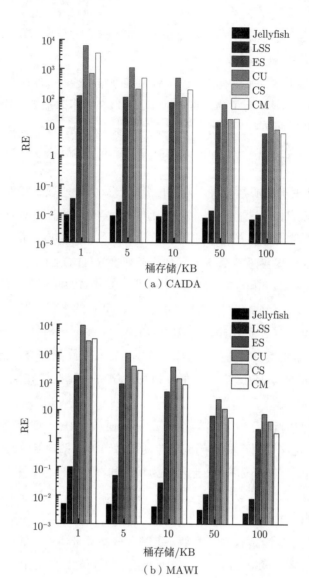

图 5.9　网络流的查询相对误差

**heavy hitter**：将 heavy hitter 查询的 $F1$ 分数与六种 heavy hitter 方法进行比较，包括 CM、CS、SpaceSaving（SS）[21]、ES、hashpipe[4] 和 LSS[10]。将重量级的阈值设置为网络流量的前 5。图 5.11 显示了将概要存储从 1 KB 增加到 100 KB 时的 $F1$ 分数，可以看到 Jellyfish 和 LSS 的 $F1$ 分数都接近 1，因为 heavy hitter 依赖一小部分最大的网络流，并且这两种方法都通过聚类过程将大型项目放入相同的桶数组中，而 hashpipe、ES、SS、CS 和 CM 对小项目与大项目的混合更敏感。

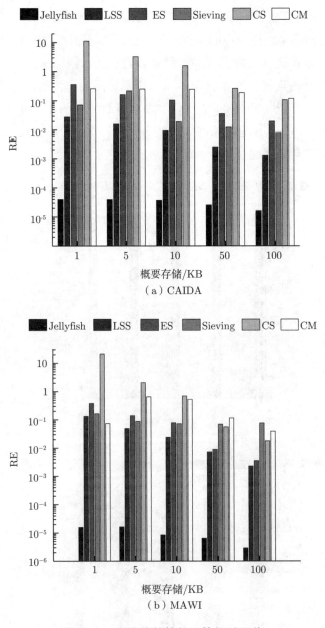

图 5.10 网络流的熵的计算相对误差

**消息延迟**：在通过 10 Gb/s 交换机连接的两个机架中的十台服务器上设置实验，每台服务器配置为 8 核英特尔 ® 至强（R）CPU E5-1620、47 GB 内存和英特尔 10 千兆位 X540-AT2 网卡。选择最初在 Yahoo[22] 创建的 Pulsar 消息传递系统作为 Pub/Sub 底层，将 Apache Pulsar 2.2.0 发布/订阅设置为专用服务器上的独立服务。将九台服务器分为两组：(1) 六台服务器运行网络采集组件，从重播的网络跟踪生成子流记录并发布到 Pub/Sub 框架；(2) 三台服务器运行概要组件，通过订阅六台采集服务器中的每一台来维护概要数据结构。概要组件订阅采集组件发布的事件，并在相同的测量间隔内将它们馈送到 Jellyfish。从交换机插入端口镜像流量，并将它们并行馈送到独立的概要实例，然后评估通过发布/订阅消息总线传递消息的延迟。图 5.12 显示了每个测量间隔中消息传递延迟分布的中位数、第 95 个百分位数（Pct-95）和第 99 个百分位数 (Pct-99) 的 CDF，可以看到大多数消息在 60 ms 内传递，因此 Pulsar 消息总线在大多数时间内提供及时的传递。由于消息总线中的排队，少量消息可能会传递超过 100 ms。

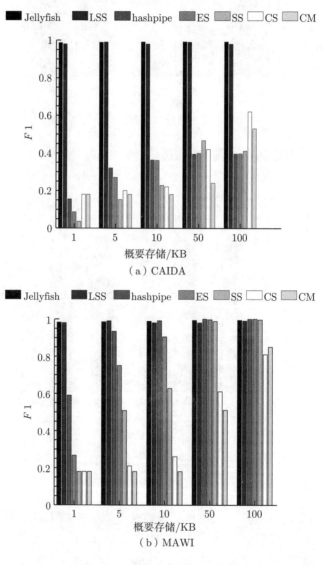

图 5.11　对比方法的 $F1$ 分数

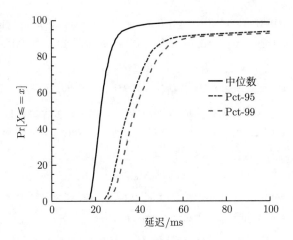

图 5.12　消息总线的分发延迟分布

## 5.8　本章小结

　　本章提出了基于子流聚类模型的网络行为实时跟踪方法。基于真实数据集的实验表明，Jellyfish 在桶阵列内方差较小的情况下，将每个流的查询错误显著降低了几个数量级。我们计划找到更多空间优化的数据结构来跟踪子流成员。

## 参考文献

[1]　FU Y Q, XU X P. Self-stabilized distributed network distance prediction[J]. IEEE/ACM Transactions. Networking, 2017, 25(1):451-464.

[2]　FU Y Q, LI D S, BARLET-ROS P, et al. A skewness-aware matrix factorization approach for mesh-structured cloud services[J]. IEEE/ACM Transactions Networking, 2019, 27(4):1598-1611.

[3]　ESTAN C, VARGHESE G. New directions in traffic measurement and accounting: Focusing on the elephants, ignoring the mice[J]. ACM Transactions on Computer. Systems, 2003, 21(3): 270-313.

[4]　SIVARAMAN V, NARAYANA S, ROTTENSTREICH O, et al. Heavy-hitter detection entirely in the data plane[C]. Proc. of the Symposium on SDN Research, 2017: 164-176.

[5]　MANKU G S, MOTWANI R. Approximate frequency counts over data streams[C]. Proc. of the 28th International Conference on Very Large Data bases, 2002: 346-357.

[6]    LIU Z X, MANOUSIS A, VORSANGER G, et al.  One sketch to rule them all: Rethinking network flow monitoring with univmon[C]. Proc. of the 2016 ACM SIGCOMM Conference, 2016: 101-114.

[7]    CORMODE G.  Data sketching[J].  Communications of the ACM, 2017, 60(9):48-55.

[8]    YANG T, JIANG J, LIU P, et al. Elastic sketch: Adaptive and fast network-wide measurements [C]. Proc. of the 2018 Conference of the ACM Special Interest Group on Data Communication, 2018: 561-575.

[9]    HUANG Q, LEE P P C, BAO Y G.  Sketchlearn:  Relieving user burdens in approximate measurement with automated statistical inference[C]. Proc. of the 2018 Conference of the ACM Special Interest Group on Data Communication, 2018,: 576-590.

[10]   FU Y Q, LI D S, SHEN S Q, et al.  Clustering-preserving network flow sketching[J]. Proc. of the IEEE INFOCOM 2020-IEEE Conference on Computer Communications, 2020.

[11]   CORMODE G, MUTHUKRISHNAN S.  An improved data stream summary: The count-min sketch and its applications[J].  Journal of Algorithms, 2005, 55(1):58-75.

[12]   BENGIO Y, COURVILLE A C, VINCENT P.  Representation learning: A review and new perspectives[J].  IEEE Transactions on Pattern Analysis and Machine Intelligence, 2013, 35(8): 1798-1828.

[13]   FAN B, ANDERSEN D G, KAMINSKY M, et al.  Cuckoo filter: Practically better than bloom [C]. Proc. of the 10th ACM International on Conference on Emerging Networking Experiments and Technologies, 2014: 75-88.

[14]   ZHOU D, FAN B, LIM H, et al.  Scalable, high performance ethernet forwarding with cuckooswitch[C]. Proc. of the Conference on Emerging Networking Experiments and Technologies, 2013: 97-108.

[15]   DAI H P, ZHONG Y K, LIU A X, et al.  Noisy bloom filters for multi-set membership testing[C]. Proc. of the 2016 ACM SIGMETRICS International Conference on Measurement and Modeling of Computer Science, 2016, 44(1): 139-151.

[16]   BURCKHARDT S. Principles of eventual consistency[J].  Foundations and Trends in Programming Languages, 2014, 1(1-2): 1-150.

[17]   ARTHUR D, VASSILVITSKII S.  K-means++: The advantages of careful seeding[C]. Proc. of the Eighteenth Annual ACM-SIAM Symposium on Discrete Algorithms, 2007: 1027-1035.

[18]   MOSHREF M, YU M, GOVINDAN R, et al.  Trumpet: Timely and precise triggers in data centers[C]. Proc. of the ACM SIGCOMM 2016 Conference, 2016: 129-143.

[19]   CHARIKAR M, CHEN K C, FARACH-COLTON M.  Finding frequent items in data streams [J]. Theoretical Computer Science, 2004, 312 (1): 3-15.

[20]   LALL A, SEKAR V, OGIHARA M, et al.  Data streaming algorithms for estimating entropy of network traffic[J]. ACM SIGMETRICS Performance Evaluation Review, 2006, 34(1): 145-156.

[21]    METWALLY A, AGRAWAL D, ABBADI A E. Efficient computation of frequent and top-k elements in data streams[C]. Proc. of the 10th International Conference on Database Theory, 2005: 398-412.

[22]    Apache pulsar framework[EB/OL]. http://pulsar.apache.org.

# 第 6 章

# 网络行为的识别与分类

网络流量分析技术（network traffic analysis, NTA）于 2013 年首次被提出，并且在 2016 年逐渐兴起[1]。2017 年，NTA 被 Gartner 评选为 2017 年十一大信息安全新兴技术之一。网络流量分析技术以网络流量为基础，应用 AI、大数据处理先进技术，对流量行为进行实时分析并展示异常事件。网络流量分析的主要流程包括：采集流量，提取流量数据载荷、网络特征、行为特征；采用 DPI（深度包识别）、DFI（深度流识别）、AI、大数据分析识别和区分网络协议、应用进程、资产设备；结合漏洞库、攻击知识库等多源威胁情报对可疑网络交互行为进行全方位、多维度、综合性分析可通过网络流量发现风险与威胁，在网络资源测绘、攻击行为识别、安全态势感知、敌手测量分析方面发挥着重要作用。

## 6.1 网络行为识别与分类技术

网络流量分类器需要从流和数据包中提取特征（可以通过特征减少和选择以实现可扩展性），利用 DPI、DFI 等技术，对网络数据包进行深度解析，对网络及用户行为进行智能化分析。其中 DPI 根据协议特征签名，对数据包的应用层数据进行深度分析，识别出相应协议，结合数据包首部信息，对流量进行识别。DFI 是基于网络流量行为检测的识别技术，利用流的统计特征、序列特征进行识别。DFI 不需要访问应用层信息，只需要分析流的特征。

随着网络流量不断增加和全球互联网访问的渗透率不断提高，流量分类的原始数据规模在扩大，应用种类越来越多样，流量分类粒度越来越细，需要用流量分类器区分的流量类型越来越多[2]，需要分类的流量类型越来越多。与此同时，网络环境更加复杂，许多应用流量出于安全与隐私的考虑会将流量进行加密甚至通过一些手段来掩藏自己的身份，使得传统的网络流量分类技术丧失其分类的性能。此外，一些恶意流量也会掩藏自己的身份，对网络安全造成威胁。因此，以应用程序流量分类、加密流量分类和恶意流量分类为代表的新型网络流量分类（包）是一项具有挑战性和紧迫性的任务。

网络流量分类旨在对原始流量数据进行准确、高效的分类。随着网络流量分类的需求更加复杂，网络流量分类技术也需要与时俱进。目前主流的分类器要么从网络流数据中提取统计指标，要么使用深度学习模型从数据包的有效载荷中学习。统计方法因其简单性而得到广泛支持，但耗时的手工制作功能对不同网络场景中的漂移流量的适应性较差。统计流量分类器因其简单性而最为普遍。通常有三类分类器。

(1) 基于静态要素的方法使用静态属性对流量样本进行分组。例如，基于端口号的流量分类方法是利用网络流量记录的端口信息作为分类的依据，主要使用数据包的 TCP/UDP 标头中的信息来提取与特定应用程序相关联的端口号 [例如 HyperText Transfer Protocol（HTTP）协议使用 80 端口、Secure Sockets Layer（SSL）协议使用 443 端口]。端口号不会因为网络数据加密而受到影响，所以提取过程十分便捷快速，常用于防火墙和访问控制列表（ACL）的流量分类。但随着端口混淆、网络地址转换（NAT）、端口转发、协议嵌入和随机端口分配技术的应用，基于端口号的流量分类方法的准确率已经显著降低了。在 2006 年，加拿大卡尔加里大学的 A.Madhukar[3] 推测只有 30%~70% 的互联网流量可以应用基于端口的分类方法。

(2) 基于统计特征的方法根据流量指标对 pcap 文件进行分类。例如，基于签名的方法将每种应用程序类型与流量样本中的统计签名相关联[4]。每一个统计签名对应一类流量数据，在流量分类时依此得到流量类别。除此之外，研究人员可以根据流量的统计特征（例如流量大小、到达间隔时间的均值和标准差、子流大小[5] 等）训练监督分类器。但是由于网络应用的流量传输特征越来越繁复，这种方式已经越来越难以获取有用的特征，同时这种方式需要耗费大量的时间来计算流量特征集合，从而延迟推理时间。并且在 Wi-Fi、5G、工业互联网或校园网等不同的网络环境下，这些特征不具备迁移性，可复用度并不高，也使得加密流量的特征矩阵更加庞大。这些现状使得统计特征矩阵已经不能满足分类需求。

(3) 基于深度学习模型对网络流量进行分类。这种方式可以自动学习流量特征，直接为已知应用程序类型训练深度神经网络模型，避免了人工提取特征的问题。神经网络模型对流量数据进行多层转换，并通过分类函数输出预测。神经网络模型尤其是深度学习（DL）方法更具适应性。目前面向网络流量识别的神经网络存在两种方法。第一种方法是使用递归神经网络提取时间序列，例如，CNN、RNN 和 LSTM 被先前的流量分类研究所采用。这些神经网络的主要局限性在于，它们专注于单向时间序列数据，其中层共享参数适用于时间特征。然而网络消息是因果相关的，但数据消息序列不是一个简单的时间序列，时间相邻的数据消息的内容可能由于丢包或无序而完全无关。因此，使用循环神经网络方法计算时差，失去了数据消息的实际特征。第二种方法是使用基于自我注意机制的模型，如 BERT。这些模型将网络流量视为句子，将数据包视为令牌，并使用句子级表示形式来汇总网络流量。但是，数据包对分层语义进行编码远远超出了令牌编码的范围。例如，数据包为 50 ~ 1 500B，短流可能需要不到 10 个数据包来传输完整的应用程序会话消息。此外，每个数据包都有一个字段层次结构，其中每个字段都标识关键网络参数。因此，将数据包视为令牌不太适合通信协议。

本章研究可自动学习不同的模态并融合这些模态特征以进行分类任务。第一，根据通信方案捕获数据包序列，并通过图神经网络计算每个数据包的特征，该网络系统地利用了数据包流丰富的顺序和语义特征。第二，通过分层协议栈解码来自每个数据包的自然语言消息，并将这些消息馈送到 BERT 模型[6]以获得每个数据包的特征向量。第三，不同的数据包模式对分类器具有不同的重要性，使用注意力机制来自动调整功能的重要性。第四，由于不同模态的异质性，不同的模态可能会相互扭曲，因此需要一个融合策略来协调每个数据包的单个模态。MLP 是一种流行的模块，用于在输入特征[7]之间对不同维度进行全局感知，因此可使用 MLP 自动协调每个数据包的不同特征维度。

我们使用真实数据集（包括正常应用程序流量、恶意流量和加密流量）评估流量分类的性能。评估结果表明，MTCM 在应用分类方面将预测准确率提高了 21%～29%，对恶意流量分类的预测准确率提高了 5%，在加密流量分类方面达到了相同的准确率。MTCM 在召回率和精度指标方面非常强大。我们广泛评估了 MTCM 的参数灵敏度，得到了对流量分类非常有效的优化参数。

## 6.2 问题描述

网络流量分类即使用分类器对网络流量的所属类别进行预测，输入为原始网络流量编码数据，输出为预先收集和归纳的已知的分类类别。

目前主流的网络流量编码方式是 pcap 格式。每个报文包括两个字段：header 字段表示这个报文的语法元数据（源/目的 IP 地址、源/目的端口、协议类型等）；payload 字段表示这个报文的应用数据。每一个 pcap 文件在主机的网卡处捕获各个应用程序的报文数据，在网络环境中，可能会出现报文经由不同路由路径的情况，然而通过这种方式可以不受报文传输路径影响，也不会因为传输路径的不同导致捕获的报文缺失。

Wireshark 可以使 pcap 流量数据转换为人类可懂的文件格式，如图 6.1所示，即一个包含报文长度、到达时间等信息的语义化文本。每一个报文都会生成一个语义化文本，因此使用文本分类模型对其进行文本特征提取。

报文之间存在时序结构信息，报文编码包含多层次的流量数据信息（见图 6.2）。为此，需要捕获和分析得到更多的流量特征，进而提升流量分类的性能。

互联网的网络流量数据是具有语义信息的，例如 OSI 七层模型中应答层中 HTTP 报文的请求应答消息，它们的报文中会承载流量文本信息，因此可以进一步挖掘和利用文本信息提高流量分类的准确率。网络流量数据的语义信息与自然语言具有一定的共通性，因此可以使用在自然语言上的分类模型对网络流量文本进行表征。在这部分使用的是报文的文本格式，将报文内容转换得更加贴近人类语言，并且使用文本分类模型对其进行分类，从而实现对流量的文本信息进行特征提取，提升分类精度。

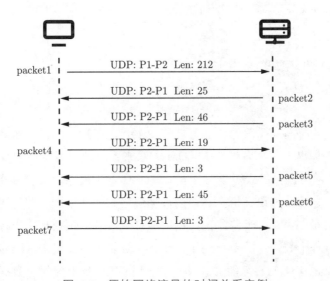

图 6.1　Wireshark 处理信息

packet1 ──── UDP: P1-P2　Len: 212 ────▶

◀──── UDP: P2-P1　Len: 25 ──── packet2

◀──── UDP: P2-P1　Len: 46 ──── packet3

packet4 ──── UDP: P2-P1　Len: 19 ────▶

◀──── UDP: P2-P1　Len: 3 ──── packet5

◀──── UDP: P2-P1　Len: 45 ──── packet6

packet7 ──── UDP: P2-P1　Len: 3 ────▶

图 6.2　原始网络流量的时间关系实例

深度学习模型的性能可能会有所下降。例如一维或二维固定结构，流量本质上是非欧几里得的和组合的,因为将数据包有效负载视为特征会丢失由请求-响应序列封装的重要上下文。基于卷积神经网络(CNN)的分类器[8-10]假设输入是一个固定的欧几里得对象,而每个数据包都携带封装在分层协议中的丰富语义信息,例如 TCP、HTTP 和应用程序会话中的请求-响应消息。基于 RNN 或 BERT 的分类器[6, 11]将数据包视为句子,并从流量中提取基于文本的特征。虽然面向文本的分类器比基于图片的方法更灵活,但基于图片的方法并没有充分利用数据包流的多种模式,因为每个流量会话由可变数量的数据包组成,其中每个数据包包含可变数量的级联位字段。

综合上述分析,需要在一个统一的模型中捕获组合序列和丰富的特征。首先,以链式序列来捕获流量数据包的时间尺度的交互过程,此外,以数据包作为一个顶点,可以保留数据包的原始流量信息,因此使用链图作为流量分类的模型可以更大程度地保留流量的特征。一个经过预处理的 pcap 文件被转换为一个链图结构,链图可以表示为一个元组 $(V, E, X, y)$,其中 $V$ 表示顶点的集合,$E$ 表示顶点之间的边的集合,$X$ 代表顶点的特征向量,$y$ 代表与图相关的应用标签。虽然报文之间的序列是有向的,但因为无向边使图神经网络的信息能够双向交换,增加了神经网络的信息交互自由度,并聚合了历史和未来报文的更全面信息,所以选择在每两个相邻顶点之间创建双向边。

在此基础上,需要为链图设计一个高性能的图分类器,以便能够高效地对流量数据进行分类。数据报文之间存在更加隐蔽的跨越式交互关系,为了能够更多地捕获数据包之间的关系,需要构建更为复杂且高效的流量关系图。使用的源数据格式为 pcap 报文,在 pcap 报文捕获过程中可能会出现乱序的情况,为了保留其时序特征,依据 TCP 报文中的序列标志为其修正顺序。pcap 报文是两个 IP 端口号之间的交流数据,具有一定程度的语义信息,需要进一步挖掘有效载荷的语义信息。

## 6.3 理论模型框架

我们的目标是有效地提取和融合流量上下文特征,以适应不同大小和分层编码的数据包流。为此,我们提出了一种多模态 MTCM 方法来系统地学习顺序和分层元数据特征。

图 6.3 所示为网络流量的表示学习架构。MTCM 基于模态学习和多模态融合技术学习多个模态。首先,学习图和语义模态,构建数据包之间的通信图,并基于图神经网络学习每个数据包的图特征向量。基于数据包元数据和有效负载的预处理文本标记句子学习文本模态特征,并计算每个数据包的聚合句子表示,同时使用关注层来增强对按到达时间排序的本地数据包特征的上下文感知能力。其次,使用 MLP 技术为每个数据包融合多个特征向量模态,该技术自动将图和语义特征融合为降维表示。最后,使用池化运算符基于每个节点的特征计算具有图和语义特征的数据包序列的全局特征。

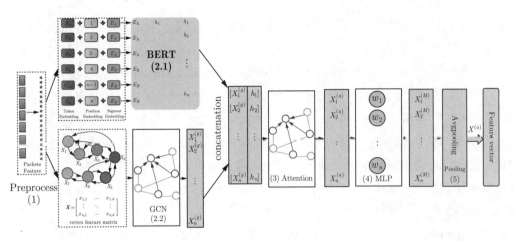

图 **6.3** 网络流量的表示学习架构

## 6.4 深度学习理论模型

### 6.4.1 图神经网络

图形可以表示为 $G = (V, E, X, y)$，其中 $V$ 表示大小为 $n$ 的节点集，$E$ 表示边缘集，$X[x_1, x_2, ..., x_n]^{\mathrm{T}}$ 是节点的特征矩阵，$y$ 是此数据包流的标签。

随着深度学习技术的不断成熟，深度学习技术已经应用到智能图分析领域，大型图学习模型已成为新型人工智能领域前沿，成功应用到网络数据挖掘、程序分析、物理建模、生物医学等领域。例如，图信号处理通过无监督学习过程将时空图数据转换为图的特征频谱域，可以分解不同图频谱下的信号特征，有助于图数据的去噪和增强；图特征分类通过有监督学习过程构建图数据分类模型，对图数据进行归纳分类；图关系预测针对图数据构建时空关系预测模型，对顶点的未来链接进行概率预测，辅助内容推荐。大型图学习模型的训练和推理逐步成熟，有望进一步拓展到国民经济和国防安全的实际领域应用。

图学习模型也被称为图神经网络（graph neural network，GNN），由输入层、隐含层、输出层等计算层组成。目前主流的 GCN 模型[12] 以 2~4 个计算层为主，新型的 GNN 模型（如 Transformer）已经发展到数百个计算层。GNN 模型的输入层和隐含层均以图的拓扑、图的顶点和边的特征向量为输入。GNN 模型的计算层主要包括图操作（graph operation）和神经元操作（neuron operation）。图操作让每个顶点收集其邻居的特征向量，施加一定的矩阵代数运算，然后更新自身的特征向量；神经元操作包括顶点集独立式操作和根据图结构集中式操作两类方式。例如，在第 $l+1$ 层，典型的顶点 $v$ 的计算过程首先对顶点 $v$ 的

邻居的第 $l$ 层特征做聚合，其结果与该层权重张量做张量积，最后用激活函数生成第 $l+1$ 层的顶点 $v$ 的隐含特征。常用的 GNN 模型的计算层包括求和、均值、池化、MLP、LSTM、softmax 等操作，图操作种类较多，通常与深度学习的算子操作融合。

GNN 模型计算复杂性来自图分析的特有特点。首先，GNN 模型的计算层交叠图操作和神经元操作，导致大量的内存访问冗余，也产生密集的函数调用，带来巨大的核启动和任务调度的开销。GNN 模型任务的不规则线程映射模式、操作间的复杂依赖关系导致传统的深度神经网络稠密张量计算优化技术难以直接应用。其次，与深度学习模型神经元操作独立应用到张量元素不同，GNN 模型的神经元操作要通过顶点-邻居聚合模式执行，即顶点收集邻居特征后才施加神经元操作，而不是简单地对张量进行约减 (reduce) 操作。由于图操作作用到边一级的粒度，发生难以预测的内存访问，GNN 模型的局部性显著下降，因此，顶点-邻居聚合模式将图结构的复杂性带到了神经元操作，导致传统的深度神经网络矩阵计算优化策略在顶点-邻居聚合模式下难以发挥效果。图操作和神经元操作的混合还需要根据图结构扩展特征矩阵，导致产生大量的数据移动。最后，图中每个顶点可以存在多种特征类型，GNN 模型的计算层特征长度也因变换操作经常发生变化，导致 GNN 模型的计算层特征长度呈现差异性，这种差异性和图操作结合后导致传统深度学习优化库无法直接应用。大模型的计算图往往结构非常庞大，需要更大规模的集群，如果对每个算子都进行探索（包括选取集群中合适的计算资源以及设计相应的混合并行方式），会带来组合空间爆炸的问题，导致寻找整个模型的最优分布式执行方案变得困难，也会产生高昂的搜索代价。

网络流量的传播具有典型的稀疏性。图数据本身通常是稀疏的，呈现出显著的社区聚类、连接度数幂律分布等特征，真实数据的稀疏度通常超过 50%，一些大规模图的稀疏度甚至超过 80%，但是随着图的规模增大，图的边数远超过顶点数，因此 GNN 模型的计算规模仍然较大。GNN 模型的全批量训练一个计算层需要遍历所有图顶点，内存开销与图顶点规模和模型的层数相关，收敛速度慢。大量研究发现，图学习模型训练的数据通信占训练过程 50%~70% 的时间。数据稀疏化通过减小图拓扑规模和图特征规模降低训练的计算和通信开销，有望显著提升图学习模型的训练效率。

图数据稀疏化可以分为降低顶点规模的点稀疏、降低边规模的边稀疏、同时降低全图顶点和边规模的图稀疏、同时降低子图的顶点和边规模的子图稀疏等方式。由于顶点和边存在关联关系，因此图数据稀疏化过程中可能会破坏不同顶点和边之间的依赖关系，产生因图结构特征损伤导致的图数据失真，以及由此导致的训练精度下降的问题。

针对网络流量的链式传播特征，本章重点关注稀疏化的线性图神经网络结构 SRC[12]，它将图形 $\boldsymbol{G}$ 作为输入，为特定任务训练预定数量的层，其中在每一层中，每个节点 $v$ 聚合邻居的特征（表示为 AGGREGATE 函数）$\boldsymbol{a}_v^{(k)} \leftarrow \text{AGGREGATE}^{(k)}(\boldsymbol{x}_u^{(k-1)} \, u \in \boldsymbol{N}_v)$，并通过与来自邻居的聚合特征相结合来更新自己的节点特征向量（表示为 COMBINE 函数）

$$\boldsymbol{x}_v^{(k)} \leftarrow \text{COMBINE}^{(k)}(\boldsymbol{x}_v^{(k-1)}, \boldsymbol{a}_v^{(k-1)})\,.$$

### 6.4.2 基于 Transformer 的双向编码表示

BERT 使用多层变压器编码器,可以看作一个完整图上的特殊图神经网络,因为它为成对节点构建了相关性。BERT 的输入是基于"句子"的标记序列,这些"句子"是任意跨度的连续文本,可以将多个句子连接在一起作为输入(由特殊标记 [SEP] 分隔)。句子的第一个标记是特殊的分类标记 [CLS]。此标记的隐藏状态用作分类任务的聚合句子表示形式。

### 6.4.3 网络流量

网络流量数据由 pcap 格式编码,这是广泛使用的原始数据包流标准格式[13]。pcap 对象由表示应用程序终节点之间交互的数据包序列组成。每个数据包的 pcap 字段由两个组合字段组成:header 字段表示此数据包的语法元数据(源/目标 IP 地址、源/目标端口、协议类型等);payload 字段表示此数据包的语义信息(应用程序数据)。

## 6.5 网络行为识别与分类关键算法

(1) 预处理步骤:创建一个固定长度的数据包有效负载向量序列,以及每个数据包可变长度的文本消息序列 [见图 6.3中标号为 (1) 的步骤]。

① 从报文流到图结构特征:用于一般数据包级交互的数据包图模型如图 6.4所示。首先,由于 UDP 数据包不带有数据包关联的提示,因此对于 UDP 数据包流构建一个数据包链图,其中每个边链接序列中的相邻数据包。其次,对于 TCP 数据包流,不仅为连续数据包添加相邻边,还为滑动窗口方案中确认的那些数据包添加链路边。使用 TCP 携带的标记建立两点之间的边缘:$\text{seq}_n = \text{seq}_{n-1} + \text{length}_{n-1}$ 和 $\text{ack}_n = \text{seq}_{n-1} + \text{length}_{n-1}$,其中 $\text{seq}_n$ 表示第 $n$ 个数据包中 seq 标志位的值,$\text{length}_{n-1}$ 表示第 $n-1$ 个数据包的长度。

②从层次化报文数据到文本消息编码:网络流量嵌入了丰富的语义。通过协议标头解码来解码数据包元数据和有效负载的层次结构表示,例如 Wireshark ①。报文到文本的转换过程如图 6.5所示。由于数据包在每个路由跃点上改变其物理层标头,并且可能会更改中间盒的 IP 地址,因此使用传输层的元数据和应用程序有效负载进行流量分类。于是,流中的每个数据包都转换为一个句子,其中 [CLS] 位于头部,[SEP] 位于尾部,该句子完全编码每个数据包的分层元数据和有效负载。

---

① https://www.wireshark.org

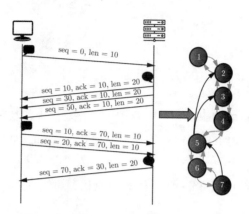

图 6.4　网络流量报文转换为图结构

```
Frame 1: 54 bytes on wire (432 bits), 54 bytes captured (432 bits)
    Encapsulation type: Ethernet (1)
    Arrival Time: Aug 24, 2020 16:39:22.337575000 CST
    [Time shift for this packet: 0.000000000 seconds]
    Epoch Time: 1598258362.337575000 seconds
    [Time delta from previous captured frame: 0.000000000 seconds]
    [Time delta from previous displayed frame: 0.000000000 seconds]
    [Time since reference or first frame: 0.000000000 seconds]
    Frame Number: 1
    Frame Length: 54 bytes (432 bits)
    Capture Length: 54 bytes (432 bits)
    [Frame is marked: False]
    [Frame is ignored: False]
    [Protocols in frame: eth:ethertype:ip:tcp]
Ethernet II, Src: Private_00:00:01 (00:01:01:00:00:01), Dst: Private_00:00:02 (00:01:01:00:00:02)
    Destination: Private_00:00:02 (00:01:01:00:00:02)
        Address: Private_00:00:02 (00:01:01:00:00:02)
        .... ..0. .... .... .... .... = LG bit: Globally unique address (factory default)
        .... ...0 .... .... .... .... = IG bit: Individual address (unicast)
    Source: Private_00:00:01 (00:01:01:00:00:01)
        Address: Private_00:00:01 (00:01:01:00:00:01)
        .... ..0. .... .... .... .... = LG bit: Globally unique address (factory default)
        .... ...0 .... .... .... .... = IG bit: Individual address (unicast)
    Type: IPv4 (0x0800)
```

图 6.5　报文到文本的转换过程

(2) **模态学习步骤**：核心需求是从数据包流中有效地提取不同的模式。通过预先训练的 BERT 和 GNN 提出了一种自适应方法，以满足这一具有挑战性的要求。

① **基于 BERT 的语义学习** (见图 6.6)：为获取在分层数据包元数据中编码的文本特征，需要自适应上下文感知嵌入。选择 BERT 来提取每个数据包的特征向量。由于文本特征与原始数据包有效负载不同，因此使用训练集预训练 BERT。预训练步骤提高了 MTCM 的收敛速度。使用子词分词器来预处理每个数据包的句子消息，并将其提供给预先训练的 BERT。使用特殊令牌 $[MATHRMCLS]$ 的隐藏状态作为数据包的聚合表示形式。与非上下文感知嵌入方法 Word2Vec[14] 相比，上下文感知文本特征提取方法在分类方面要准确得多。

② **图结构特征学习**：[见图 6.3中标号为 (2.2) 的步骤] 基于图神经网络对图中的多层邻

域进行双向逐层聚合选择 GNN 来适应分组图中的因果关系。

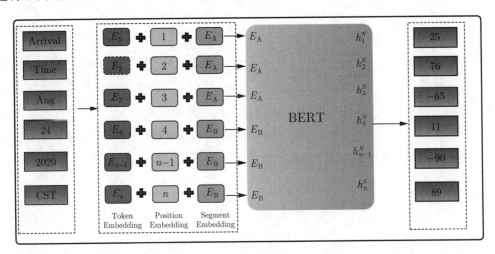

图 6.6 基于 BERT 的报文文本特征抽取

与预训练的 BERT 模块不同，GNN 部分与以下模块一起训练，因为输入数据包有效载荷直接用作 GNN 的输入特征。由于大多数数据包序列的链结构，图神经网络应最大限度地适应图线性。在测试了图形神经元（包括 GCN[15]、GAT[16]、SGC[17]、TAG[18]）的平均准确率后，可知 SGC[17] 具有最高的精度，因为它故意放松非线性激活。

构建一个两层 GNN：$\boldsymbol{X}^{(k)} = \mathrm{ReLU}(\boldsymbol{SX}\boldsymbol{\theta}^{(k)})$ 和 $\boldsymbol{X}^{(k+1)} = \mathrm{ReLU}(\boldsymbol{SX}^{(k)}\boldsymbol{\theta}^{(k+1)})$，其中 ReLU 是激活函数，$\boldsymbol{S}$ 表示图的规范化邻接矩阵，$\boldsymbol{\theta}^{(k)}$ 和 $\boldsymbol{\theta}^{(k+1)}$ 是权重参数矩阵。权重矩阵的维度是每个数据包的特征向量的维度，与图中的数据包数量无关。

③ **注意力学习**：不同的数据包可能具有不同的重要性。因此，使用注意力权重调整多模态特征。这里使用图注意力运算符 GAT[16] [见图 6.3中标号为 (3) 的步骤] 来自动调整特征的串联图和文本模态。

(3) **多模态特征融合**：为了自动融合分类任务的多模态特征，一种简单的方法是连接两个模态，但是，它与目标数量的分类类别不兼容。通过 MLP [见图 6.3中标号为 (4) 的步骤] 自动融合数据包级特征向量，因为 MLP 足够灵活，所以可以减少分类类别的数量，并为分类任务充分权衡不同的特征维度。

(4) **网络流量分类模块**：为了归纳表示整个流的特征向量，构建一个池化层 [见图 6.3中标号为 (5) 的步骤]，计算所有数据包的特征向量的算术平均值。平均运算符为输入特征向量产生一个无偏估计器，并减少单个条目的方差。

最后，用全连接层和 softmax 函数 $\mathrm{hat}Z = \mathrm{softmax}\left(\boldsymbol{W}^{(a)\mathrm{T}}\boldsymbol{X}^{(a)} + b^{(a)}\right)$ 计算分类结果。

使用逻辑回归函数来计算预测标签和实际标签之间的损失值，并使用 Adam 优化器最小化损失函数。样本批次训练大小默认设置为 32，最大训练轮数为 400。MTCM 在 50~70 轮中收敛。相对于模型参数，训练时间平均为 34 min。

## 6.6 模型复杂性分析

模型参数的数量 $W_{DL}$ 涉及预先训练的 BERT 和 GNN。在 BERT 模块中,将模型的输出特征维度设置为 $k$ 流量类别的数量。在 GNN 模块中,将特征向量的输入维度设置为 1 500,方法是向较小的数据包填充零或从较大的数据包中截断位,并将 GNN 模块的输出设置为 64。MLP 层有一个隐藏层,输入维度为 $64+k$,输出维度为 $k$,隐藏神经元数量为 50。激活函数基于 ReLU。这些参数基于网格搜索,因为空间限制而被省略。

## 6.7 网络行为识别与分类效果评估

使用三个流量数据集测试性能,包括具有正常流量的应用程序数据集、具有一些安全相关流量的恶意数据集以及具有屏蔽流量的加密数据集。三个数据集的特征如表6.1所示。对于恶意数据集和加密数据集,会将它们收集在大型网络安全测试平台中。根据商业流量模拟产品 "cyberflood"① 中的流量模板注入应用程序和恶意流量,被动收集每个流量模板,然后通过拆分每个流量模板的 TCP 流片段来获取基于 Wireshark 的流量会话。加密数据集基于 ISCX[19]。

表 6.1 数据集特征

| 数据集 | 报文长度 | 大小 | 类别数目 |
|---|---|---|---|
| Application | 857 | 870MB | 41 |
| Malicious | 777 | 76MB | 5 |
| Encrypted | 127 | 1.2GB | 11 |

**实验设置**:由于大多数流量分类方法是单模态的,因此专注于使用最先进的方法进行评估,包括两种基于 CNN 的流量分类方法:1D-CNN[9] 和 Deep Packet[20],一种基于 RNN 的分类方法[21] FlowPic 和一种基于 BERT 的深度学习方法 ETBERT[11]。ET-BERT 从大规模未标记数据中预训练深度上下文数据报级流量表示,并使用特定于任务的标记数据进行微调。此外,为了测试 BERT 是否有助于 MTCM,添加 MTCM 的基线变体,称为 W2V。W2V 使用经典的 Word2Vec[14] 来提取每个数据包的文本特征。

---

① https://www.spirent.com/products/cyberflood

测试指标：为了比较分类器的性能，使用 4 个指标，即 Recall(Rc)、Precision(Pr)、Accuracy (Acc) 和 $F1$，其中 $Rc = \frac{TP}{TP+FN}$，$Pr = \frac{TP}{TP+FP}$，$Acc = \frac{TP+FN}{TP+FN+TN+FP}$，$F1 = 2\ast\frac{Pr\ast Rc}{Pr+Rc}$，TP、FP、FN 和 TN 代表真阳性、假阳性、假阴性和真阴性。标准差 (SD) 用于指示模型在对每种类型的流量进行分类时的稳定性。

测试结果：将 MTCM 与三个数据集上的 5 种最先进的方法进行比较，每组实验中的原始流数据将使用相同的预处理过程。在计算每种方法的准确率、平均 $F1$ 分数、平均精度、平均召回率后可知，MTCM 在三个数据集上都获得了最佳的分类性能 (见表 6.2)。MTCM 具有最高的准确率和平均召回率，1D-CNN 和 Deep Packet 在加密数据集上的精度和平均 $F1$ 分数仅略高于 MTCM。总之，MTCM 对于所有类别的流量数据集来说都更加健壮和稳定。

表 6.2　网络流量分类对比结果

| 方法 | Application | | | | Malicious | | | | Encrypted | | | |
|---|---|---|---|---|---|---|---|---|---|---|---|---|
| | Acc | Rc | Pr | $F1$ | Acc | Rc | Pr | $F1$ | Acc | Rc | Pr | $F1$ |
| MTCM | **92.2%** | **92%** | **93%** | **92%** | **98.7%** | **90.1%** | **96%** | **94%** | **98.7%** | **93.2%** | 92% | 89.9% |
| ETBERT | 86.3% | 84.3% | 85.1% | 84.2% | 98.1% | 87.9% | 95.6% | 90.8% | 96% | 85.1% | 89.3% | 77.5% |
| W2V | 85.7% | 83% | 84% | 88% | 96.6% | 84% | 94% | 90% | 96% | 80% | 90% | 86.4% |
| 1D-CNN | 64% | 42% | 46% | 46% | 96% | 88% | 95% | 91% | 98% | 91% | **93%** | 77% |
| Deep Packet | 58% | 66% | 43% | 46% | 61% | 72% | 66% | 68% | 98% | 88% | 86% | **97%** |
| FlowPic | 66% | 34% | 30% | 30% | 66% | 41% | 43% | 42% | 92% | 68% | 71% | 67% |

消融实验：基于 MTCM 中两个关键模块的应用数据集进行消融实验。如图6.7 所示，单独基于 BERT 的在准确率方面达到 82%，而单独基于图神经网络模型的达到 87%。结合两个模块以及注意力机制，将准确率提高到 92.2%。总之，结合图形和文本功能有助于克服单个模态的精度限制。

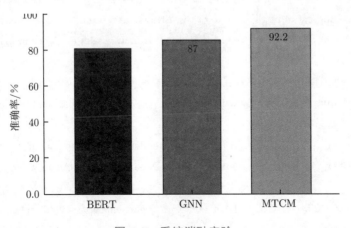

图 6.7　系统消融实验

## 6.8 本章小结

本章提出了一种上下文感知网络流量表示学习模型和流量分类方法，通过对数据包序列的自动多模态特征提取和融合来提高上下文感知能力。实验结果表明，多模态的方式有效提高了预测性能。

## 参考文献

[1]    KARAKUS M, DURRESI A.  Quality of service (QoS) in software defined networking (SDN): A survey[J].  Journal of Network and Computer Applications, 2017, 80:200-218.

[2]    ZHAO J J, JING X Y, YAN Z, et al.  Network traffic classification for data fusion: A survey [J].  Information Fusion, 2021, 72(1):22-47.

[3]    MADHUKAR A, WILLIAMSON C L.  A longitudinal study of P2P traffic classification[C] Proc. of the 14th International Symposium on Modeling, Analysis, and Simulation of Computer and Telecommunication Systems, 2006: 179-188.

[4]    SEN S, SPATSCHECK O, WANG D.  Accurate, scalable in-network identification of P2P traffic using application signatures[C] Proc. of the International Conference on World Wide Web. 2004: 512-521.

[5]    LASHKARI A H, GIL D G, MAMUN M, et al.  Characterization of tor traffic using time based features[C] Proc.of the International Conference on Information Systems Security and Privacy, 2017: 253-262.

[6]    DEVLIN J, CHANG W M, LEE K, et al.  BERT: Pre-training of deep bidirectional transformers for language understanding[C]  Proc. of the 2019 Conference of the North American Chapter of the Association for Computational Linguistics: Human Language Technologies, 2019, 1: 4171-4186.

[7]    DONG Y, CORDONNIER J B, LOUKAS A.  Attention is not all you need: Pure attention loses rank doubly exponentially with depth[C]Proc. of the International Conference on Machine Learning, 2021, 139. 2793-2803.

[8]    XIAO X, XIAO W T, LI R, et al.  Ebsnn: Extended byte segment neural network for network traffic classification[J].  IEEE Transactions on Dependable and Secure Computing, 2021: 3521-3538.

[9]    WANG W, ZHU M, WANG J L, et al.  End-to-end encrypted traffic classification with one-dimensional convolution neural networks[C] Proc. of the 2017 IEEE International Conference on Intelligence and Security Informatics, 2017: 43-48.

[10] WANG W, ZHU M, ZENG X W, et al. Malware traffic classification using convolutional neural network for representation learning[C]Proc. of the 2017 International Conference on Information Networking 2017: 712-717.

[11] LIN X J, XIONG G, GOU G P, et al. Et-bert: A contextualized datagram representation with pre-training transformers for encrypted traffic classification[C]Proc. of the ACM Web Conference, 2022. 633-642.

[12] MAURYA S K, LIU X, MURATA T. Graph neural networks for fast node ranking approximation[J]. ACM Transactions Knowledge Discovery from Data, 2021, 15(5):1-78.

[13] HARRIS G, RICHARDSON M. PCAP capture file format. [S]. Internet Engineering Task Force, 2021.

[14] MIKOLOV T, SUTSKEVER I, CHEN K, et al. Distributed representations of words and phrases and their compositionality[J] arXiv preprint arXiv: 1310. 4546, 2013.

[15] KIPF T N, WELLING M. Semi-supervised classification with graph convolutional networks [J]. arXiv preprint arXiv:1609.02907, 2016.

[16] VELIČKOVIĆ P, CUCURULL G, CASANOVA A, et al. Graph attention networks[J]. arXiv preprint arXiv:1710.10903, 2017.

[17] WU F, SOUZA A, ZHANG T, et al. Simplifying graph convolutional networks[C]. Proc. of the International Conference on Machine Learning. 2019: 6861-6871.

[18] DU J, ZHANG S H, WU G H, et al. Topology adaptive graph convolutional networks[J]. arXiv preprint arXiv:1710.10370, 2017.

[19] DRAPER-GIL G, LASHKARI A H, MAMUN M S I, et al. Characterization of encrypted and vpn traffic using time-related[C]Proc. of the 2nd International Conference on Information Systems Security and Privacy, 2017: 407-414.

[20] LOTFOLLAHI M, SIAVOSHANI M J, ZADE R S H, et al. Deep packet: A novel approach for encrypted traffic classification using deep learning[J]. Soft Computing, 2020, 24(3): 1999-2012.

[21] SHAPIRA T, SHAVITT Y. Flowpic: A generic representation for encrypted traffic classification and applications identification[J]. IEEE Transactions on Network and Service Management, 2021, 18(2): 1218-1232.

# 第 7 章

# 网络行为的全域预测

网络是大规模失效或离线的最大源头，因为网络连接了大规模的计算和存储。网络的失效大部分会产生级联效应，造成大规模的失效事故。为了提高对端应用和组件、多节点通信模式的可见性，数据中心不仅需要高性能、低延迟，网络性能和性能的可预测性也至关重要，尤其是针对高度变化和突发的通信模式要保持可预测性和隔离，支持动态实时的控制反馈，通过优化分配带宽和限速来保障实时应用的服务质量。

网络测量的宏观需求是对目标网络实现时间和空间尺度的全面覆盖。一方面，网络测量的服务对象通常需要多种背景网络行为的性能参数，提供单一的网络性能预测已经不能满足网络应用的需求；另一方面，由于需要测量的节点数目往往较多，直接测量相关节点对之间的网络性能可扩展性较低，不能适应大规模、分布式的网络环境需求。

## 7.1 网络行为全域预测介绍

本章关注可扩展、精确的层次值测量问题，以精确地反映节点间对称或者非对称的邻近性。此处层次值为离散的正整数，随着层次值的增大，对应的网络性能逐渐降低，例如高双向延迟、较高的丢包率或较低的带宽等。一方面，由于用户机器可能动态地加入或者退出网络应用，因此显式地构建邻近性拓扑因较高的维护开销而难以适应动态的节点集合。另一方面，希望测量出非对称网络性能的差异性，以辅助网络性能诊断需求。

基于上述需求，直接预测节点间的层次值，实现隐式的拓扑分解预测，同时利用非对称的层次值维护网络性能的非对称性，这里提出一个分布式的层次测量方法 (hierarchical performance measurements，HPM)。HPM 能够分布式地测量大规模节点间的任意网络性能度量的层次值。理论上，HPM 可以设定任意大小的层次数目，因此，HPM 能够灵活地反映网络性能度量的结构化特征。实际应用中的层次数目取决于网络应用的性能测量需求。模拟测试以及 PlanetLab 的实际部署实验显示，HPM 能够对不同类型的网络性能度量计算近似最优的层次值，并且层次值与实际的网络性能数值匹配度显著得优于其他测量方法。最后利用多个典型的网络性能优化应用证实了层次值的可用性。

## 7.2 网络坐标系统和网络延迟矩阵补全

网络延迟是最为重要的网络性能指标。双向网络延迟 (RTT) 是一个累加指标，其中许多因素会影响成对延迟，例如传播延迟、传输延迟、排队延迟、异常和噪声。由于互联网结构的核心存在许多冗余互联网路径，许多路由路径共享一段子路径，这意味着这些重叠路由路径的网络延迟是相关的，因此传播延迟、传输延迟和排队延迟可能较低。因为高延迟通常是由暂时性拥塞引起的，所以异常可能很少。测量噪声在任何实际测量中都很普遍。

此外，并非所有延迟分量都是相等的。在轻负载路由路径中，传播延迟占主要部分。对于重负载路径，排队延迟和处理延迟可能与传播延迟相当。而对于低带宽环境，传输延迟也可能很高。噪声分量变化很大，具体取决于网络负载和设备条件。可采用这种非一致性属性来简化延迟模型的优化。

可以将一个用户的服务延迟分解为：服务延迟 = 用户本地延迟 + 网络延迟 + 服务器延迟。其中，用户本地延迟定义为数据包从操作系统缓存队列到发送至物理网卡出口队列的延迟，取决于本地机器的 CPU 负载、网卡处理速度等；网络延迟定义为从用户发出数据包到服务器以及从服务器发出数据包到用户的延迟代数和；服务器延迟定义为数据包从服务器的物理网卡入口队列到被服务器操作系统处理的延迟。

一方面，由于受到不同类型的操作系统以及物理设备的影响，用户本地延迟和服务器延迟难以精确建模。另一方面，用户本地延迟与服务器延迟均取决于操作系统调度延迟，远低于广域网的网络延迟 (毫秒量级)。因此为便于问题分析，假定用户本地延迟和服务器延迟分别对应一个系统常数。广域网中的网络延迟受到 Internet 路由策略的复杂性影响，网络延迟呈现显著的动态性和分簇特性，即存在少量的簇，簇内节点间延迟较小，而簇间延迟较大。因此，为了最小化用户的服务延迟，需要最小化用户请求响应的网络延迟。

PingMesh[1] 提出多级主动往返延迟测量。首先，每个服务器向同一机架中的所有其他服务器发出 TCP 或 HTTP Ping 探测。然后，每个架顶式交换机充当虚拟节点，并探测同一数据中心中的所有其他架顶式交换机。最后，每个数据中心充当虚拟节点并探测所有其他数据中心。测量由中央控制器控制，微软数据中心实测发现每天发出超过 2000 亿个探测，需要新增 24 TB 的探测结果。

对于一组 $N$ 服务器，时隙中 $N$ 节点之间的成对网络距离可以表示为 $N \times N$ 矩阵 $D$。由于网络条件动态变化，成对网络距离形成矩阵序列。现有方法通常在服务器上安装测量代理并执行成对测量，成对测量需要探测数据包的二次数 $O(N^2)$ 来覆盖所有对，因此不能很好地扩展。

网络延迟矩阵可以通过坐标系统的双向距离测定。节点嵌入合成坐标系中。两个节点的成对网络延迟是使用相应的坐标距离而不是直接探测来估计的。因此，只需要用 $O(N)$ 坐标来预测 $O(N^2)$ 成对延迟。为了标定网络节点的相对位置，网络坐标方法利用互联网网络延迟呈现近似低维度的特点，赋予边缘节点虚拟几何空间中的坐标位置，并根据坐标距离表示节点之间的网络延迟值。

网络坐标系组成包括：①**坐标结构**，定义坐标系，例如欧氏空间、向量空间和双曲空间，其中欧氏空间和双曲空间假设距离是对称的，并遵循三角形不等式，这在实际部署中可能会被违反；②**优化计算**，定义如何调整坐标位置来降低预测误差，当顶点 $i$ 加入坐标系时，需要初始化其坐标位置，通常采用随机数值设置坐标，随后探测到邻居的网络延迟并获取其坐标向量，然后优化自身的坐标达到降低近似误差的效果。

$$L(\boldsymbol{x}_i) = \sum_{j \in S_i} \left\| d_{ij} - \sum_{l=1}^{r} \boldsymbol{U}_{il} \boldsymbol{V}_{jl} \right\| \tag{7.1}$$

互联网结构的核心有许多冗余的互联网路径，全局网络拓扑的层次化结构类似水母形状，因此低维度的网络坐标系是合理的。然而由于流量工程、多路径路由和部署中间设备，端到端延迟并不是严格意义上的低阶。

欧氏空间是最为常见的几何空间模型。在欧氏空间中，两个点 $(i, j)$ 间的坐标距离 $\hat{d}_{ij}$ 通过其坐标差的平方根表示，即 $\hat{d}_{ij} = \|\boldsymbol{X}_i - \boldsymbol{X}_j\|$，$\boldsymbol{X}_i = (x_1, x_2, \cdots, x_l)$。然而，由于欧氏空间假定三角不等性成立，欧氏空间难以精确地建模真实的网络延迟空间。为了提高欧氏空间与网络延迟空间的匹配度，Vivaldi 坐标系统[2] 增加了高度的欧氏空间。每个点的坐标表示为 $\boldsymbol{X}_i = (x_1, x_2, \cdots, x_l, x_h)$，其中，标量 $x_h$ 代表一个高度值，用以模拟互联网接入链路的延迟。两个节点间的坐标距离通过坐标差的平方根以及两个高度值的代数和表示。

双曲空间因能够表示互联网拓扑呈现中心位置包含密集的连接关系、边缘位置包含稀疏连接关系的层次拓扑关系具有更为灵活的表达能力。双曲空间中所有节点间的路径均弯向空间的原点，形成了中间密集、边缘稀疏的拓扑结构。BBS 网络坐标方法[3] 利用最为常见的双曲面模型（hyperboloid model）计算节点之间的网络延迟。所有节点位于双曲面的上半面（upper sheet）。一个 $l$ 维双曲空间的节点集合表示为

$$S^n = \{x : x_1^2 + x_2^2 + \cdots + x_l^2 - \boldsymbol{X}_{l+1}^2 = -1\}c = \left(x_1, x_2, \cdots, x_l, \sqrt{1 + \sum_{i=1}^{l+1} x_i^2}\right)$$

其中，$\boldsymbol{X}_{l+1} = \sqrt{1 + \sum_{i=1}^{l+1} x_i^2}$。双曲空间中两个节点 $x$ 与 $y$ 的距离表示为

$$\hat{d}_{ij} = d_{xy}^H \times |k|$$

其中，$k$ 代表双曲空间的弯曲度，$d_{xy}^H$ 代表两个节点 $x$ 与 $y$ 的双曲距离。

$$d_{xy}^H = \arccos h \left( \sqrt{\left(1 + \sum_{i=1}^{l} \boldsymbol{X}_i^2\right)} \sqrt{\left(1 + \sum_{i=1}^{l} \boldsymbol{Y}_i^2\right)} - \sum_{i=1}^{l} x_i y_i \right)$$

然而，双曲空间假设三角不等性条件成立，无法反映呈现三角不等性违例的真实网络延迟特征。

球面空间能够近似地球球体的曲面，适应互联网有线拓扑沿地球表面搭建的特征。在球面坐标空间中，一个点的坐标通过经度和纬度表示，即 $\boldsymbol{X}_i = (\phi_i, \lambda_i)$，其中，$\phi_i$ 代表节点 $i$ 到北极点的纬度距离 (以弧度来表示)，$\lambda_i$ 代表节点 $i$ 的经度，而网络距离通过二者的球面坐标计算：

$$\hat{d}_{ij} = \arccos \cos \phi_i \cos \phi_j + \sin \phi_i \sin \phi_j \cos(\lambda_i - \lambda_j)$$

球面空间假设三角不等性成立，难以精确地反映网络延迟空间的三角不等性违例特征。此外，广域网中节点间的地理距离与网络延迟的相关性较弱，导致球面空间并不能真实地反映网络延迟空间的内在特征。

向量空间通过向量的内积表示节点间的距离，并且不要求距离计算公式满足三角不等性或者对称性条件，能够适应真实的网络延迟空间特征。矩阵分解方法假定 RTT 指标由双因子低秩矩阵分解表示：

$$\hat{d} = \boldsymbol{X}\boldsymbol{Y}^{\mathrm{T}} \tag{7.2}$$

其中，$\boldsymbol{X} \in \mathbf{R}^{N \times r}$，$\boldsymbol{Y} \in \mathbf{R}^{N \times r}$。第 $i$ 个行向量 $\boldsymbol{X}_{i*}$ 和 $\boldsymbol{Y}_{i*}$ 对应顶点 $i$ 的向量坐标。向量空间可以表示非对称的网络距离，通过为每个节点赋予两组坐标，将同一个节点对的两个方向的网络延迟利用两组不同的坐标内积表示：一个点 $i$ 的两组坐标表示为 $\boldsymbol{X}_i, \boldsymbol{Y}_i$，则点 $i$ 到点 $j$ 的坐标距离表示为

$$\hat{d}_{ij} = \boldsymbol{X}_i \cdot \boldsymbol{X}_j, \hat{d}_{ji} = \boldsymbol{X}_j \cdot \boldsymbol{X}_i$$

设 $\boldsymbol{D}$ 代表双向延迟矩阵，$\boldsymbol{D}_p$ 代表双向传播延迟矩阵，$\boldsymbol{D}_q$ 代表双向队列延迟矩阵，$\boldsymbol{D}_t$ 代表双向传输延迟矩阵，$\boldsymbol{D}_E$ 代表噪声，则 $\boldsymbol{D}$ 可分解为

$$\boldsymbol{D} = \boldsymbol{D}_p + \boldsymbol{D}_q + \boldsymbol{D}_t + \boldsymbol{D}_E \tag{7.3}$$

网络延迟空间的统计特征对网络坐标系统的精确度和效率产生了深刻影响：稳态性有利于降低网络延迟测量开销；低维度有利于设计高效的网络坐标方法和网络邻近度估计方法；三角不等性违例降低了基于度量空间假设的网络延迟测量方法的精确度；分簇特征既是已有分布式分簇方法的基础，又缩小了逻辑邻居在网络延迟空间中的覆盖范围，导致分布式网络邻近度估计因无法发现与目标节点更近的逻辑邻居而提前终止于局部最优的节点。

因此网络延迟测量需要尽可能地选择适应网络延迟空间特征的数学模型 (例如低度量模型、向量空间模型) 来测量节点之间的网络延迟或者网络邻近度。

网络坐标的计算包括集中式和分布式两类。基于地标的网络坐标方法预先设定静态的地标节点，首先计算地标节点的网络坐标，然后根据地标节点的坐标位置计算非地标节点的坐标。基于分布计算的网络坐标方法随机选择逻辑邻居，然后定期地根据到逻辑邻居的网络延迟调整坐标，避免了性能瓶颈，并且允许节点动态地加入或者退出系统，因此适应大规模、能力受限的互联网用户。

网络坐标计算方法定义了网络坐标的优化目标函数，设计了坐标迭代更新的算法。已有的网络坐标计算方法根据目标函数优化类型可以分为多维缩放方法、矩阵分解方法、物理系统模拟方法和相对坐标方法等。

多维缩放 (multidimensional scaling) 方法通过非线性优化方法最小化欧氏坐标距离与实际距离的误差，在机器学习、计算机图形学、计算机网络和生物信息学等领域得到了广泛应用。2002 年 T.S.Eugene Ng 等[4] 提出的 GNP 网络坐标方法最早将多维缩放方法引入网络延迟测量领域。GNP 选择 $n_l$ 个节点作为地标节点 (标记为 $S_{n_l}$)，并将其余的 $(N - n_l)$ 个节点作为普通用户点。GNP 方法首先定义地标节点坐标计算的目标函数：

$$\text{loss} = \sum_{L_i, L_j \in S_{n_l}} (d_{L_i L_j} - \hat{d}_{L_i L_j})^2$$

GNP 方法采取单纯形下山法 (simplex downhill) 求解地标节点的坐标优化目标函数。对于非地标节点 $H_h$，GNP 方法根据非地标节点与地标节点的计算误差定义非地标节点坐标计算的目标函数：

$$\text{loss} = \sum_{L_j \in S_{n_l}} (d_{H_h L_j} - \hat{d}_{H_h L_j})^2$$

GNP 方法的地标节点容易产生性能瓶颈和单点失效问题。此外，地标节点的坐标误差将传播到所有的非地标节点，产生了误差累积放大效应。为了提高 GNP 方法的可扩展性，NPS[4] 分布式地选择系统中的节点作为地标节点，避免了集中式地标节点的性能瓶颈问题。然而 NPS 或者 PIC 坐标的初始化误差将随着坐标更新过程传播到其他节点，因此这些坐标方法存在误差累积放大效应。多维缩放方法易于实现，然而由于假设三角不等性成立，因此与网络延迟空间的真实特征并不一致；并且坐标计算过程容易产生误差累积放大效应，降低了网络延迟测量结果的精确度。

矩阵分解 (matrix factorization) 方法利用低秩的矩阵乘积计算节点之间的网络延迟，能够适应网络延迟空间的三角不等性违例，得到了研究者的广泛关注。IDES[5] 首次提出了矩阵分解方法。每个节点 $i$ 具有一个入向量 $\boldsymbol{X}_i^{\text{in}}$ 和一个出向量 $\boldsymbol{X}_i^{\text{out}}$，节点 $i$ 到节点 $j$ 的网络延迟表示为 $\hat{d}_{ij} = \boldsymbol{X}_i^{\text{in}} \cdot \boldsymbol{X}_j^{\text{out}}$。IDES 选择一组地标节点，利用奇异值分解 (SVD) 方法[6] 为地标节点计算出向量和入向量。IDES 基于最小二乘法 (least square method) 为非地标节点计算网络坐标：

$$\boldsymbol{X}_i^{\mathrm{in}} = \arg\min \sum_{L_j \in S_{n_l}} \left( d_{L_j,i} - \boldsymbol{X}_{L_j}^{\mathrm{out}} \cdot \boldsymbol{X}_i^{\mathrm{in}} \right)^2$$

$$\boldsymbol{X}_i^{\mathrm{out}} = \arg\min \sum_{L_j \in S_{n_l}} \left( d_{i,L_j} - \boldsymbol{X}_i^{\mathrm{out}} \cdot \boldsymbol{X}_{L_j}^{\mathrm{in}} \right)^2$$

IDES 的集中式地标节点降低了其可扩展性，并且 IDES 地标节点的坐标误差传播到了非地标节点的坐标计算过程。为了提高矩阵分解方法的可扩展性，DMF 方法[7] 让每个节点随机采样一组逻辑邻居，并分布式地更新每个节点的网络坐标位置。每个节点基于最小二乘法计算网络坐标。然而，DMF 节点的网络坐标误差通过逻辑邻居关系在整个系统传播，因此 DMF 方法也产生了误差累积放大问题。Phoenix[8] 让最先加入系统的少量节点作为后续加入的节点的地标，为每个逻辑邻居引入了一个权值参数来表示逻辑邻居坐标的精确度，并通过启发式规则计算权值。在坐标更新时，每个节点利用权值调整各个逻辑邻居的坐标对计算结果的影响程度，从而降低了矩阵分解过程的误差累积放大效应。基于矩阵分解的网络坐标方法通过向量空间计算节点之间的网络延迟，不受三角不等性违例的干扰，能够更为真实地表示节点之间的网络延迟。然而，已有的矩阵分解方法不同程度地存在误差累积放大效应，降低了测量结果的精确度。

物理系统模拟方法借鉴了物理系统的力场理论，将节点视为物理系统的粒子，并将网络延迟视为粒子处于稳态时的力场强度。为了计算稳态的坐标，这种方法通过调整粒子位置使得粒子间的力场收敛到稳定的状态。BBS 方法[3] 基于粒子势能力场建模网络延迟，具有欧氏空间或者双曲空间两类坐标结构。BBS 方法首先将每个坐标初始化为原点位置，然后通过粒子力场的吸引和排斥两类作用力调整节点的网络坐标，直至稳定的状态：每个节点沿着降低系统势能的切线方向迭代地移动，达到降低系统力场势能的目的，使得整个系统在计算结束时接近最小化势能的稳态点。为了避免网络坐标移动速度过快导致整体坐标不稳定，BBS 方法还引入摩擦力调整坐标移动速度。然而，BBS 方法是集中式的，难以适应分布式的节点集合。BBS 方法中仍然存在误差累积放大效应。Vivaldi[2] 基于弹簧力场建模网络延迟空间，将网络延迟作为稳态情况下的弹簧力，并根据弹力迭代地更新坐标。此外，为了降低误差累积放大效应的不利影响，Vivaldi 利用权值修正坐标移动的幅度：

$$\delta_i = c_c \frac{e_i}{e_i + e_j}$$

其中，$e_i$ 和 $e_j$ 分别代表节点 $i$ 和节点 $j$ 的坐标误差。每个节点根据一个逻辑邻居的网络坐标位置以及与节点的网络延迟测量误差即可更新本节点的坐标位置：

$$\boldsymbol{X}_i = \boldsymbol{X}_i + \delta_i(d_{ij} - \hat{d}_{ij}) \cdot u(\boldsymbol{X}_i - \boldsymbol{X}_j)$$

其中，$u(\boldsymbol{X}_i - \boldsymbol{X}_j)$ 代表坐标移动方向。为了提高 Vivaldi 适应三角不等性违例的能力，G. H. Wang 等[9] 提出了基于三角不等性违例检验的 Vivaldi 坐标优化方法。在检测三角不等性违例时，方法首先计算本节点与其他节点的坐标误差，如果该误差值超过预设的阈值，那么方法认为该节点产生了三角不等性违例，并避免采用该节点作为坐标计算过程的逻辑邻居。为了提高 Vivaldi 的精确度，Htrae[10] 基于球面坐标方法下的弹簧力场模拟网络延迟，并根据每个节点的地理位置初始化其网络坐标。Htrae 的计算过程和 Vivaldi 相似，通过弹簧力场逐步地调整每个节点的坐标。Htrae 在保持简单易用的优势的同时也面临着与 Vivaldi 类似的不足。基于物理系统模拟的网络坐标方法通过逐步地降低系统能量来提高坐标的精确度，具有直观的物理含义。然而，方法受到坐标误差累积放大效应的不利影响，其精确度有待进一步提高。

相对坐标方法根据一个节点与一组地标节点的距离构建相对坐标位置，不同节点的相对坐标计算过程互不干扰，因此坐标计算过程不会造成误差累积放大效应。S. M. Hotz[11] 在 1994 年研究人工智能领域的 A* 启发式算法问题时，提出了基于相对坐标的网络路径跳步数计算方法，面向任意两个顶点 $H_i$ 和 $H_j$，在一组地标顶点集合 $\{L_k, k \in [1, n_l]\}$ 下，根据三角不等性假设得到了网络跳步数的下界和上界：

$$d_{\mathrm{L}} = \max\{|d_{H_i L_k} - d_{H_j L_k}|, k \in [1, n_l]\}$$

$$d_{\mathrm{U}} = \min\{|d_{H_i L_k} + d_{H_j L_k}|, k \in [1, n_l]\}$$

J. D. Guyton 和 M. F. Schwartz[12] 根据 S. M. Hotz 的研究基于上界和下界平均值计算节点间的网络延迟，受到网络延迟三角不等性违例的不利影响，难以保证网络延迟测量结果的精确度。为了适应三角不等性违例现象，Non-metric Vivaldi[13] 利用相对坐标的 min-plus 距离，计算节点间的网络延迟，并且根据 Vivaldi 网络坐标方法逐步地优化相对坐标的位置。

$$f(\boldsymbol{X}_i(k) - \boldsymbol{X}_j(k)) = \min_{k=1 \rightarrow l} (\boldsymbol{X}_i(k) + \boldsymbol{X}_j(k))$$

相对坐标方法的计算开销较低，适用于大规模、能力受限的节点集合，能够避免坐标误差累积放大问题，因此是一种理想的网络坐标计算方法。然而，由于网络延迟空间存在三角不等性违例现象，基于三角不等性假设的相对坐标距离计算方法精确度较低。

## 7.3 通用网络距离矩阵补全

图7.1给出了几类典型的网络应用性能优化需求。在文件备份应用中 (如 Wuala)，用户需要及时地将更新的文件发送到文件备份服务器，使得该用户或者其他对该文件感兴趣的用户能够迅速看到更新后的文件。由于文件传输受到网络带宽、丢包率的显著影响，文件备份提供商迫切需要避免低带宽、高丢包率的低效率传输会话。在网络游戏应用 (如 Halo)

中，用户的游戏体验与游戏数据传输的网络延迟、丢包率等密切相关，游戏提供商迫切需要降低用户间的网络延迟、丢包率，以提供流畅的游戏体验。因此，本节关注如何可扩展地预测不同类型的网络性能度量，例如双向往返时间 (RTT)、丢包率 (loss)、网络带宽等，即通用的网络距离预测问题。

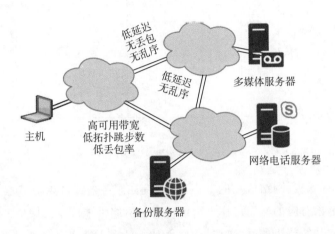

图 7.1　基于不同的网络性能指标进行网络应用性能优化的实例

由于大多数拓扑分解方式的基本思想与层次化聚类类似，首先给出一个层次化聚类的实例来说明相对值测量的基本过程。给定 5 个地理分布的机器 $A$、$B$、$C$、$D$、$E$，机器间的端到端带宽通过一个带宽矩阵 $D$ 表示 (单位为 Mb/s)：

$$
D = \begin{bmatrix}
0 & 0.125 & 0.125 & 0.125 & 0.125 \\
0.125 & 0 & 0.125 & 0.125 & 0.125 \\
1 & 1 & 0 & 1 & 1 \\
1 & 1 & 1 & 0 & 1 \\
1 & 1 & 8 & 8 & 0
\end{bmatrix}
$$

第 $i$ 个行向量对应第 $i$ 个机器到其余节点的带宽 (为便于表述，对角线元素设定为零)。该带宽矩阵为非对称的，这是由于受到接入网络的服务协议影响，不同机器的上传和下载带宽可能存在较大差异。对矩阵 $D$ 进行层次化聚类，结果如图7.2所示。两个节点间的层次值表示为它们在图中的最低共同祖先 (least common ancestors) 所在的高度，例如，$C$、$D$、$E$ 被聚到一个簇，它们之间的层次值为 1。类似地，$A$ 和 $B$ 被分到不同的簇，对应的层次值为 2。尽管层次化聚类具有较好的直观性，然而其结果并没有严格地维护带宽的非对称特征。例如，$C$ 与 $E$ 或者 $A$ 与 $E$ 的两个方向的带宽相差 8 倍，然而聚类结果并不能反映上述带宽差异。

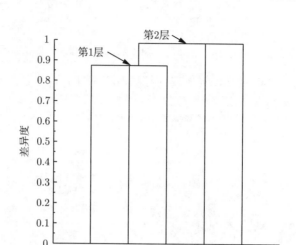

图 7.2　对矩阵 $D$ 进行层次化聚类的结果

给定一组参与不同类型网络应用的节点集合 (例如服务器或者用户节点), 这些节点可能动态地加入或者退出对应的网络应用。给定任意的网络性能度量, 每个节点能够利用已有的探测工具测量到其他节点的网络性能值, 例如, 延迟、带宽、丢包率等。然而, 由于节点的能力有限, 每个节点只能在一段时间间隔内探测到少量节点的网络性能。为了实现协同的层次值测量, 假定所有节点设定相同的最大层次数目, 目标是设计一个通用的底层网络性能测量工具, 能够精确地探测任意节点对之间的网络性能层次值。网络性能层次值测量需要满足三方面的设计目标。

(1) 可用性。由于层次值是离散数值, 基于层次值的网络性能优化结果可能并不是最优的, 然而测量的网络性能层次值需要满足网络应用性能优化的需要。例如, 如果需要为网络游戏应用选择结对 (matchmaking) 的邻近性用户, 使得结对后的节点网络延迟不高于影响网络游戏的延迟上限, 那么层次值测量需要能够精确地判定网络延迟是否超出了这些阈值。

(2) 可扩展性。可扩展性包含三个子方面的需求：度量可扩展性, 即测量过程需要为不同类型的网络性能度量提供层次值测量结果；用户可扩展性, 随着节点规模增大, 每个节点的测量过程的带宽开销和计算开销不能太高；查询可扩展性, 层次值查询过程不依赖特定的节点, 查询过程不会造成热点通信区域。

(3) 自适应性。一方面, 由于服务器或者用户可能动态地加入或者退出网络应用, 测量过程需要即时的用户节点之间的网络性能层次值。另一方面, 网络性能值因 Internet 路由的动态性而不断变化, 网络性能层次值也需要反映最新的网络性能状况。

在大规模、动态网络环境下测量节点间的网络性能层次值面临两方面的挑战。

(1) 如何将网络性能数值映射到最优的层次值？一个理想的层次映射过程需要将最相似的网络性能度量映射到相同的层次或者邻近的层次, 将差异较大的网络性能值映射到不同的层次。因此，需要提出一个层次映射方法实现上述目标。

(2) 如何提高层次值测量过程的可扩展性？由于节点处理能力有限，直接测量所有节点对的层次值的扩展性较低。类似网络坐标研究，可以通过坐标距离近似节点间的层次值。然而，由于层次值是离散的，直接预测最优的层次值是一个离散优化问题，计算开销较高。因此，需要提出高可扩展性的网络性能层次值测量过程。

## 7.4 矩阵补全的总体架构

本节提出了一个可扩展的分布式矩阵补全系统 HPM(hierarchical performance measurements)。假设一组分布式的节点集合运行 HPM 以获得其任意节点的任意网络性能层次值。每个节点基于低维度坐标向量独立预测到其余节点的层次值。坐标向量计算过程为全分布式的：每个节点定期探测到少量逻辑邻居的网络性能值，然后计算这些网络性能值对应的网络性能层次值，最后利用这些层次值以及逻辑邻居的坐标向量渐增地更新本节点的坐标向量。

HPM 主要包括两部分：

(1) 网络性能绝对值到层次映射过程。这里提出了一个基于 K-means 分簇方法的层次映射算法，将相似的网络性能度量映射到相同或者邻近的层次，而差异较大的网络性能度量分隔到不同的层次值。为了适应节点的动态性，基于一个分布式 K-means 分簇的方法[14] 预测 K-means 分簇的中心顶点 (称为 centroid)，并将网络性能值映射到最近的分簇中心顶点，将其层次值设定为该中心顶点在所有中心顶点的升序序列的索引数值。由于独立地为每个网络性能值赋予一个层次值，因此上述层次值预测过程可以提供非对称的层次值结果。同时，通过动态的分簇维护过程，可以适应网络性能的动态变化。映射过程能够最大化同层网络性能绝对值的相似性，使得基于层次值的性能优化过程具有较高的稳定性。

(2) 分布式层次值预测过程。这里提出了一个基于分布式矩阵分解的方法，以可扩展地预测节点间的层次值。每个节点动态地维护一个低维度的坐标向量，节点间的层次值通过坐标距离来表示。将连续的坐标距离值通过一个自适应的阈值向量映射到最优的层次值，以最大化预测层次与真实层次的匹配度。坐标更新过程基于分布式的共轭梯度优化过程，具有计算开销低，收敛速度快、并能够适应错误的测量值等优势。

基于 Java 语言实现 HPM 层次测量系统。代码实现约为 4000 行，包括逻辑邻居维护、网络性能测量、层次映射以及矩阵补全四个主要模块。图7.3 所示为 HPM 系统体系结构图。HPM 利用 J. Sommers 等[15] 提出的数据包队列方式探测端到端的网络延迟以及丢包率。每个节点定期地触发网络性能测量模块以探测距其逻辑邻居的网络性能度量，然后调用层次映射模块利用分簇中心位置计算层次值，最后利用新的层次值测量结果以及对应邻居的坐标位置更新其本节点的坐标位置。此外，每个节点在可以利用 XML RPC 的方式请求任意节点对的坐标位置，并计算相应的预测层次值。

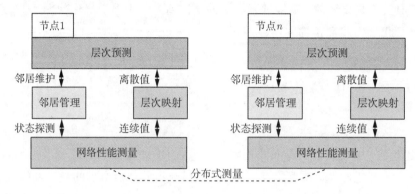

图 7.3 HPM 系统体系结构图

## 7.5 关键算法

### 7.5.1 层次聚类

网络性能分层需要考虑不同类型的网络性能度量的差异，这是由于不同类型的网络性能度量的数值范围不尽相同，例如，双向网络延迟通常位于 $[10, 1000]$ 区间 (单位为 ms)，丢包率通常位于 $[0, 0.1]$ 区间。因此，需要针对不同类型的网络性能度量分别计算网络性能分层。

一方面，层次划分需要最大化同层的网络性能度量的相似性，这样基于层次值进行网络性能优化不会因为网络性能值差异过大而出现较大的波动，即提高了性能优化的稳定性。上述最大化同层网络性能度量相似性的问题可以转换为对网络性能度量进行最优化分簇的问题，即使得相同簇内的数据项具有较高的相似度，不同簇的数据项的差异性较大。另一方面，可以按照簇内的网络性能值的范围对不同的簇进行排序，根据网络性能值所属分簇的索引位置，即可确定其分层值。这样，较大的分层值对应了较差的网络性能度量。

K-means 分簇是一类常用的分簇方法，具有分簇结果显著、计算开销低等优势。基于 K-means 分簇的方式对每一类网络性能度量进行分层划分。基于 K-means 分簇的层次划分目标函数可以表示为

$$\underset{I=\{I_l, l \in [1, L]\}}{\arg\min} \sum_{l=1}^{L} \sum_{\boldsymbol{D}_{ij} \in I_l} \left( \boldsymbol{D}_{ij} - \mu_l \right)^2 \tag{7.4}$$

其中，$L$ 为分层数目，$\boldsymbol{D}$ 为网络性能度量矩阵，$I$ 代表所有的网络性能度量结果，$I_l$ 代表位于第 $l$ 个簇中的网络性能度量结果，$\mu_l$ 为第 $l$ 个簇中的网络性能度量平均值，即 $\mu_l = \dfrac{\sum\limits_{D_{ij} \in I_l} \boldsymbol{D}_{ij}}{|I_l|}$。

假设利用一个集中式的节点计算得到 K-means 分簇的划分结果，同时网络性能度量不发生变化，可以将分簇结果分配到每个节点，然后每个节点独立地对网络性能值进行层次划分。层次划分过程如下：

(1) 将分簇的中心顶点按照升序排列 (对于带宽，按照降序排列)。

(2) 将每个网络性能测量值映射到最近的分簇中心顶点。网络性能值的层次值对应最近分簇中心顶点在排序中的索引位置。

上述层次划分由于是对每个网络性能值进行独立的计算，因此在网络性能值具有明显的非对称性时，分层结果同样是非对称的。所以有利于细粒度的网络性能优化。然而，在节点集合动态性强以及网络性能度量呈现波动性等背景下，集中式的 K-means 分簇难以继续适用。

一方面，随着层次数目增大，网络性能的区分粒度越显著，并且在网络性能呈现非对称时，可以检测出更多的非对称网络性能。然而由于很多网络性能度量具有偏斜特征，即大量的网络性能度量值聚集于少量的区间范围，导致存在一些层次没有或者只对应少量的网络性能值，引发不必要的计算开销。另一方面，如果层次数目过小，那么大量的网络性能度量被映射到相同的分层，造成一个分层内的网络性能度量差异性增大，不利于实现稳定的网络性能优化。因此，层次数目需要在网络性能区分粒度以及层次映射集合的偏斜性之间取得较好的权衡。

利用一个简单的启发式离线地计算分层数量。首先，一个节点通过随机采样的方式收集系统中的网络性能测量结果。然后，该节点随机地设定一组分簇数目，并将最小化 K-means 分簇的目标函数对应的分簇数值选定为系统的层次数目。最后将该分层数目分发到所有的系统节点。

## 7.5.2　分布式聚类计算

采取分布式的 K-means 分簇方法计算每个分簇的中心顶点，使得每个物理节点可以通过局部维护的分簇中心顶点计算分层结果，从而适应大规模、动态的网络环境。分布式 K-means 分簇的基本思想是每个节点独立地维护一组逻辑邻居，然后通过与逻辑邻居的定期流言通信过程，逐步求解最优的分簇的中心顶点，并且将所有的节点的分簇中心顶点最终统一为相同的值。分布式分簇的主要步骤如下。

(1) 分簇初始化。在节点 $A$ 加入系统后，随机地采样一组在线节点作为其逻辑邻居。然后节点 $A$ 定期地探测距其逻辑邻居的网络性能值，并利用集中式的 K-means 分簇过程初始化其分簇中心顶点 $\mu_A$。

(2) 流言通信过程。每个节点 $A$ 定期地将其分簇中心顶点"推送"(push 过程) 到其逻辑邻居，并将逻辑邻居的分簇中心顶点"拉"(pull 过程) 到本节点。

(3) 分簇汇聚过程。每个节点 $A$ 利用逻辑邻居的分簇中心顶点，更新本节点的分簇中心顶点。如果某些逻辑邻居没有响应消息，那么节点 $A$ 的分簇汇聚过程会跳过这些逻辑邻居。对于排序后的第 $j$ 个分簇中心顶点，其汇聚过程为 $\dfrac{\sum\limits_{i\in S_A} n_i^j \mu_i^j}{\sum\limits_{i\in S_A} n_i^j}$，其中 $j \in [1, L]$，$S_A$ 包括节点 $A$ 及其逻辑邻居集合，$n_i^j$ 为集合 $S_A$ 中节点 $i$ 的第 $j$ 个簇的元素数目，$\mu_i^j$ 为节点 $i$ 的第 $j$ 个分簇中心顶点。

(4) 分簇更新过程。每个节点 $A$ 定期地探测到距其逻辑邻居的网络性能值。节点 $A$ 利用最新的测量结果基于 K-means 分簇过程更新其分簇中心顶点 $\mu_A$ 以及各个簇的元素数目。

下面给出一个基于分布式 K-means 分簇的层次划分实例。给定带宽矩阵 $\boldsymbol{D}$ 作为底层物理带宽信息。受限于测量开销，每个节点到其余节点的测量结果为一个部分观测矩阵：

$$
\boldsymbol{D_1} = \begin{bmatrix}
0 & 0 & 0.125 & 0 & 0.125 \\
0.125 & 0 & 0.125 & 0 & 0 \\
1 & 1 & 0 & 0 & 1 \\
1 & 0 & 0 & 0 & 1 \\
1 & 0 & 0 & 8 & 0
\end{bmatrix}
$$

设定分簇数目为 2，每个节点的邻居数目为 2。每个节点进行分布式 K-means 分簇，直至所有节点收敛到相同的分簇中心顶点：0.125 Mb/s、1 Mb/s。绕过 8 Mb/s 以避免少量的异常测量结果对分簇的影响。得到的分层结果设定为 $\boldsymbol{Y_1}$。同时，利用集中式 K-means 分簇方法对 $\boldsymbol{D}$ 计算分层结果，记为 $\boldsymbol{Y}$。结果如下：

$$
\boldsymbol{Y} = \begin{bmatrix}
0 & 2 & 2 & 2 & 2 \\
2 & 0 & 2 & 2 & 2 \\
1 & 1 & 0 & 1 & 1 \\
1 & 1 & 1 & 0 & 1 \\
1 & 1 & 1 & 1 & 0
\end{bmatrix}
\boldsymbol{Y_1} = \begin{bmatrix}
0 & 0 & 2 & 0 & 2 \\
2 & 0 & 2 & 0 & 0 \\
1 & 1 & 0 & 0 & 1 \\
1 & 0 & 0 & 0 & 1 \\
1 & 0 & 0 & 1 & 0
\end{bmatrix}
$$

由上式可知，分层矩阵 $\boldsymbol{Y}$ 与 $\boldsymbol{Y_1}$ 维护了带宽矩阵 $\boldsymbol{D}$ 中的大多数非对称性，但节点 $D$ 和 $E$ 的非对称性并没有保持，这是分层数目过小造成的。

### 7.5.3　MMMF

最大边际效用矩阵分解 (maximum margin matrix factorization，MMMF)[16] 是一个高效的协同过滤方法，用于预测用户对货物的评分值。MMMF 对缺失数据、噪声数据或者过

度匹配 (overfitting) 等具有较强的健壮性。MMMF 的独特之处在于它自适应地学习阈值向量 $\boldsymbol{\theta}_i$，并将预测的距离映射到不同的层次 $\widehat{\boldsymbol{X}}_{ij}$。假定一个阈值向量为 $(-0.2, 0.3)$，预测距离 $\widehat{\boldsymbol{X}}_{ij} = 0.2$，基于该阈值向量，需要将 $\widehat{\boldsymbol{X}}_{ij}$ 映射到第二层，这是由于 0.2 位于第一个阈值和第二个阈值之间。

MMMF 的阈值向量非常适用于层次值测量背景，这是因为层次值为一个顺序数值，意味着需要将网络性能值映射到离散的顺序值。MMMF 中的阈值向量通过优化过程求解，非常适用于动态的层次值测量问题。MMMF 的目标函数定义为

$$
\begin{aligned}
J_{\mathrm{MMMF}} = & \sum_{i \neq j, i, j=1}^{\mathrm{N}} \sum_{r=1}^{L-1} h\left(T_{ij}^r\left[r, \boldsymbol{Y}_{ij}\right] \cdot \left(\theta_{ir} - \boldsymbol{u}_i \cdot \boldsymbol{v}_j\right)\right) + \\
& \frac{\alpha}{2}\left(\sum_{i=1}^{\mathrm{N}}\left(\|\boldsymbol{u}_i\|_F^2 + \|\boldsymbol{v}_i\|_F^2\right)\right)
\end{aligned}
\tag{7.5}
$$

其中

$$
T_{ij}^r\left[r, \boldsymbol{Y}_{ij}\right] = \begin{cases} +1, & r \geqslant \boldsymbol{Y}_{ij} \\ -1, & r < \boldsymbol{Y}_{ij} \end{cases}
$$

代表阈值 $r$ 和观测层次值 $\boldsymbol{Y}_{ij}$ 的示性函数。$h(z) = \max(0, 1-z)$ 为一个松弛的边际效用函数（soft-margin loss function），$\boldsymbol{\theta}_i = \left(\theta_{i1}, \cdots, \theta_{i(L-1)}\right)$ 为阈值向量。M.Weimer 等[17] 提出了多项针对 MMMF 的优化机制，在 M. Weimer 等提出向距离预测结果 $\widehat{\boldsymbol{X}}_{ij}$ 添加一个偏好变量 $b_i$：

$$
\widehat{\boldsymbol{X}}_{ij} = \boldsymbol{u}_i \times \boldsymbol{v}_j + b_i + b_j
\tag{7.6}
$$

这是由于偏好变量代表了每个节点影响网络性能值测量的局部因素，例如，节点负载过重造成的延迟增大、网卡异常造成的数据包丢失、接入网络的网络限速等。

## 7.5.4 分布式 MMMF

本节介绍如何利用少量的分层测量结果，预测未观测的分层结果。本节首先利用 MMMF 建模分层预测问题，然后提出一个分布式的矩阵补全过程，利用低维度的坐标距离，近似计算节点间的分层值。

### 1. 问题建模

首先定义分层预测的目标函数以及坐标结构。目标函数定义了分层值与预测坐标距离的差异程度。利用该目标函数，设计相应的坐标优化机制。而坐标结构则定义了如何计算节点间的层次值。

利用带有偏好变量的 MMMF 改进目标函数，以准确地反映节点的局部因素对网络性能值测量的影响。对应的 MMMF 改进目标函数表示为

$$J_C = \sum_{i \neq j, i, j \in [1, \mathbf{N}]} \sum_{r=1}^{L-1} h\left(T_{ij}^r [r, \mathbf{Y}_{ij}] \cdot (\theta_{ir} - (\mathbf{u}_i \times \mathbf{v}_j + b_i + b_j))\right) +$$
$$\frac{\alpha}{2}\left(\sum_{i=1}^{N}\left(\|\mathbf{u}_i\|_F^2 + \|\mathbf{v}_i\|_F^2 + b_i^2\right)\right) \tag{7.7}$$

由于式(7.7)包含所有节点到其余节点的层次值测量，导致其计算过程为集中式的。然而在大规模、动态的网络环境下，希望设计一个分布式的矩阵补全过程。假定节点 $i$ 探测到一组逻辑邻居 (记为 $S_i$) 的网络性能值，将目标函数式 (7.7) 分解为只包含节点 $i$ 和逻辑邻居 $S_i$ 的目标函数 $J_D$：

$$J_D = \sum_{j \in S_i} \sum_{r=1}^{L-1} h\left(T_{ij}^r [r, \mathbf{Y}_{ij}] \cdot (\theta_{ir} - (\mathbf{u}_i \times \mathbf{v}_j + b_i + b_j))\right) +$$
$$\frac{\alpha}{2}\left(\left(\|\mathbf{u}_i\|_F^2 + \|\mathbf{v}_i\|_F^2 + b_i^2\right)\right) \tag{7.8}$$

**坐标结构**：为了最小化目标函数，需要计算最优的矩阵 $\mathbf{U}$，$\mathbf{V}$，$\mathbf{b}$，$\boldsymbol{\theta}$。首先，选择这些矩阵对应的第 $i$ 行组成一个向量 $\mathbf{x}_i = (\mathbf{u}_i, \mathbf{v}_i, \boldsymbol{\theta}_i, b_i)$。向量 $x_i$ 唯一地确定了节点 $i$ 到其余节点的层次值。因此，选择向量 $\mathbf{x}_i$ 作为节点 $i$ 的坐标向量。其次，通过不同节点的坐标向量，可以唯一地计算节点之间不同方向的层次值。假定需要预测从节点 $i$ 到节点 $j$ 的层次值，先计算坐标距离 $\widehat{\mathbf{X}}_{ij} = \mathbf{u}_i \cdot \mathbf{v}_j$，然后利用节点 $i$ 的分层阈值向量 $\boldsymbol{\theta}_i$ 将 $\widehat{\mathbf{X}}_{ij}$ 映射到与其最接近的阈值对应的索引位置，即该坐标距离对应的层次值。

**2. 基于分布式共轭梯度优化的分布式坐标计算**

本节介绍如何分布式地更新节点的坐标向量。基于共轭梯度优化过程分布式地更新节点的坐标位置。设向量 $\mathbf{x}_i$ 的梯度函数为：

$$\nabla_{\mathbf{x}} J_D (\mathbf{x}_i) = \left[\frac{\partial J_D}{\partial u}; \frac{\partial J_D}{\partial v}; \frac{\partial J_D}{\partial \theta}; \frac{\partial J_D}{\partial b}\right] \tag{7.9}$$

其中，$\frac{\partial J_D}{\partial u}$、$\frac{\partial J_D}{\partial v}$、$\frac{\partial J_D}{\partial \theta}$、$\frac{\partial J_D}{\partial b}$ 为针对变量 $\mathbf{u}_i$、$\mathbf{v}_i$、$\boldsymbol{\theta}_i$、$b_i$ 的偏导函数，即

$$\frac{\partial J_D}{\partial u_{ih}} = \alpha u_{ih} - \sum_{j \in S_i} \sum_{r=1}^{L-1} T_{ij}^r [r, \mathbf{Y}_{ij}] \cdot h'\left(T_{ij}^r [r, \mathbf{Y}_{ij}] \cdot \left(\theta_{ir} - \widehat{\mathbf{X}}_{ij}\right)\right) v_{jh} \tag{7.10}$$

$$\frac{\partial J_D}{\partial v_{ih}} = \alpha v_{ih} - \sum_{j \in S_i} \sum_{r=1}^{L-1} T_{ji}^r [r, \mathbf{Y}_{ji}] \cdot h'\left(T_{ji}^r [r, \mathbf{Y}_{ji}] \cdot \left(\theta_{jr} - \widehat{\mathbf{X}}_{ij}\right)\right) u_{jh} \tag{7.11}$$

$$\frac{\partial J_D}{\partial \theta_{ir}} = \sum_{j \in S_i} T_{ij}^r \left[ r, \boldsymbol{Y}_{ij} \right] \cdot h' \left( T_{ij}^r \left[ r, \boldsymbol{Y}_{ij} \right] \cdot \left( \theta_{ir} - \widehat{\boldsymbol{X}}_{ij} \right) \right) \tag{7.12}$$

$$\frac{\partial J_D}{\partial b_i} = \alpha b_i - \sum_{j \in S_i} \sum_{r=1}^{L-1} T_{ij}^r \left[ r, \boldsymbol{Y}_{ij} \right] \cdot h' \left( T_{ij}^r \left[ r, \boldsymbol{Y}_{ij} \right] \cdot \left( \theta_{ir} - \widehat{\boldsymbol{X}}_{ij} \right) \right) \tag{7.13}$$

首先介绍集中式的共轭梯度优化过程。共轭梯度优化方法基于向量的共轭方向迭代地更新向量 $\boldsymbol{x}$ 的位置，已经被成功地应用于 MMMF 中寻找近似全局最优的结果。具体为利用 Polak-Ribière 类型的非线性共轭梯度优化方法。该方法包含两个重要参数：(1) 共轭方向 $\boldsymbol{\Lambda x}$，定义为迭代过程中连续的两个梯度的共轭方向；(2) 移动幅度 $\alpha$，定义为沿着共轭方向移动的幅度，通过一个线性搜索过程进行_____[18]。

为了实现一个分布式的共轭梯度优化过_____方面的修改：(1) 将共轭梯度的优化目标函数设定为分布式的目标函数式 (7._____以独立地更新本节点的坐标位置，即坐标计算过程为分布式的；(2)_____标位置，这样坐标计算过程以渐增的方式更新坐标位置，从_____依赖特殊的地标节点。通过上述两方面的修改，每_____渐增地维护坐标位置。

算法7给出了坐标位置更_____方式渐增地调整坐标位置：

---

**算法 7：** HPM 算法

**输入**：节点 $i$ 的当前_____点 $i$ 的共轭方向 $\boldsymbol{\Lambda x}_i$，
　　　　逻辑邻居集_____

**输出**：节点 $i$ 的_____节点 $i$ 的共轭方向 $\boldsymbol{\Lambda x}_i$

1　HPM()
2　$\boldsymbol{x}_i \leftarrow [\boldsymbol{u}_i;$
3　$\boldsymbol{\Delta} \leftarrow$
4　$\beta \leftarrow$
5　$\Lambda$
6

10
11　$\boldsymbol{v}_i \leftarrow$
12　$\boldsymbol{\theta}_i \leftarrow \boldsymbol{x}_i[(2$
13　$b_i \leftarrow \boldsymbol{x}_i[2d + L];$

---

$$x_i \leftarrow x_i + \alpha_i \boldsymbol{\Lambda} \tag{7.14}$$

其中，坐标移动幅度 $\alpha_i$ 和共轭梯度方向 $\boldsymbol{\Lambda}$ 利用分布式的目标函数 $J_D$ 计算。计算时以节点 $i$ 到邻居节点的层次值测量结果以及这些节点的坐标位置作为输入。

### 3. 实例

本节利用部分观测的分层矩阵 $\boldsymbol{Y_1}$ 给出 HPM 算法的运行实例。矩阵 $\boldsymbol{Y_1}$ 的每一行对应一个节点到其余节点的层次值。设定层次数目 $L$ 为 2，坐标维度为 2，邻居数为 3，式(7.7)中的规整参数 $\alpha$ 为 0.3。为每个节点随机地选择邻居，首先，为了初始化坐标位置，分别随机地设定矩阵 $\boldsymbol{U}$、$\boldsymbol{V}^{\mathrm{T}}$、$\boldsymbol{\theta}$、$\boldsymbol{B}$ 为

$$\boldsymbol{U} = \begin{bmatrix} 0.8873 & 0.5124 \\ 1.0319 & -2.4119 \\ 0.8033 & 1.6316 \\ -0.1901 & 0.2849 \\ -0.8719 & 0.8334 \end{bmatrix}, \boldsymbol{V}^{\mathrm{T}} = \begin{bmatrix} 0.5671 & -0.7231 \\ -0.4210 & 0.1759 \\ -1.7398 & -0.1266 \\ 0.7108 & -0.0628 \\ -1.6109 & 1.8499 \end{bmatrix}, \boldsymbol{\theta} = \begin{bmatrix} -0.3982 \\ 1.0313 \\ 0.3964 \\ 1.0208 \\ 0.1113 \end{bmatrix}, \boldsymbol{B} = \begin{bmatrix} 0.8147 \\ 0.9058 \\ 0.1270 \\ 0.9134 \\ 0.6324 \end{bmatrix}$$

每一行对应一个节点的坐标分量。其次，根据上述矩阵，设定坐标向量矩阵 $\boldsymbol{x} = [\boldsymbol{U}\,\boldsymbol{V}^{\mathrm{T}}\,\boldsymbol{\theta}\,\boldsymbol{B}]$。然后，利用式(7.9)中每个节点 $i$ 的坐标向量 $\boldsymbol{x}_i$ 的梯度来初始化其最深方向 $\boldsymbol{\Delta x}_i$ 以及共轭梯度方向 $\boldsymbol{\Lambda x}_i$，将所有节点的最深方向以及共轭梯度方向表示为

$$\boldsymbol{\Delta x} = \boldsymbol{\Lambda x} = \begin{bmatrix} 1.9062 & -1.8482 & 0.2323 & -2.2410 & 2.7313 & -5.7968 \\ -1.0204 & 0.7864 & 0.3850 & -2.8027 & 1.0000 & -4.2717 \\ 0.1935 & -1.6829 & 0.0632 & -0.6216 & 2.8210 & -4.5904 \\ 3.8287 & -1.9847 & -2.2556 & 0.9971 & 3.0000 & -5.0364 \\ -0.1367 & 0.4582 & -1.0172 & -2.9839 & 0.7624 & -3.9521 \end{bmatrix}$$

其中，第 $i$ 个行向量对应节点 $i$ 的最深方向和共轭梯度方向。

接着给出基于 HPM 算法的坐标更新过程。在 HPM 算法中，每个节点的坐标更新以迭代的方式执行。假定节点 $A$ 测量了到节点 $C$ 和 $E$ 的带宽值，给出节点 $A$ 的一次坐标更新过程。

(1) **步骤 2**：将节点 $A$ 的坐标表示为 $\boldsymbol{x}_A = [0.8873, 0.5124, 0.5671, -0.7231, -0.3982, 0.8147]$。

(2) **步骤 3**：计算节点 $A$ 的最深方向为 $\boldsymbol{\Delta} = [1.9062, -1.8482, 0.2323, -2.2410, 2.7313, -5.7968]$。

(3) **步骤 4**：利用节点 $A$ 的最深方向 $\boldsymbol{\Delta}$ 以及最初的最深方向，计算 Polak-Ribière 标量 $\beta_A$ 为 0.0996，以更新节点 $A$ 的共轭方向。

(4) **步骤 5**：利用 Polak-Ribière 标量 $\beta_A$ 以及初始化共轭方向 $\boldsymbol{\Lambda}_A = \boldsymbol{\Delta}_A$，计算新的共轭方向为 $\boldsymbol{\Lambda} = [0.9062, -0.3583, -1.6483, 0.7811, 3.0033, -6.3741]$。

(5) **步骤 6**：计算新的坐标移动幅度 $\alpha_A$ 为 $1.0000 \times 10^{-18}$。

(6) **步骤 7→步骤 9**：更新节点 $A$ 的坐标 $\boldsymbol{x}_A$ 为 $[0.8873, 0.5124, 0.5671, -0.7231, -0.3982, 0.8147]$，并更新节点 $A$ 的最深方向以及共轭方向 $\boldsymbol{\Delta}_A = \boldsymbol{\Delta}$ 和 $\boldsymbol{\Lambda}_A = \boldsymbol{\Lambda}$。

(7) **步骤 10→步骤 13**：重构节点 $A$ 的坐标为 $\boldsymbol{u}_A - [0.8873, 0.5124]$，$\boldsymbol{v}_A - [0.5671, -0.7231]$，$\boldsymbol{\theta}_A = -0.3982]$，$\boldsymbol{b}_A = [0.8147]$。

上述过程为一个节点的单次迭代过程。在每个节点 5 次更新其坐标后，每个节点的坐标位置收敛到稳定值：

$$
\boldsymbol{U} = \begin{bmatrix} -0.0098 & 0.0010 \\ 0.0003 & -0.0007 \\ -0.0052 & 0.0017 \\ -0.0261 & 0.0090 \\ -0.8621 & 0.3077 \end{bmatrix}, \boldsymbol{V}^{\mathrm{T}} = \begin{bmatrix} 0.2829 & -0.1016 \\ 0.5765 & -0.2344 \\ -0.3341 & 0.1195 \\ -0.3688 & 0.0952 \\ 0.0010 & -0.0005 \end{bmatrix}, \boldsymbol{\theta} = \begin{bmatrix} 1.6464 \\ 1.3560 \\ 2.1017 \\ 2.0075 \\ -0.1999 \end{bmatrix}, \boldsymbol{B} = \begin{bmatrix} -0.3012 \\ -0.3609 \\ 0.3085 \\ 0.2181 \\ -0.0249 \end{bmatrix}
$$

基于上述坐标信息，分别计算坐标距离矩阵 $\widehat{\boldsymbol{X}}$ 和预测的层次值矩阵 $\widehat{\boldsymbol{Y}}$ 为

$$
\widehat{\boldsymbol{X}} = \begin{bmatrix} 0 & -0.6680 & 0.0107 & -0.0794 & -0.3261 \\ -0.6619 & 0 & -0.0526 & -0.1429 & -0.3858 \\ 0.0057 & -0.0558 & 0 & 0.5287 & 0.2836 \\ -0.0914 & -0.1599 & 0.5364 & 0 & 0.1932 \\ -0.6012 & -0.9549 & 0.6084 & 0.5405 & 0 \end{bmatrix}, \widehat{\boldsymbol{Y}} = \begin{bmatrix} 0 & 2 & 2 & 2 & 2 \\ 2 & 0 & 2 & 2 & 2 \\ 1 & 1 & 0 & 1 & 1 \\ 1 & 1 & 1 & 0 & 1 \\ 1 & 1 & 1 & 1 & 0 \end{bmatrix}
$$

因此，预测的层次值维护了网络性能测量的非对称性。例如，$\widehat{\boldsymbol{Y}}_{13} = 2$，$\widehat{\boldsymbol{Y}}_{31} = 1$，$\widehat{\boldsymbol{Y}}_{24} = 2$，$\widehat{\boldsymbol{Y}}_{42} = 1$。进一步发现，预测的层次值矩阵 $\widehat{\boldsymbol{Y}}$ 和基于分布式 K-means 分簇计算的层次矩阵 $\boldsymbol{Y}$ 相同。

## 7.6　矩阵补全效果评估

利用四类代表性的网络性能度量，即双向网络延迟、带宽、路由跳步数以及丢包率等进行对比测试。实验选择 4 个公开的数据集：①双向网络延迟数据集（RTT），Pairwise Ping 项目[19] 收集的 169 个 PlanetLab 机器之间的双向网络延迟；②带宽，S³ 项目[20] 收集的 360 个 PlanetLab 机器之间的可用带宽测量；③跳步数，iPlane 项目[21] 收集的 188 个 PlanetLab

机器之间的路由跳步数；④丢包率，Queen 项目[22] 收集的 146 个 DNS 服务器之间的丢包率测量结果。HPM 方法的参数设置如表7.1所示。

表 7.1 HPM 方法的参数设置

| 参数 | 数值 |
| --- | --- |
| 层次数目 $L$ | 10 |
| 规整参数 $\alpha$ | 0.3 |
| 邻居数目 $C_M$ | 32 |
| 坐标维度 $d$ | 5 |
| 邻居选择规则 | 随机选择 |
| 坐标更新次数 | 120 |

### 7.6.1 对比结果

首先检验 HPM 方法预测的层次值是否维护了数据的邻近性信息。利用层次相关系数 (cophenetic correlation coefficient，CCC)[23] 量化层次值与数据邻近性关系的匹配度，层次相关系数定义为

$$
\mathrm{CCC} = \frac{\sum\limits_{(i,j)\in\Omega}\left(\boldsymbol{D}_{ij}-\bar{\boldsymbol{D}}\right)\left(\boldsymbol{Y}_{ij}-\bar{\boldsymbol{Y}}\right)}{\sqrt{\left[\sum\limits_{(i,j)\in\Omega}\left(\boldsymbol{D}_{ij}-\bar{\boldsymbol{D}}\right)^2\right]\left[\sum\limits_{(i,j)\in\Omega}\left(\boldsymbol{Y}_{ij}-\bar{\boldsymbol{Y}}\right)^2\right]}}
\tag{7.15}
$$

其中，$\bar{\boldsymbol{D}} = \frac{1}{\sum\limits_{(i,j)\in\Omega}1}\sum\limits_{(i,j)\in\Omega}\boldsymbol{D}_{ij}$，即网络距离矩阵 $\boldsymbol{D}$ 的平均值；$\bar{\boldsymbol{Y}} = \frac{1}{\sum\limits_{(i,j)\in\Omega}1}\sum\limits_{(i,j)\in\Omega}\boldsymbol{Y}_{ij}$，即层次矩阵 $\boldsymbol{Y}$ 的平均值；$\Omega$ 为测量结果集合。层次相关系数位于 −1 与 1 之间，越高的层次相关系数意味着层次值与数据的邻近性关系匹配度越高。

将 HPM 方法与 6 个相关的网络性能测量方法进行对比：①OPtimal 方法，由于 HPM 方法预测的层次值实际上对应了基于 K-means 分簇方法计算的层次值，因此可以将基于 K-means 分簇得到的层次值视为最优的网络性能层次值；②层次化分簇 (hierarchical clustering)，层次化分簇方法可以针对任意的网络距离度量计算层次化的逻辑树来表示节点间的邻近性关系，因此利用层次化分簇方法[24] 计算数据集的逻辑树，并将该逻辑树作为数据集的邻近性分解结构；③NonMetric[13]，NonMetric 方法利用坐标距离近似节点间的延迟或者带宽信息，坐标计算过程为全分布式的，通过弹簧力场模拟的方式迭代的更新坐标位置，但并不计算数据的邻近性分解拓扑结构，为便于对比，基于 NonMetric 结果利用②中的层次化分簇方法计算数据的邻近性分解树；④LandmarkMDS[25]，LandmarkMDS 方法利

用多维缩放过程预测节点间的路由跳步数，类似③，基于层次化分簇方法计算数据的邻近性分解树；⑤Vivaldi[2]，Vivaldi 方法基于弹簧力场模拟的方法预测节点间的网络延迟，类似③，基于层次化分簇方法计算数据的邻近性分解树；⑥Sequoia，Sequoia 方法基于树嵌入的过程直接计算数据的邻近性分解树。

由于除 Optimal 方法外，其余的方法均没有设定层次树的最大层次，为了对比公平，实验根据是否限定最大层次数目分为两部分：首先，计算各个方法构建的邻近性分解树，利用层次相关系数对比该分解树与数据的邻近性关系的匹配度；其次，在构建邻近性分解树后，限定所有方法的最大层次数目为相同数值，然后将不同的分解树中的最大层次缩放为实验限定的层次；最后，利用层次相关系数对比该修改后的邻近性分解树与数据的邻近性关系的匹配度。

图7.4所示为不限定最大层次数目时不同方法的层次相关系数的对比结果。Optimal 方法在各个网络性能度量上均具有最高的层次相关系数，HPM 方法的层次相关系数与 Optimal 方法类似。因此，Optimal 方法与 HPM 方法预测的层次值与数据的邻近性关系匹配度较高。而其余方法的层次相关系数显著低于 Optimal 方法和 HPM 方法，这说明其余方法预测的邻近性分解树与数据的邻近性关系并不完全匹配。并且，其余方法在不同的网络性能度量上的通用性低于 Optimal 方法和 HPM 方法。例如，层次化分簇方法在 RTT 数据集上的层次相关系数远高于带宽、跳步数以及丢包率的层次相关系数。

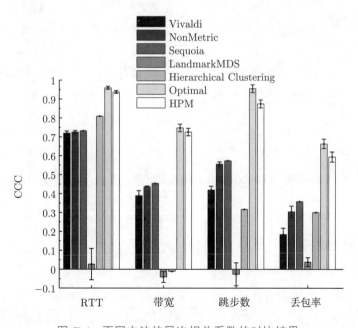

图 7.4 不同方法的层次相关系数的对比结果

对比相同层次数目下各个方法的邻近性分解树与数据邻近性关系的匹配度。图7.5所示为随着层次数目增大不同方法的层次相关系数的对比结果。与上文实验类似，随着层次数目增大，Optimal 方法均具有最高的层次相关系数，而 HPM 方法与 Optimal 方法精确度类似。结果说明 HPM 方法能够在不同的层次数目下精确地测量数据的邻近性关系。而其余方法的层次相关系数低于 0.4，表示这些方法构建的分解树与真实的数据邻近性关系存在较大的差异。

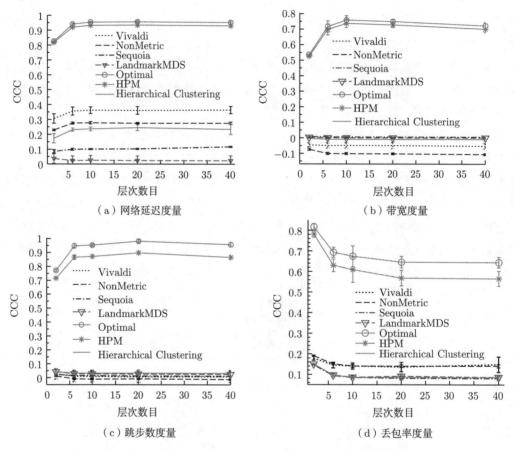

图 7.5　随着层次数目增大不同方法的层次相关系数的对比结果

## 7.6.2　参数敏感性分析

本节分析参数对 HPM 方法精确度的影响，对比 HPM 方法与 Optimal 方法的精确度差异。由于 HPM 方法迭代地更新坐标位置，因此检验 HPM 方法随着坐标更新次数的收敛性和健壮性。假定每个节点在零时刻加入系统，并且每个节点在每一轮更新一次坐标位置。每个节点随机地选择 32 个节点作为其逻辑邻居。采取规整平均绝对误差 (normalized mean absolute error，NMAE) 作为 HPM 方法与 Optimal 方法的精确度差异：NMAE =

$$\frac{\sum\limits_{(i,j):Y_{ij}>0}\left|Y_{ij}-\widehat{Y}_{ij}\right|}{\sum\limits_{(i,j):Y_{ij}>0}Y_{ij}}$$。其中，$Y_{ij}$ 定义为利用 Optimal 方法计算得到的从节点 $i$ 到节点 $j$ 的层次值，$\widehat{Y}_{ij}$ 为利用 HPM 方法预测得到的层次值。NMAE 度量利用规整化过程能够适应不同最大层次数目下的精确度差异。越小的 NMAE 数值对应了越高的矩阵补全精确度。

首先检验 HPM 方法的精确度随着层次数目变化的情况。图7.6所示为随着层次数目增大 HPM 方法的收敛速度对比结果。HPM 方法能够在 20 轮坐标更新后收敛到稳定的位置，并且层次数目的变化并不影响 HPM 方法的收敛速度。并且在层次数目大于 6 时，HPM 方法的规整平均绝对误差非常相似，因此 HPM 方法的精确度与层次数目关联不大。

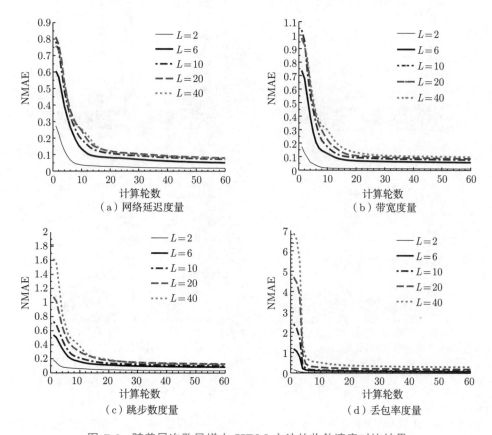

图 7.6 随着层次数目增大 HPM 方法的收敛速度对比结果

检验不精确的坐标位置对 HPM 方法精确度的影响。将所有节点等分为两部分，设定第一部分节点在零时刻加入系统，而第二部分节点在 40s 时加入系统。每个节点每秒更新一次坐标位置。由于在 40s 时第一部分节点的坐标已经收敛到精确位置，而第二部分节点的坐标是随机位置，因此在 40s 时向系统添加了错误的坐标位置。计算坐标的精确度和稳定性。为了量化每个节点的坐标稳定性，每个节点的坐标漂移值为 $\sum\limits_{m=1}^{2d+L}\left|x_i(m)-\tilde{x}_i(m)\right|$，

其中 $x_i = [\boldsymbol{u}_i; \boldsymbol{v}_i; \boldsymbol{\theta}_i; b_i]$ 代表更新后的坐标，而 $\tilde{x}_i$ 代表更新前的坐标。图7.7所示为 HPM 方法收敛速度与错误坐标的关系图。第一部分节点的坐标位置在 20s 时已收敛到稳定值，并保持精确度至 40s。相应地，坐标漂移幅度不断降低，在 20s 后坐标移动幅度接近零，显示了较高的稳定性。在剩余部分的节点加入后，坐标误差在 40s 时急剧增大，而坐标漂移幅度上升，这是由于新加入的节点的坐标因随机位置导致了较高误差。然而，所有节点的坐标在另外一个 20s 内收敛到新的稳定位置，并且坐标的漂移幅度重新降低至加入节点前的稳定值。

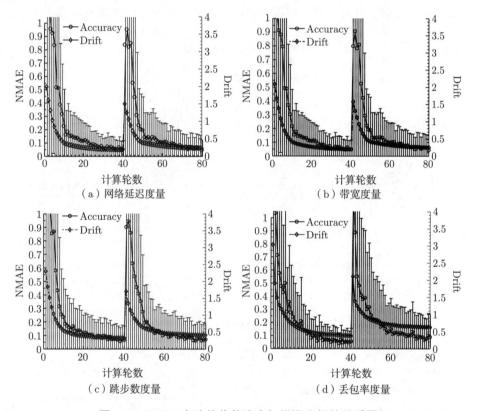

图 7.7　HPM 方法的收敛速度与错误坐标的关系图

选择 PlanetLab 上 269 个机器并安装 HPM 层次测量系统。基于流言通信更新分簇中心并探测到对应邻居的网络性能。两次流言通信的时间间隔为 30s。相应地，两次坐标更新的时间间隔为 30s。每个节点独立地维护两个坐标位置，分别代表双向网络延迟以及丢包率等度量。基于表7.1设定 HPM 方法的参数。评价度量包括：

(1) 相对误差。每个节点 $i$ 计算到其邻居 $j$ 的预测层次值与真实层次值的相对误差 $\frac{|\boldsymbol{Y}_{ij} - \hat{\boldsymbol{Y}}_{ij}|}{\boldsymbol{Y}_{ij}}$，其中 $\boldsymbol{Y}_{ij}$ 代表真实的层次值，$\hat{\boldsymbol{Y}}_{ij}$ 代表预测的层次值。每个节点在得到新的网络性能观测值时重新计算到节点 $j$ 的相对误差，并利用一个指数滑动平均函数 (系数为 0.05) 更新相对误差统计值。

(2) 坐标漂移。利用 7.6.2 节定义的坐标漂移度量每个节点的坐标稳定性。

(3) 带宽开销。度量 HPM 方法的带宽开销，包括 gossip 消息开销以及探测开销。

图 7.8(a) 所示为 HPM 方法层次值的相对误差的互补累积分布函数 (complementary cumulative distribution function，CCDF)，该函数用于描述数据分布的尾部特征。HPM 方法在网络延迟和丢包率度量上的矩阵补全结果均较精确。在网络延迟度量上预测层次的相对误差最大值不高于 0.4，而在丢包率度量上预测层次的相对误差 95% 以上低于 0.1。因此，HPM 方法在不同的网络性能度量上均能够精确地预测层次值。

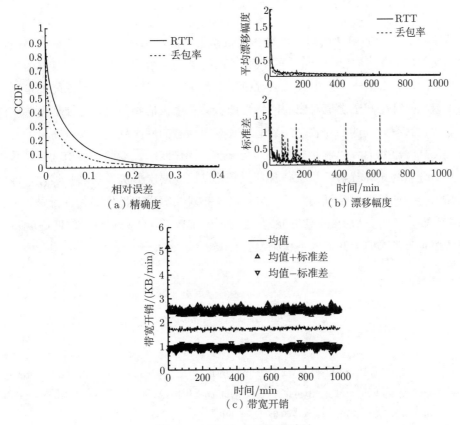

图 7.8　HPM 方法性能统计

图 7.8(b) 所示为 HPM 方法层次值的预测结果随时间的漂移幅度。HPM 系统初始化阶段的坐标漂移幅度较高，平均漂移幅度以及对应的方差约为 2。这是由于在初始化阶段，坐标漂移幅度相对较高，而在 HPM 系统启动 10min 后，坐标保持稳定，坐标漂移幅度降低，接近零。由于 HPM 方法坐标更新间隔为 30s，而 10min 更新对应 20 次坐标更新，这与 7.6.2 节中坐标收敛的速度相一致。

图 7.8(c) 所示为带宽开销随时间的动态变化性。HPM 方法每分钟的平均消息开销保持在 1.8KB 左右，说明 HPM 方法的通信带宽开销相对较低。而在初始化阶段系统带宽开

销相对增大，这是由于每个节点需要与多个邻居节点通信以获得初始化的逻辑邻居。

基于 PlanetLab 部署实验，发现 HPM 方法能够收敛到稳定的坐标位置，并精确、可扩展地预测层次值。并且在网络性能测量具有显著的偏斜性时，例如丢包率，HPM 方法仍然可以精确地预测层次值。

## 7.7 本章小结

本章提出了一个面向通用网络度量相对值测量的方法 HPM。给定任意的网络性能度量，可利用 HPM 方法构建一个可调层次数目的隐含层次结构，并且构建过程为完全分布式的。本章首先提出了一个集中式的 K-means 分簇方法，将任意的网络性能度量划分为不同的层次值，使得相同层次值对应的网络性能值具有最大的相似性，这样基于层次值进行网络性能优化具有较高的稳定性。为了适应大规模动态的网络环境，本章提出了一个分布式的 K-means 分簇方法，以利用较低的通信开销，计算网络性能的分层值。接着本章提出了一个基于分布式矩阵分解的层次值预测过程，以提高层次值测量的可扩展性。每个节点独立地维护一个低维度的坐标向量，并且利用分布式共轭梯度优化方式更新坐标位置。模拟测试 (参见 7.6.2 节) 和 PlanetLab 部署实验证实 HPM 方法具有较高的精确度和可扩展性，并且能够在错误的坐标输入下保证坐标位置的收敛性。

## 参考文献

[1] Guo C X, YUAN L H, XIANG D, et al. PingMesh: A large-scale system for data center network latency measurement and analysis[C]. Proc. of the 2015 ACM Conference on Special Interest Group on Data Communication, 2015: 139-152.

[2] DABEK F, COX R, KAASHOEK F, et al. Vivaldi: A decentralized network coordinate system[C]. Proc. of the ACM SIGCOMM 2004 Conference on Data Communication, 2004: 15-26.

[3] SHAVITT Y, TANKEL T. Big-bang Simulation for embedding network distances in euclidean space[J]. IEEE/ACM Trans actions on Networking, 2004 12(6):993-1006.

[4] EUGENE NG T S, ZHANG H. A network positioning system for the Internet. Proc. of the Annual Conference on USENIX Annual Technical Conference, 2004: 11.

[5] MAO Y, SAUL L K. Modeling distances in large-scale networks by matrix factorization[C]. Proc. of the 4th ACM SIGCOMM Conference on Internet Measurement, 2004: 278-287.

[6] GOLUB H G, VAN LOAN C F. Matrix c computations[M]. 3rd ed. Baltimore: The Johns Hopkins University Press, 1996.

[7] LIAO Y J, GEURTS P, LEDUC G. Network distance prediction based on decentralized matrix factorization[C]. Proc. of the 9th IFIP TC 6 International Conference on Networking, 2010: 15-26.

[8] CHEN Y, WANG X, SHI C, et al. Phoenix: A weight-based network coordinate system using matrix factorization[J]. IEEE Transactions on Network and Service Management, 2011, 8(4):334-347.

[9] WANG G H, ZHANG B, EUGENE NG T S. Towards network triangle inequality violation aware distributed systems[C]. Proc. of the 7th ACM SIGCOMM conference on Internet Measurement, 2007: 175-188.

[10] AGARWAL S, LORCH J R. Matchmaking for online games and other latency-sensitive P2P systems[C]. Proc. of the ACM SIGCOMM 2009 Conference on Data Communication, 2009: 315-326.

[11] HOTZ S M. Routing information organization to support scalable interdomain routing with heterogeneous path requirements[D]: University of Southern California, 1994.

[12] GUYTON J D, SCHWARTZ M F. Locating nearby copies of replicated Internet servcers[C]. Proc. of the ACM SIGCOMM 1995 Conference, 1995: 288-298.

[13] KEY P B, MASSOULEIÉ L, TOMOZEI D C. Non-metric coordinates for predicting network proximity[C]. Proc. of the IEEE INFOCOM 2008 Conference, 2018: 1840-1848.

[14] DATTA S, GIANNELLA C R, KARGUPTA H. Approximate distributed Kmeans clustering over a peer-to-peer network[J]. IEEE Transaction Knowledge from Data, 2009, 21(10):1372 - 1388.

[15] SOMMERS J, BARFORD P, DUFFIELD N G, et al. Multiobjective monitoring for SLA compliance[J]. IEEE/ACM Transactions. Netwprking, 2010, 18(2):652-665.

[16] RENNIE J D M, SREBRO N. Fast maximum margin matrix factorization for collaborative prediction[C]. Proc. of the 22nd International Conference on Machine Learning, 2005: 713-719.

[17] WEIMER M, KARATZOGLOU A, SMOLA A. Improving maximum margin matrix factorization[C]. Proc. of the 2008th European Conference on Machine Learning and Knowledge Discovery in Databases, 2008: 14.

[18] SHEWCHUK J R. An introduction to the conjugate gradient method without the agonizing pain[D]. Pittsburgh: Carnegie Mellon University, 1994.

[19] STEIBLING J. All pairs of ping data for planetlab[EB/OL]. http://pdos.csail.m it.edu/ strib/ pl_app/.

[20] LEE S J, SHARMA P, BANERJEE S, et al. Measuring bandwidth between planetlab nodes[C]. Proc. of the 6th International Conference on Passive and Active Network Measurement, 2005: 292-305.

[21] MADHYASTHA H V, ISDAL T, PIATEK M, et al. iPlane: An information plane for distributed services[C]. Proc. of the 7th Symposium on Operating Systems Design and Implementation, 2006: 367-380.

[22] ANGELA WANG Y, HUANG C, LI J, et al. Queen: Estimating packet loss rate between arbitrary Internet hosts[C]. Proc. of the 10th International Conference on Passive and Active Network Measurement, 2009: 57-66.

[23] SOKAL R R, JAMES ROHLF F. The comparison of dendrograms by objective methods[J]. Taxon, 1962, 11(2):33-40.

[24] XU R, WUNSCH D. Survey of clustering algorithms[J]. IEEE Transactions on Neural Networks, 2005, 16(3):645-678.

[25] ERIKSSON B, BARFORD P, NOWAK R D. Estimating hop distance between arbitrary host pairs[C]. Proc. of the IEEE INFOCOM 2009 Conference, 2009: 801-809.

# 第 8 章

# 网络行为的自动测试

网络行为自动测试在虚拟化资源池上运行一系列复杂测试链[1-4]。随着网络空间事件复杂性日益提高，网络行为自动测试需要将大规模、真实世界普通用户应用事件投射到网络行为自动测试。因此，网络行为自动测试需要通过编排来自真实网络应用程序的大规模函数调用链来模拟不同网络行为。

## 8.1 网络行为自动测试介绍

网络行为自动测试实验通常需要数十到数百个真实 Internet 应用程序来模拟公司网络环境。仿真通常涉及事件链规范，以及一系列实验步骤协调。事件链由数十到数百个以网络为中心的应用程序活动组成。网络实验[5-7]花费大量时间指定不同事件链，在分布式服务器上准备真正互联网应用程序，以及手动协调实验步骤。但是，目前通常是手动设计，非常耗时。此外，真实世界实验自然会形成一个事件层次结构，这需要一个自动组合结构规范模型。

现有实验编排机制通常基于紧密耦合调度过程[5,7-8]或开源事件调度器（如 Heat[9] 和 Stackstorm[10]）来处理 DAG 结构化场景。因此，使这些调度程序框架适应网络安全环境中普遍存在异构和大规模实验网络范围具有挑战性。大多数测试程序通常通过代理结构软件、虚拟机镜像或 docker 镜像进行封装。虽然封装提供了良好隔离，但客户必须编写自定义代码来手动拼接实验步骤。

为了将行为序列应用于网络行为自动测试事件，本章分析发现网络行为序列易于通过事件链模型表达。在有序功能事件中处理事件，可以满足大量应用程序编排需求，支持应用程序执行表达建模。本章提出了模块行为序列编排系统，提供行为序列驱动前端，用 DAG 结构表达封装应用事件链，并在选定网络环境中自动执行。为了扩展异构应用程序执行能力，使用组合 DAG 和解释性顶点接口对事件链进行编码，并在分布式模块运行时上进行推拉以协调事件执行。运行时弹性伸缩异构应用执行，可降低响应延迟。这种弹性扩展事件链能力对于网络范围非常重要，因为 DAG 通常需要生成大量异构应用程序执行实例。

## 8.2 问题模型

大规模分布式网络行为自动测试系统通常由数十到数百个站点组成，这些站点可以通过安全 VPN 交换加密网络流量。每个站点都有一个逻辑隔离虚拟化计算和网络资源池。每个实验操作员可以在任何站点上进行实验，并在多个隔离站点上协调实验。每个网络行为自动测试客户端（或租户）创建一个多功能实验环境[1,3-4]，方法是通过网络行为自动测试环境中的脚本程序模拟一组不同真实世界的用户行为。为了实现可重现实验行为，需要一个通用模型来表示现实世界的用户异构和多样化行为。

概括而言，**实验**由**事件链**组成，其中每个事件链可以描述为一系列步骤，每个步骤表示完成单个应用程序调用函数的过程。具体来说，每个链指定一个原子**事件**行为序列，其中每个事件指定在一个或多个主机上特定真实 Internet 应用程序上操作，这些主机具有指定的**输入**和**输出**。一个 Internet 应用程序可能有多个**功能**，其中每个函数都可以独立调用。此外，需要支持无状态和有状态持久应用程序任务以及无状态短时任务。修改事件链模型，将每个任务标识为同步或异步，并将有状态信息保存到 Redis 存储中。

为了编排网络范围内的事件链，需要一个应用程序编排系统，其中包括一个指定运行实验任务步骤行为序列的应用程序模型，以及一个实验编排器。应用程序模型通过任务行为序列的将实验任务调度到应用程序运行时。与现有科学方法手动拼接数据从开始到完成的可重复过程行为序列不同，需要自动开发许多用户行为随机行为序列，这些行为序列涉及异构应用程序，而数据之间没有相互依赖关系。此外，与目标平台一致、基于时间轴的脚本语言不同，需要将测试与目标平台分离，因为在大量计算节点中安装操作系统和应用程序非常耗时，并且手动拼接代码无法自动化异构和多样化测试应用程序。

**案例**。图 8.1 展示了一个简单事件链：① 1000 个 HTTP 软件机器人同时访问火车票平台（任务 1）；② 这些机器人从短视频平台观看视频流（任务 2）；③ 这些机器人执行 tcpdump 命令并将流量发送到持久存储（任务 3）。三个实验步骤都涉及分布式机器人之间的复杂实验操作。此外，假设让每个函数作为 DAG 中一个顶点调用，那么可以为事件链构建一个扁平结构化 DAG，其中涉及许多复制顶点。而利用本章提出的嵌套 DAG 结构，允许将多个顶点组合为虚拟顶点，以降低表示复杂性。然后，只需要三个虚拟顶点来紧凑表示 DAG。

**统一事件链**。仿真测试需要大量可重现和随机测试用例来涵盖广泛网络行为。复杂事件链通常由模拟活动层次结构组成，每个模拟活动都可以分解为一系列步骤，这需要统一事件链表示方法。

为了概括不同 Internet 应用事件链，可以表示基于有向无环图（DAG）模型的事件链，其中顶点表示原子动作，边表示源顶点和目标顶点之间的分支条件。DAG 模型提供了一个通用图形结构，无须手动操作即可自动合成，这对于快速事件链模拟非常重要。

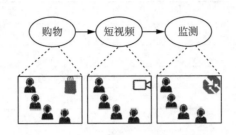

图 8.1　事件链实例

在 DAG 模型中开发分层模型并合成步骤行为序列具有挑战性。首先，大型复杂事件链很难定义，因为它们具有链接或并行控制流。其次，表示模型应该是可组合的，以复制由不同行为链组成仿真活动。最后，需要表示流行的分支条件，例如链式、树状结构和随机控制流，以减少定义事件链的学习曲线。可通过事件链嵌套表示模型，并结合低代码合成框架来处理这一挑战，以生成流行的应用程序事件链。

**弹性调度**。为了安全和隔离，网络行为自动测试对每个单独实验节点和网络资源进行清理，因此降低应用程序模型响应延迟非常重要。大多数网络范围的应用程序功能都以网络为中心，涉及与远程服务器的许多交互，例如购物或视频流，因此由于网络延迟累积，对性能优化不太敏感。测试请求可能会触发许多并发同步或异步的试验任务执行，这会导致频繁且长时间的等待，因为需要集中式规划程序共同执行 DAG 和应用程序函数调用。因此，需要将负载分散在网络范围内的资源之上。大多数现有行为序列编排方案都针对面向计算或数据密集型的任务，这与以网络为中心的事件链有很大不同。

**低响应延迟**。在每个实验净化网络行为自动测试的资源上，运行复杂的面向网络的链式实验事件。为了安全和隔离，网络行为自动测试对每个单独实验节点和网络资源进行清理，因此降低应用程序模型响应延迟非常重要。因为业务流程协调程序需要及时处理具有并发和有状态需求的大型事件链，所以需要尽快开始执行应用程序模型和应用程序。

为了支持广泛的用户活动，使 API 能够针对不同事件链进行表达非常重要。我们已经实施了 51 种不同的测试应用，这些应用封装了基于真实世界网络范围场景的各种互联网应用程序。它们中大多数都基于开源程序。表 8.1 显示了每个应用 API 的数量。应用程序显示出很大程度的异构性，其中大多数应用程序 API 少于四个，因为 API 通常封装外部服务接口。此外，实验操作员可以以较低编译复杂度添加新的 API。

表 8.1　应用 API 示例（"-" 对应持续运行的应用）

| 序号 | 应用 | APIs | 功能 | 时间/s |
| --- | --- | --- | --- | --- |
| 0 | Video | 3 | 通过 selenium 运行时访问网络多媒体网站 | 9.2 |

续表

| 序号 | 应用 | APIs | 功能 | 时间/s |
|---|---|---|---|---|
| 1 | LinuxShell | 3 | 访问 Linux Shell | 1 |
| 2 | Mitre attack | 6 | Mitre 测试框架 | 0.14 |
| 3 | dotouch | 3 | 商业流量生成 | 300 |
| 4 | Shuffletools | 7 | 辅助函数 | 0.4 |
| 5 | mall | 3 | 仿真购物网站 | 7.21 |
| 6 | blog | 3 | 仿真博客网站 | 1 |
| 7 | Ip addr_utils | 3 | IP 解析 | 0.03 |
| 8 | news | 3 | 仿真新闻网站 | 10.2 |
| 9 | Exchange2range | 3 | 网络消息通信 | 0.09 |
| 10 | chat | 3 | 仿真在线社交网站 | 7 |
| 11 | Nmap | 8 | Nmap 应用 | 0.04 |
| 12 | Testing | 7 | 文本测试应用 | 0.04 |
| 13 | Baidu | 5 | 搜索引擎测试 | 16 |
| 14 | thehive | 12 | Hive 应用测试 | 2 |
| 15 | Trex client | 4 | Trex 仿真流量客户端 | 10 |
| 16 | Trex controller | 6 | Trex 仿真流量控制端 | 60 |
| 17 | magi | 5 | magi 应用 | 4.04 |
| 18 | Http | 8 | HTTP 应用 | 1.5 |
| 19 | location | 4 | sftp 测试 | 0.32 |
| 20 | ssh | 5 | ssh 测试 | 0.24 |
| 21 | Email | 3 | 邮件测试 | 0.14 |
| 22 | Bonesi | 3 | 网络测试 | 0.07 |
| 23 | Cortex | 4 | 流量检测 | 2 |
| 24 | Spirent | 3 | 流量测试 | 300 |
| 25 | weather | 4 | 天气测试 | 1.97 |
| 26 | stock | 3 | 股票测试 | 0.17 |
| 27 | pcap | 4 | pcap 测试 | 2.2 |
| 28 | location | 3 | 位置测试 | 0.32 |
| 29 | bilibili | 3 | 视频测试 | 0.24 |
| 30 | appstore | 4 | 应用商店测试 | 0.66 |
| 31 | music | 3 | 音乐查询 | 1.17 |
| 32 | baidumap | 4 | 地图查询 | 1 |
| 33 | adversary_hunting | 15 | 远程测试 | 0.23 |
| 34 | archiveorg | 3 | Archive.org 应用 | 0.7 |

续表

| 序号 | 应用 | APIs | 功能 | 时间/s |
|---|---|---|---|---|
| 35 | attack_replay | 1 | 回放流量应用 | - |
| 36 | ctrler | 1 | 控制测试 | 1 |
| 37 | gpg_tools | 2 | gpg 仿真应用 | 1 |
| 38 | hping3 | 1 | hping3 测试应用 | 1.26 |
| 39 | mgen | 5 | mgen 流量仿真应用 | - |
| 40 | misp | 1 | 信息安全应用 | 1.2 |
| 41 | nlp | 1 | 文本分类应用 | 1.3 |
| 42 | receiver | 1 | 消息接收应用 | 1 |
| 43 | sender | 7 | 消息发送应用 | 1 |
| 44 | shopping | 1 | 购物应用 | 1 |
| 45 | stress_ng | 3 | 压测应用 | 1800 |
| 46 | submit | 1 | 文件提交应用 | 0.04 |
| 47 | tcpdump | 2 | tcpdump 应用 | 3 |
| 48 | wappalyzer | 1 | 静态分析应用 | 1800 |
| 49 | yara | 2 | 文本分析 | - |
| 50 | sftp | 4 | 执行 sftp | 0.18 |

测试不同应用程序 API 的执行周期，这些 API 为事件链执行周期提供了参考。在收集这些应用程序的平均 API 完成时间时，发现大多数应用程序调用 API 的平均时间从亚秒到数百秒不等，这显示出很高的方差，主要归因于应用程序的逻辑多样性。大多数应用程序通常以网络为中心，因为它们将大部分时间花在与远程临时网络范围内的资源的网络交互上，所以应用程序不是数据密集型或计算密集型的。

## 8.3　总体架构

系统架构通过自动编排与网络行为自动测试，保真地模拟各种实际应用程序的用户行为：① 采用分层应用框架，高效创建不同应用事件应用模型，对于复杂实验环境，该模型会自动为最终客户端合成嵌套组合事件链；② 使用模块行为序列调度器执行应用模型，实现资源均衡和延迟优化。

图 8.2 所示为系统总体架构，该架构提供了三种用户界面，包括命令行、Web 浏览器和配置文件。主节点（图 8.2 中的主站点）为客户端提供三个关键功能，即构建事件链（构建器）、自动合成事件链（合成）、操作 DAG 模型执行（控制器）以及使用统一执行接口

封装网络应用程序（应用程序中心）。工作器节点（图 8.2 中的分站点）基于模块工作线程提供可扩展应用程序执行服务。所有模块都通过消息总线进行通信，持久数据保存在持久存储中。

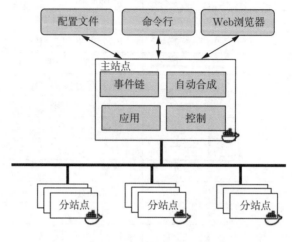

图 8.2　系统总体架构

系统组件都封装在 docker 模块中。所有持久数据存储在 CouchDB 中。使用 k3s 轻量级 Kubernetes 平台[11]基于分布式计算资源配置 docker worker 运行时。基于 k3s 平台启动这些 docker 组件以实现负载均衡。任务执行程序部署在所有 k3s 代理节点上，每个任务执行器通过 k3s API 启动 docker 实例。使用基于覆盖的 docker 网络，如有必要，docker 可以通过覆盖隧道相互连接。docker worker 还可以通过代理隧道连接到外部网络。

主要操作分为设计和运行两个阶段。在设计阶段，实验操作员规划事件链、配置应用并预配置应用程序 docker 运行时。在运行时阶段，关键步骤是应用程序编排过程，总结如下：

(1) 客户端通过前端门户构建应用，并将其编译为 docker 镜像，这些镜像存储在本地 docker 存储库中。

(2) 用自动化工具合成大量测试用例，可以选择通过拖放式 IDE 环境调整这些事件链，并将事件链存储到可以可靠存储 JSON 结构的文档中。

(3) 为租户设置业务流程事件链，该租户准备业务流程资源，包括规划程序和由事件链名称标识的关联队列。

(4) 将事件链提交到此事件链环境，该环境处理测试用例的生命周期。后端 API 网关将 REST API 发送到试验业务流程框架。

(5) 实验控制器管理模拟过程，该过程包括分析事件链，验证测试应用正确性，并通过模块行为序列编排框架规来划此测试用例。同时，实验控制器还负责跟踪前端客户端实验过程。

## 8.4 网络行为自动测试关键算法

### 8.4.1 事件链模型

首先介绍一个基本表示模型,它将步骤行为序列表示为 DAG,其中顶点表示此步骤任务,边表示任务之间的分支条件。每个任务都引用具有特定参数指定应用,且该应用已准备好在 docker 运行时上运行。

基本模型随着顶点和边数量的增加而线性增加。可以根据需要扩展 JSON 字段。例如,可以向某些边添加触发条件,以便仅在满足指定条件时才触发这些边。此外,可能会根据需要指定其他字段。例如,可以向某些边添加触发条件,使得仅在满足指定条件时才触发这些边。基本模型基于 DAG 模型泛化为不同类型的事件链。

在现实环境中,任务通常分解为任务层次结构,因此可以通过保留任务层次结构来降低复杂性。基本模型不可组合为分层 DAG。为了降低大型事件链存储复杂度,提出了一个嵌套组合模型,该模型可以组合多个基本模型,重用不同用户事件链来构建模块化复杂事件链。组合模型将多个平面结构化模型组合为层次结构。组合 DAG 模型编码并发、触发和顺序条件,并表示基于自然建模结构的组合测试,其中平面事件链表示为 DAG 顶点。

顶点将基本模型或应用称为基本模型,边表示源顶点和目标顶点之间顺序关系。用"subWorkflow"元组数组表示顶点,该数组包括基本模型标识符和名称、顶点标识符以及表示它是否为根顶点的布尔变量。此外,需要一个"分支"元组数组来表示类似基本模型的顺序关系。图 8.3 所示为嵌套行为序列结构示例。

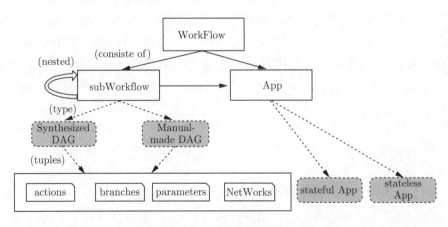

图 8.3 嵌套行为序列结构示例

测试平面和基于嵌套的应用程序 JSON 模型的大小,并为两种模型设置相同数量的应用程序。对于基本模型,每个顶点对一个应用程序函数进行编码,而对于嵌套模型,每个顶点对由 50 个顶点组成的平面模型进行编码。因为嵌套模型对任务层次结构进行了简洁编码，嵌套模型较平面模型将存储空间降低了 1 个数量级，如图 8.4 所示。

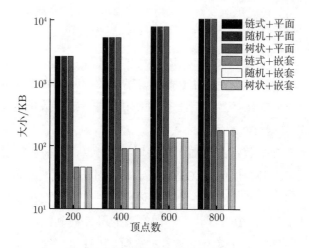

图 8.4　平面模型和嵌套模型大小

接下来介绍一种自动合成流行结构化事件链的方法。合成自动创建不同的事件链，以减轻应用程序的构建负担。实验操作员可以根据实验需要，进一步修改这些合成模型。合成过程分三步进行：首先，实验操作员为目标应用配置默认参数，这些默认参数可以通过GUI 界面进行修改；其次，实验算子为合成工具提供输入参数，这些参数由所需应用集、事件链中顶点数和事件链模型类型组成（提供三种流行拓扑结构：随机、链和伞）；最后，该工具根据输入参数合成 DAG 拓扑。合成过程首先在模型中生成根顶点，并为此顶点分配一个随机装置；然后根据拓扑类型约束生成此顶点后代，其中每个后代顶点通过都是基于根顶点通过相同过程创建的。此过程以递归方式运行，直到顶点数满足输入要求。

现实世界的事件链通常是分层结构，现有模型无法进行本地表示。实际实验通常由实验事件层次结构组成，这需要组合结构规范模型。虽然这些任务可以表示为脚本或普通 DAG模型[7,12-13]，但这些研究并没有利用分层组合结构来降低表示复杂度。与这些研究不同的是，事件链模型基于统一表示模型组织分层事件，并支持用于大规模测试的自动合成模型。

## 8.4.2　任务调度

每个事件链对应一个行为序列作业。因此，需要处理多个行为序列。即使是单个行为序列的调度问题也是 NP-hard[14-16]，因此为各种 DAG 结构设计最佳 DAG 调度器很棘手。

由于事件工作负载具有并发性质，调度程序应允许弹性功能扩展和及时响应。不同应用程序有不同的网络需求，很难提前预测网络资源的使用情况。由于模拟逻辑的原因，单个事件链可能会持续很长时间，并且大多数模拟都是网络密集型的，因此每个行为序列的存储和计算开销不会太高。此外，模块框架在几秒内启动和停止 docker，它提供了一个隔离任务执行单元，因此，我们提出了一个弹性框架，该框架为不同事件链分配专用的模块化事件调度器。首先，通过解耦行为序列执行和应用程序之间的绑定，实现横向扩展 DAG 结构化行为序列调度和单个 Internet 应用程序函数调用的执行。其次，采用被动方式处理事件链。调度程序监视应用程序的执行进度，并相应地调整行为序列的执行，以优化行为序列的突发性和动态性。每个最少工作剩余任务执行器根据本地工作负载压力[17] 比其他任务执行器更频繁地拉取测试任务。此外，在事件链完成或中止后，动态清理分配资源。

**1. 基本框架**

每个工作线程都参与到事件链调度框架中，如图 8.5 所示。所有组件都由底层模块平台封装，该平台实时启动和停止 docker。

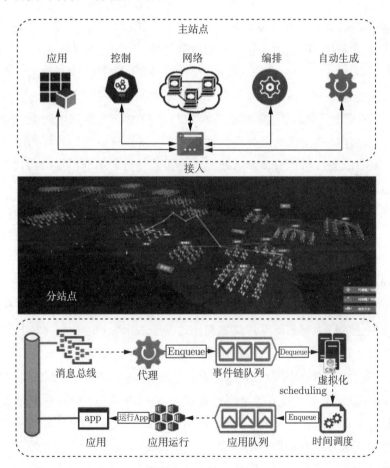

图 8.5 事件链调度框架

规划程序为前端客户端提供服务，前端客户端根据前端请求将行为序列消息调度到共享消息总线。代理服务以 FCFS（先到先得）的方式处理行为序列请求，并触发为不同行为序列创建隔离的规划环境。

对于每个队列内的行为序列，框架调度一个单独事件规划程序：事件规划程序负责根据事件链定义生成分解的 DAG 事件，将这些 DAG 事件异步推送到事件队列，并控制每个 DAG 事件的执行进度，直到整个行为序列完成。在行为序列完成或终止后，立即清理事件规划程序。

若要在分布式节点上执行 DAG 事件，则框架通过模块平台预配置一组分布式任务执行程序。任务执行程序从事件队列中提取 DAG 事件，并执行相应应用程序的函数调用。每个任务执行者的工作负载都会根据本地工作负载压力进行自适应调整。

**2. 行为序列调度**

首先，对于平面结构 DAG，事件规划程序分析此 DAG 模型，然后以广度优先搜索（BFS）的方法调度任务。事件调度器从根顶点开始，读取顶点元数据，并生成任务，将任务推送到应用程序队列，由去中心化任务执行器处理。

其次，对于分层行为序列，顶点可以指执行应用或执行行为序列模型。为了降低调度复杂度，事件调度器将一个顶点（表示为行为序列顶点）行为序列模型解码为基本实验模型：如果行为序列模型是基础模型，那么直接从 CouchDB 数据存储中读取对应基本模型拓扑规范，并将行为序列顶点替换为此拓扑结构，即将拓扑根顶点与此行为序列顶点父顶点连接以及将拓扑叶顶点（可能有多个叶顶点）连接到此行为序列顶点的后代上。因此，在解码过程之后，每个任务都是指精确执行一个应用。

行为序列可以由多个请求访问，因为应用程序可以在行为序列中并行执行。为了在多次读取和写入下主要实现事件调度元数据的一致性，使用应用于内存中键值存储的分布式锁来处理并发访问。每次只允许一个事件调度程序写入单个 Redis 队列，但多个调度程序可以同时从同一个 Redis 队列中读取。

由于每个行为序列异步执行，不同调度组件需要同步每个行为序列的执行状态。因此，对于未完成或中止的行为序列，事件规划程序还基于表示为"应用程序执行"的队列来保持工作负载状态，这些队列可以直接使用试验标识符进行查找。

执行过程可以在状态机中汇总，图 8.6 所示为行为序列执行状态和状态之间的转换。行为序列从 created 状态开始，然后每个测试都进入 verified 状态，以检查它是否是有效模型规范。接下来，verified 状态进入执行阶段。之后，将 DAG 根顶点分派给任务执行器，如果根顶点执行返回正确且没有错误，则模型进入 running 状态并继续执行根顶点后代；如果根顶点执行由于规范要求而为 skipped，则模型将转换为 skipped 状态；如果执行返回错误，则模型将转换为 failed 状态；如果执行完成整个模型，则模型进入 complete 状态并终止事件调度程序；否则，如果由于 docker 环境异常需要关闭执行，则模型将进入 aborted 状态，需要立即终止执行。

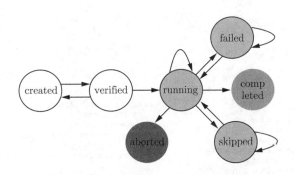

图 8.6　行为序列执行状态和状态之间的转换

### 3. 分支优化

行为序列可能会产生较大数量分支后代。如果没有负载控制，过多后代模块可能会耗尽可用资源。可通过控制事件调度程序将任务推送到应用程序队列的速率来平衡服务器利用率和响应能力，这是因为事件调度程序能够控制应用程序队列的大小。事件调度程序通过 Redis 内存中的键值存储获取分配给此租户的应用程序执行队列的每分钟平均完成率，该存储保留了任务执行程序所报告的执行进度信息。然后，事件规划程序根据每个租户历史测试的执行进度调整写入每个租户应用程序队列的速率。使用应用于内存中键值存储的分布式锁来处理并发访问，以实现读写一致性。

### 4. 应用调度

任务执行程序运行应用程序的函数调用。通过为工作负载感知的应用程序调度部署一个或多个任务执行器来平衡工作节点之间的负载，从而在每个工作线程上横向扩展任务执行程序。

为了自动触发应用程序函数，基于 YAML 语言，通过提供函数名称和输入参数来封装应用程序。图 8.7 所示为一个包含 YAML 文件和基于 Python 的业务流程接口封装应用程序的示例。应用由三个组件组成：docker 规范文件（如果需要，包括应用程序库和源代码）、符合应用 API 规范的基于 Python 的业务流程接口代码文件，以及 YAML 结构化 API 规范文档。

任务执行器将调度扩展到异构实验测试，先定位任务的 docker 镜像。如果没有这样的 docker 正在运行，则启动 docker 实例；否则重用正在运行的 docker，并通过任务规范向该 docker 实例发送 API 调用，等待响应。

如果 docker 完成 API 调用，则任务执行程序会将响应消息写入后端，后端随后将任务的响应消息存储到租户的应用程序执行队列中。如果 docker 持久运行，则任务执行器会将检测信号消息写入后端，后端随后将更新转发到应用程序执行队列。

应用程序有两种类型，即同步应用程序和异步应用程序。对于同步任务，事件调度程序通过任务执行器馈送同步应用程序执行队列回调，并等待同步任务完成或终止。对于异步任务，事件调度程序不会等待此任务终止，而是直接调度其子任务，当此任务完成时，相应任务执行程序会将更新写入后端，然后将任务状态写入异步应用程序执行队列。

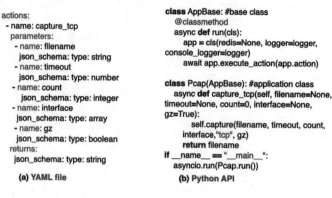

图 8.7　封装应用程序的示例

## 8.5　资源调度优化

并发应用程序可能会争用类似的资源。首先量化资源争用对链式测试完成时间的影响。表 8.2 显示了嵌套事件链平均完成时间，可以看出完成时间相对于链长度超线性增加，这是因为应用程序执行延迟主导完成时间，而规划应用程序则受任务争用影响。

表 8.2　嵌套事件链平均完成时间

| 链长度 | 2 | 3 | 4 |
|---|---|---|---|
| 时间/s | 239 | 528 | 658 |

然后，根据链式测试模型量化 docker 实例任务争用的程度。由于在先进先出（FCFS）的方法中处理任务，因此需要按顺序处理链式任务。在实验场景中混合应用程序，并改变 DAG 模型链式结构的长度。每个顶点引用具有 200 个顶点的基本实验方案模型。将应用随机分配给购物应用程序和视频应用程序中的顶点。购物应用程序需要在客户端和服务器之间交换登录和销售消息。视频应用程序只是将流剪辑从服务器下载到客户端。

表 8.3 显示了购物应用程序和视频应用程序的应用平均完成时间。购物应用完成时间在 29.5 s 左右，而视频应用完成时间为 4.8~21.2 s。因此，基于 docker 编排过程对长期任务造成的干扰很敏感。随着总任务数量的增加，任务很可能会受到慢任务争用的影响。尽管大多数网络实验没有为申请设定严格的截止日期，但干扰可能会降低响应的及时性。

表 8.3  应用平均完成时间

| 应用 | 1 | 2 | 4 | 6 |
|---|---|---|---|---|
| 购物/s | 30.8 | 29.1 | 29.5 | 29.5 |
| 视频/s | 4.8 | 16.1 | 21.2 | 9.8 |

为了控制资源争用,使用反馈方法将应用程序部署到任务执行器。每个任务执行器探测每个工作器节点的备用容量,并通过最少工作剩余调度策略[17]异步从应用程序队列中提取任务。

## 8.6  自动测试效果评估

构建由 10 台数据中心高性能机器组成的仿真测试平台。每台服务器都配置了 docker 客户端 19.03.12 和 k3s 2.5.3,在两台物理服务器上设置 couchDB 3.1.0 和 Redis 6.0.8,每台服务器都有 384 个 CPU 内核(至强铂金 8 260, 2.40 GHz 内核)、755 GB 主内存(DDR4 在 2 400 MHz)和 14 TB 存储空间,运行 64 位 Ubuntu 18.04.4。服务器连接到 25 Gb/s 速率的叶子交换机,叶子交换机以 100 Gb/s 的速率连接到数据中心核心交换机。

图 8.8 包含应用程序和相关运行时应用程序 docker 镜像大小的频率分布。应用程序卷组显示出长尾分布的特点,其中大多数镜像大小小于 50 MB,而少数镜像大小超过 500 MB。这是因为应用既包括需要复杂第三方库指定的应用程序,也包括开源的轻量级应用程序。所以,应用程序驱动的事件链不同于面向计算科学的行为序列和基于通知实验事件的行为序列。

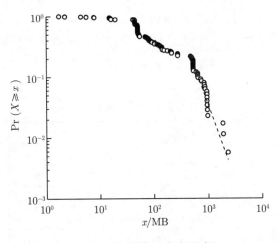

图 8.8  应用模板大小分布

通过自动合成不同事件链来评估合成工具的性能。在更改顶点数量时构建随机网络拓扑。为每个顶点随机选择应用程序应用，并为这些应用设置默认参数。事件链生成平均延迟，如表 8.4 所示，平均延迟随着顶点数量线性增加。1000 个顶点的平均延迟为 1.71 s，10 000 个顶点的平均延迟增加到 12.32 s。

表 8.4　事件链生成平均延迟

| 顶点 | 100 | 1 000 | 10 000 |
|---|---|---|---|
| 时间/s | 0.49 | 1.71 | 12.32 |

将本章系统与主流网络测试自动化引擎进行比较，包括 MAGI、WALKOFF[18] 和 Shuffle[19]。从表 8.5 可以看出，本章系统响应延迟比其他工具低得多。其扩展性优于其他工具低，支持多租户实验、容错、组合 DAG 模型、自动合成和基于 k3s 的分布式部署。

表 8.5　性能比较

| 工具 | 建模 | 容错 | 合成 | 部署 | 响应延迟/s |
|---|---|---|---|---|---|
| MAGI | 扁平 | 不支持 | 不支持 | P2P | 1.85 |
| WALKOFF | 扁平 | 不支持 | 不支持 | swarm | 1.26 |
| Shuffle | 扁平 | 不支持 | 不支持 | docker | 2.25 |
| 本章系统 | 嵌套 | 支持 | 支持 | k3s | 0.82 |

统计分析基于 k3s 组件的资源开销。分析采用 docker stats[20] 收集 CPU 使用率、内存使用率和与主内存相对大小。表 8.6 显示了主要组件的 CPU 占用、内存和镜像大小。通过轻量级页面框架构建前端，前端的 CPU 占用约为 0.001%，内存占用为 223.4 MB。后端主要包括代理、调度、中间件等模块。其中代理的 CPU 占用为 3.42%~7.13%，内存占用为 321.3 MB；调度的 CPU 占用为 4.70%~5.05%，内存占用为 55.1 MB；中间件的 CPU 占用为 0.17%~0.21%，内存占用为 13.2 MB。由于应用程序来源于实验配置，呈现多样性，其 CPU 占用为 0.001%~32.33%，内存占用为 36.7~66.6 MB。

表 8.6　系统主要模块资源消耗

| 模块 | CPU 占用/% | 内存/MB | 镜像大小/MB |
|---|---|---|---|
| 前端 | 0.001 | 223.4 | 213 |
| 代理 | 3.42~7.13 | 321.3 | 53 |
| 调度 | 4.70~5.05 | 55.1 | 16.2 |
| 应用 | 0.001~32.33 | 36.7~66.6 | 15.8 |
| 中间件 | 0.17~0.21 | 13.2 | 104 |

## 8.7 本章小结

面对大规模网络行为的自动测试需求，本章提出并实现了自动化实验编排框架，该框架支持组合场景模型和统一通用编排应用，以及分布式资源池上的弹性调度。评估结果表明该框架能够模拟常见的事件链，其较国际主流编排框架提升了应用调度效率，可有效支持大规模网络行为实验评估。

## 参考文献

[1] NAKATA R, OTSUKA A. Cyexec*: A high-performance container based cyber range with scenario randomization[J]. IEEE Access, 2021, 9: 109095–109114.

[2] NICHOLS J A, SPAKES K D, WATSON C L, et al. Assembling a cyber range to evaluate artificial intelligence / machine learning (AI/ML) security tools[C]. Proc. of the 16th International Conference on Cyber Warfare and Security, 2021: 240–248.

[3] PODNAR T, DOBSON G, UPDYKE D, et al. Foundation of cyber ranges: Technical Report: CMU/SEI-2021-TR-001[R]. Pittsburgh, PA: Software Engineering Institute, Carnegie Mellon University, 2021.

[4] UKWANDU E, FARAH M A B, HINDY H, et al. A review of cyber-ranges and test-beds: Current and future trends[J]. Sensors, 2020, 20(24): 7148.

[5] ATIGHETCHI M, SIMIDCHIEVA B I, CARVALHO M M, et al. Experimentation support for cyber security evaluations[C]. Proc. of the 11th Annual Cyber and Information Security Research Conference, 2016: 1–7.

[6] GOODFELLOW R, SCHWAB S, KLINE E, et al. The dcomp testbed[C]. Proc. of the 12th USENIX Workshop on Cyber Security Experimentation and Test, 2019.

[7] HUSSAIN A, JAIPURIA P, LAWLER G, et al. Toward orchestration of complex networking experiments[C]. Proc. of the 13th USENIX Workshop on Cyber Security Experimentation and Test, 2020：9.

[8] MASSICOTTE F, COUTURE M. Blueprints of a lightweight automated experimentation system: a building block towards experimental cyber security[C]. Proc. of the First Workshop on Building Analysis Datasets and Gathering Experience Returns for Security, 2011: 19–28.

[9] Openstack heat[EB/OL]. https://wiki.openstack.org/Heat.

[10] Stackstorm[EB/OL]. https://stackstorm.com.

[11] K3S platform[EB/OL]. https://k3s.io/.

[12]  FURFARO A, PICCOLO A, PARISE A, et al.  A cloud-based platform for the emulation of complex cybersecurity scenarios[J].  Future Generation Computer Systems, 2018, 89: 791–803.

[13]  WHITE B, LEPREAU J, STOLLER L, et al.  An integrated experimental environment for distributed systems and networks[J]. ACM SIGOPS Operating Systems Review, 2002, 36(S1): 255–270.

[14]  GRANDL R, KANDULA S, RAO S, et al.  Graphene: Packing and dependency-aware scheduling for data-parallel clusters[C]. Proc. of the 12th USENIX Symposium on Operating Systems Design and Implementation, 2016: 81–97.

[15]  MASTROLILLI M, SVENSSON O.  (Acyclic) job shops are hard to approximate. Proc. of the 49th Annual IEEE Symposium on Foundations of Computer Science, 2008: 583–592.

[16]  ULLMAN J D. Np-complete scheduling problems[J].  Journal of Computer and System Sciences, 1975, 10(3): 384–393.

[17]  HARCHOL-BALTER M, SCHELLER-WOLF A, YOUNG A R. Surprising results on task assignment in server farms with high-variability workloads[C]. Proc. of the Eleventh International Joint Conference on Measurement and Modeling of Computer Systems, 2009: 287–298.

[18]  WALKOFF[EB/OL].  https://github.com/nsacyber/WALKOFF.

[19]  Shuffle[EB/OL].  https://github.com/frikky/Shuffle.

[20]  Docker stats[EB/OL].  https://docs.docker.com/engine/reference/commandline/stats.

# 第 9 章
# 网络行为的仿真推演

网络空间对抗形势日趋严峻，网络攻防已成为各国网络攻防对抗的主要内容。世界各国高度重视网络空间安全仿真建设，将其作为支撑网络空间安全技术验证、网络武器试验、攻防对抗演练和网络风险评估的重要手段。互联网应用与工业企业生产组件和服务融合，互联网安全威胁如勒索病毒、APT 蔓延到企业内部网络，而伊朗震网事件、委内瑞拉水电站事件、美国燃油运输管道事件暴露出工业设备漏洞数量多、级别高。随着网络运维集中化，网络设备的入口和控制更加严格，对网络内部的测量和分析将更加困难。新型的网络设备加入和组网比较复杂，短期内数据中心仍然以成熟的交换机和路由器以及虚拟化设备为主，因此，新型算法的研究仍然缺乏真实的平台环境，而且新的算法和模型带来了网络运维的风险，新型网络算法研究仍然需要以实验室环境的仿真验证评估为主。

佛罗里达国际大学 J. Liu 教授[1] 指出网络仿真提供了运行在虚拟机和虚拟网络的未修改应用实施网络实验的运行环境，并且能与真实的操作系统接口和库进行交互。物理网络实验床提供真实的操作环境，能直接用真实网络流量按需测试应用，但是这种方式不可控，无法对物理实验床不支持的应用进行测试，并且规模受限，难以研究应用可扩展性和鲁棒性等重要问题；网络模拟能有效分析整体设计的各个方面，能回答如果-那么类型的问题，能揭示复杂系统特征，并行网络模拟能高效处理大规模细粒度模型，但是模拟不等于真实，在模拟环境下通常难以复现真实的网络流量和行为条件；网络仿真在可控和精确性之间取得了较好的折中，但是类似于物理实验床，规模和容量受限于物理条件。网络行为仿真从三个层次改进了网络模拟：应用或用户层仿真利用真实的应用或预捕捉流量替代合成的网络流量；协议层仿真利用真实的协议替代模拟的协议；链路层仿真通过真实的有线或无线链路替代模拟的链路。

日本奈良理工学院的 H. Hazeyama 教授[2] 比较了网络实验床、网络模拟、网络仿真、互联网仿真的联系和区别：网络实验床通过集中或联邦管理的软硬件设施支持数据收集、实验实施、分布协调等复杂功能，但是财力和人力资源耗费昂贵；网络模拟通过计算机运行对网络环境进行抽象模拟的数字模型，模拟器支持算法功能和性能测试，但是模拟器无法运行真实的程序，用户必须重写网络模拟代码，并且无法监测操作系统或硬件导致的影响；网络仿真在真实操作系统上搭建对网络环境进行抽象的仿真器，利用仿真器运行测试程序，收集程序行为数据，能使用真实的软硬件，具有可控、可管理、可追溯、全面监测、成本合理等优势。互联网仿真搭建能反映互联网整体特征（网络拓扑、DNS 拓扑、路由、流量、端节点等）的软硬件设施，是网络仿真的扩展形态。

网络行为仿真[3] 是将生产网络环境（例如互联网环境）中可能出现的各类网络行为按需映射到网络空间安全仿真环境中，提供一种按需灵活定制的仿真复现能力。网络行为仿真包括背景流量仿真和基于应用、用户活动的前景行为仿真。背景流对应与用户应用不相关的应用或设备生成的网络流量等；前景流对应与目标应用相关的网络流量。

在以场景为牵引的网络攻防演练中，试验人员可基于试验场景需求，通过网络行为仿真与评估构建丰富的网络流量、应用及用户行为，增强网络空间安全仿真平台上试验的灵活性和可信性。

## 9.1 网络行为仿真与评估介绍

网络行为仿真与评估聚焦如何有效采集、提取和利用网络空间数据和规律，建立网络行为仿真智能化框架体系结构和模型算法，提升数据驱动的网络行为仿真逼真程度。仿真对象通常是大规模的、复杂的、分散化的系统实体，仿真场景是多方的、频繁竞争的场景，仿真行为需要收集极限条件、罕有条件下发生的事件。

网络行为包括多个层次：① 信息行为模型，即网络或电磁的消息传输、处理转发、病毒感染；② 认知行为模型，即感知、识别、判断、决策；③ 物理平台行为，即平台移动、物理或虚拟状态改变。

网络行为具有反应、时序、触发等不同类型：① 反应，根据自身状态或外部环境的变化产生临机行动；② 时序，在执行特定任务时，行为由多个行动组成，以行动组合的形式存在，行动之间有明确的时间先后顺序，前一行动有效执行后才可以执行后一行动；③ 触发，行为在满足一定的触发条件时才能发生，不同的行为需要满足不同的状态条件才可以被触发。

网络行为仿真提供多种类型的网络行为的建模与生成：① 领域用户行为仿真模拟，采集大规模的真实用户行为数据，建立用户行为的精准画像，通过画像模型合成出更为逼真的用户操作序列，支持群体的网络行为仿真模拟场景需求；② 领域软件行为仿真模拟，集成大规模、异构的用户群体在不同空间、不同时间、不同规模下的应用的操作行为，提升仿真的逼真度和仿真性能；③ 领域业务系统行为，集成真实或者仿真设备的接口，构建对于设备的交互行为模型，支持多元异构的设备的远程操作；④ 背景网络流量，支持 IP 和非 IP 协议的流量生成，支持回放的参数动态灵活定制，支持大规模的多点实时回放。

网络行为仿真的核心需求包括：① 网络行为仿真模拟规划，用于分析与制定用户、应用、网络流程序的行为规律与规则；② 网络行为仿真模拟建模，用于构建对用户、应用、网络背景前景和恶意流的计算机仿真模型表示；③ 网络行为仿真模拟运行时，用于调度用户、应用、网络流程序的运行过程。

网络行为仿真的评价指标包括：① 可控，即灵活创建多样化的网络场景，能够复现不同赛博实验中的背景流量和前景流量场景；② 可扩展，即描述和仿真大规模的网络活动；③ 保真性，即能够重现重要的系统和网络效果，如空间逼真度（反映流量 IP 的分布特征）、时间逼真度（应用流量的时序分布特征），仿真的逼真度经常因为缺乏真实比对数据而难以定量评测；④ 性能，即支持高吞吐率数据传输，仿真性能指标包括数据传输速率、资源利用率、并发处理效率、流量生成速率（如比特率、包速率）、支持的网络节点数等。

当前，网络行为仿真技术体系还不够成熟，学术界和工业界尚处于局部性探索尝试阶段，各家有各家的工具和系统，缺乏统一权威的仿真流程自动化方法和标准。网络行为仿真环境从以太网、广域网环境扩展到虚拟网络、软件定义网络、物理与虚拟混合仿真网络环境；仿真对象从数据重放、虚拟背景流量仿真功能扩展到对复杂网络系统行为的前景流量仿真功能；仿真层次从无状态的数据报文流量仿真扩展到有状态的复杂交互仿真；仿真控制模式从模型独立于系统的开环控制扩展到模型与系统交互的闭环控制；仿真框架从命令行参数、脚本文件发展到高层建模框架；仿真程序从单机单进程、单机多进程发展到客户端服务器、全分布式等系列产品。仿真模式包括纯软件模拟、纯物理硬件模式、基于物理硬件加虚拟化软件的仿真模式等。仿真应用场景包括性能分析评估、产品和技术验证、网络入侵检测、网络攻防演练与研究发展等。

网络行为仿真与评估构建流程自动化的网络行为仿真环境，编排和调度多样化网络仿真业务流程（简称仿真序列），通用化背景流框架支持海量的真实网络空间流量模型（简称背景流模型），虚拟化用户行为模拟模型复现典型的前景用户应用行为（简称前景流模型），高效调度目标网络中的虚拟化任务运行环境完成仿真任务，有效解决网络仿真实验手工脚本控制难以自动化编排和调度的问题，为更为智能化的网络行为仿真奠定基础。

## 9.2　参考模型

网络行为描述了网络上各类元素对象动态交互过程，它以各类网络服务协议及应用为运行载体，形成了不断变化的、丰富多样的网络流量，反映出网络拓扑结构在给定时间内的网络上形成的场景特点。网络行为仿真通过物理或虚拟的手段支持一定规模网络行为的模拟仿真。

运行框架规划了网络行为仿真的实验组织过程，控制网络行为仿真过程的业务流程，包括流量仿真配置模板、仿真过程调度、仿真场景配置、并发传输控制等功能模块。

背景流仿真是指通过可编程的软硬件设施向目标网络注入真实捕获或人工合成的网络流。背景流通常定义为不相干应用产生的网络流量。背景流与前景流争抢网络资源，影响网络应用的行为。

前景流仿真是通过用户行为操作序列仿真用户的应用使用活动。用户行为仿真的目的在于针对互联网上用户的网络行为，仿真出能够产生符合网络用户行为的操作活动。

网络行为仿真与评估应当能够实现灵活的运行框架编排技术和多样化的网络仿真业务流程，支持海量的逼真背景流仿真，复现典型的前景用户应用行为，调度目标网络中的虚拟化任务运行环境以自动化完成仿真任务。

网络行为仿真与评估参考模型主要包括流程编排模块、解析调度模块、监控管理模块、数据管理模块和应用程序。各个组件之间通过 API 进行交互，具体 API 包括流程编排接口、解析调度接口、监控管理接口、数据管理接口和应用程序接口（见图 9.1）。

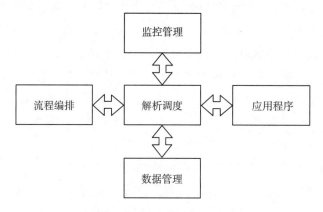

图 9.1　运行框架子系统架构

## 9.2.1　序列模型

序列模型本质上是一个基于有向无环图的表征对象及相关属性的集合，随着对象类型的增加，序列模型中属性可以动态增加。序列模型可以以图形化的方式或以结构化文本建模语言的方式来描述。序列图形化模型示例如图 9.2 所示。

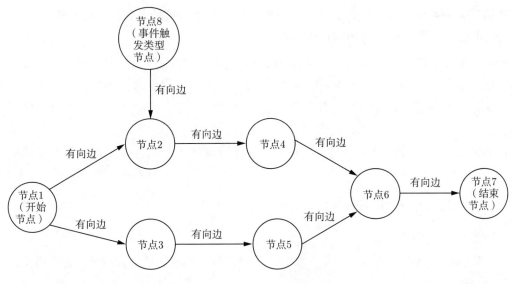

图 9.2  序列图形化模型

## 9.2.2  关键指标

**1. 运行框架能力核心指标及划分依据**

1) 运行框架场景编排模型能力

该指标是指网络行为仿真场景的流程化编排能力，系统通过预先建立好的编排模型框架为仿真场景设计用户提供场景编排服务，便于按需组装已经封装好的前景流和背景流模板，形成运行框架模板。

2) 运行框架有向无环图拓扑种类

该指标是指表征运行框架的图形拓扑模式的多少，种类越多表示运行框架的仿真流程场景构建能力越强。

3) 运行框架场景随机生成

该指标是指运行框架是否支持运行框架场景的自动化一键式随机生成，这是一个自动化能力核心指标，可减少场景设计人员的工作量。

4) 运行框架并发执行能力

该指标是考察运行框架对多用户和多运行框架同时使用系统资源的支持能力，是否支持并发地在系统中运行，并发度越高，并发执行能力越强。

5) 划分依据

运行框架应当支持基于可视化编辑工具定制仿真运行框架，对应用行为仿真和背景流仿真描述为有向无环图的仿真运行框架模型，配置仿真运行框架运行环境资源条件，自动部署仿真运行框架任务到任务代理节点，对试验任务进行持续管理，提供对仿真运行框架任务的实验环境配置和管理；支持对运行框架实例及其所属任务实例执行过程进行管理；支持背景流、前景流模板的构建管理与综合查询。

综上所述，根据设计和执行的流程，运行框架划分为运行框架设计、运行框架编排和运行框架执行三个阶段。运行框架设计阶段要支持多样化的有向无环图种类，能够自动化生成运行框架场景；运行框架编排阶段要有灵活的编排工具；运行框架执行阶段要支持多用户、多运行框架的并发执行。因此，运行框架场景编排模型能力、运行框架有向无环图拓扑种类、运行框架场景随机生成能力、运行框架并发执行能力是运行框架的核心指标。

**2. 前景流仿真能力核心指标及划分依据**

1) 前景应用模板数量

该指标是指系统能仿真模拟用户操作多少种不同应用的行为，数量越多，说明仿真模拟能力越强。

2) 前景应用插件式接口开发能力

该指标是指系统对模拟应用开发用户提供的开发接口格式，以便于前景模拟应用的种类扩展。

3) 前景流序列生成能力

该指标是指为仿真用户操作应用而基于用户输入的序列来构建操作步骤的过程，其输入是用户的行为模式，输出是用户操作行为模板文件，或称时间线文件。生成过程越快，说明生成能力越强。

4) 划分依据

前景流仿真应具备如下能力：

(1) 应具备模拟的用户行为序列生成能力，支持根据现网用户行为模板或自定义用户行为模拟算法生成模拟的用户行为序列。

(2) 应支持尽量多的模拟用户操作前景应用行为模型种类，模型应涵盖模拟用户与主流互联网应用的交互模式，例如，模拟用户使用浏览器类应用（谷歌、火狐、IE 等）、模拟用户使用办公软件类应用（Notepad、Word、Excel、PowerPoint 等）、模拟用户使用电子邮件类应用（Outlook 等）、模拟用户使用电子商务类应用、模拟用户使用流媒体类应用、模拟用户使用社交网络类应用、模拟用户使用搜索引擎类应用、模拟用户使用网络新闻类应用、模拟应用使用博客类应用等。

(3) 应具备前景应用任务远程调度能力，调度模块为运行框架模型中的一个前景应用任务节点生成一个或多个任务实例，基于一定策略为其分配资源，并管理其生命周期。

(4) 应具备前景应用插件式接口开发能力，提供图形化开发模板规范，给出开发接口使用说明文档，降低应用开发门槛。

综上所述，试验准备阶段需要基于插件式接口开发前景流程序，提供多样化的前景用户行为程序模拟程序，开发反映典型的用户行为操作序列；试验运行阶段需要通过运行框架调度前景应用模拟模型，在目标网络下发模拟程序，部署前景应用模拟环境，执行用户行为操作序列。因此，前景应用模板数量、前景应用插件式接口开发能力、用户行为模拟序列生成能力应作为前景流仿真能力核心指标。

**3. 背景流仿真能力核心指标及划分依据**

1) 支持模拟的应用协议模型数量、攻击流量模型数量、恶意软件流量模型数量

该指标是指生成的流量包中可模拟多少种应用协议、攻击行为以及恶意软件的数量和行为模式。支持的数量越多，说明仿真模拟能力越强。

2) 不同 IP 地址的模拟用户数量

该指标是指在进行背景流仿真时，仿真程序最多可构建多少个不同 IP 地址的客户端，以模拟大量来自不同地点的用户。支持的数量越多，说明仿真模拟环境越接近真实环境。

3) 每秒新建会话连接数量、并发连接数量、聚合流量峰值

该指标是指生成背景流量时系统每秒能新建多少会话连接、在生成背景流量时系统能同时保持多少活动会话连接、在生成背景流量时所有流量生成节点在某时刻产生的流量总和。

4. 划分依据

背景流仿真具备如下能力：

(1) 应满足尽可能多不同 IP 地址的模拟用户，应模拟 IPv4 地址池中地址，具备 IPv6 地址的模拟能力。

(2) 应支持尽可能多模拟的应用协议模型。模型应涵盖主流应用分类，例如浏览器类应用（谷歌、火狐、IE 等）、办公软件类应用（网络会议应用、在线项目和文档协作应用等）、电子邮件类应用（Outlook 等）、电子商务类应用、流媒体类应用、社交网络类应用、搜索引擎类应用、网络新闻类应用、博客类应用等。

(3) 应支持尽可能多模拟的攻击流量模型。模型应涵盖现网中常见的攻击手段，例如 DDoS 泛洪攻击、木马攻击、蠕虫攻击等。

(4) 应支持尽可能多模拟的恶意软件流量模型数量。模型应涵盖现网中常见恶意软件和不同威胁级别的恶意软件，例如 Email-Worm、P2P-Worm、Trojan-Mailfinder 等。

(5) 应支持较高水平的每秒新建会话连接数量。当硬件设备数量扩展时，该指标可线性随之扩展。

(6) 应支持较高水平的并发连接数量。当硬件设备数量扩展时，该指标可线性随之扩展。

(7) 应支持尽可能大的聚合流量峰值，包括系统级聚合流量峰值和每个背景流测试用例的聚合流量峰值。

(8) 应支持可接受的背景流仿真模板库查询响应时间，包括批量背景流模板的查询响应时间和单背景流模板的查询响应时间。

综上所述，试验准备阶段需要准备背景流模型模板，包括合法的应用流量模型、攻击行为的流量模型，以及恶意软件的流量模型，根据试验想定的规模配置模拟用户数量，根据新建会话连接数量、并发连接数量、聚合流量峰值配置满足要求的背景流仿真运行环境；试验运行阶段需要在目标网络部署背景流仿真环境，执行背景流量仿真打流。因此，支持模拟的应用协议模型数量、攻击流量模型数量、恶意软件流量模型数量、不同 IP 地址的模拟用户数量、每秒新建会话连接数量、并发连接数量、聚合流量峰值应作为背景流仿真能力核心指标。

## 9.3 核心指标

网络行为仿真能力评估技术分为检查和性能测试。

(1) 检查：通过人工方式检查相关的硬件配置和软件功能，并对结果进行统计，主要包括系统配置检查和系统功能检查。

(2) 性能测试：编写测试用例，根据系统对外开放的接口进行逐一测试，并对测试结果进行记录和统计。

### 9.3.1 运行框架核心指标评估方法

(1) 测评指标：网络仿真评估平台能够支持的运行框架功能和性能包括运行框架场景编排模型能力、运行框架有向无环图拓扑种类、运行框架场景随机生成能力、运行框架并发执行能力等。

(2) 测评对象：网络仿真评估平台提供的运行框架服务。

(3) 测评实施：应通过测试用例，调用运行框架服务，根据测试结果统计运行框架能力，查看是否满足运行框架核心指标评估的要求。

(4) 判定：如果以上测试实施内容为肯定，则符合本项测评指标要求，否则不符合本项测评指标要求。

### 9.3.2 前景流仿真核心指标评估方法

(1) 测评指标：网络仿真评估平台能够支持的前景流仿真功能和性能包括前景应用模拟模型种类、前景应用插件式接口开发能力、用户行为模拟序列生成能力等。

(2) 测评对象：网络仿真评估平台提供的前景流仿真服务。

(3) 测评实施：应通过测试用例，调用前景流仿真服务，根据测试结果统计前景流仿真能力，查看是否满足前景流仿真核心指标的要求。

(4) 判定：如果以上测试实施内容为肯定，则符合本项测评指标要求，否则不符合本项测评指标要求。

### 9.3.3　背景流仿真核心指标评估方法

(1) 测评指标：网络仿真评估平台能够支持的背景流仿真功能和性能包括支持模拟的应用协议模型数量、攻击流量模型数量、恶意软件流量模型数量、不同 IP 地址的模拟用户数量、每秒新建会话连接数量、并发连接数量、聚合流量峰值等。

(2) 测评对象：网络仿真评估平台提供的背景流仿真服务。

(3) 测评实施：应通过测试用例，调用背景流仿真服务，根据测试结果统计背景流仿真能力，查看是否满足背景流仿真核心指标评估的要求。

(4) 判定：如果以上测试实施内容为肯定，则符合本项测评指标要求，否则不符合本项测评指标要求。

## 9.4　总体框架

总体框架包括运行框架子系统、背景流仿真子系统和前景用户行为模拟子系统。

(1) 运行框架子系统：网络行为仿真实验中仿真序列规划编排、序列编译解析、序列调度、序列运行监控等功能；提供序列模型建模网络行为仿真场景、序列自动化执行及实时可视化监控，提供序列任务的虚拟化运行环境。根据任务灵活部署仿真序列的虚拟化实例，提供多个仿真序列的并发运行，对序列任务进行集中和协作式的调度管理，存储背景流模型、前景用户行为模型数据，支持网络仿真数据综合查询。

(2) 背景流仿真子系统：构建背景流量仿真模型，构建背景流量仿真的任务运行环境，根据仿真序列的任务指令调度和执行背景流量仿真模型，并向运行框架子系统返回仿真结果。

(3) 前景用户行为模拟子系统：根据序列自动构造用户应用操作序列，生成真实的用户应用操作数据，分析用户行为特征，提供用户行为模板的管理，提供通用操作接口和专用操作接口，提供外部调用 API 接口，支持在试验场景中根据可视化界面下发的序列模拟正常用户对应用序列的操作以及某一应用功能序列的操作。

## 9.5 运行框架

### 9.5.1 功能模块

运行框架子系统[4]分成 Web 前端和后端两部分，前端通过调用后端提供的各类服务接口，实现系统前端用户所需的全部操作管理功能；后端通过几个关键组件实现序列系统的运转。系统功能架构应包括 Web 前端、序列编排、序列解析、调度管理、监控等主要功能模块。

**1. 流程编排模块**

流程编排模块主要负责网络行为仿真业务流程的编排配置，主要功能包括序列实例定义和序列模板管理。序列实例定义主要是用户根据需要仿真的网络行为及其之间的关系定义对应的序列实例，并配置序列中任务执行所需的参数；序列模板管理主要是对序列模板进行增、删、改、查等操作。

**2. 解析调度模块**

解析调度模块内部分为解析子模块和调度子模块。解析子模块主要负责解析序列实例，提取序列实例中的任务及其约束关系，生成任务队列。调度子模块主要负责对序列队列和任务队列进行调度管理：一方面要保证多个序列实例之间的负载均衡；另一方面要保证每个序列实例中的任务在相应的应用程序中运行。

**3. 监控管理模块**

监控管理模块主要负责收集序列实例中任务的运行状态、序列实例整体运行状态、工作节点状态及其他自定义的监控指标，将动态收集的监控数据进行汇总并利用可视化技术展示网络行为仿真与评估的整体运行状态。

**4. 数据管理模块**

数据管理模块主要负责高效管理网络行为仿真与评估中各类持久化数据，如序列实例数据、序列模板数据、监控数据和系统管理数据。

### 9.5.2 运行框架子系统使用流程

序列的使用应按照如下顺序进行：总控站点配置、分站点注册、序列模板导入、序列下发、序列运行、序列释放、试验总结。具体描述如下。

### 1. 总控站点配置

总控站点构建异构应用程序任务调度方案,通过有向无环图架构描述各分站点需要部署的应用程序安装和启动配置,定义应用程序的运行时序,然后启动全局任务调度,对各分站点的应用程序任务调度进行全生命周期管理。

### 2. 分站点注册

分站点提供应用程序任务调度的局部任务调度、任务执行、应用程序运行。分站点通过局部任务调度框架建立任务执行队列,通过多调度器队列支持多任务的并发执行,本地缓存常用的应用程序模板实例,避免频繁的远程应用模板拉取,支持快速的应用程序调用。

### 3. 序列模板导入

试验设计人员通过图形化界面选取序列模板,加载序列编排管理模块。序列编排模块的输入为序列模板的 JSON 文件,并为每个局部任务调度器构建一个本地的调度队列,缓存序列队列数据。队列的元素为键-值对,键为顶点的应用程序名称,值为应用程序运行所需的元数据。首先通过图宽度优先算法遍历 JSON 文件编码的有向无环图结构,获得有向无环图的顶点的拓扑排序,将拓扑排序按照从小到大的顺序以正整数数值写入顶点的元数据字段,然后将顶点拓扑排序按照从小到大的顺序插入调度队列。

### 4. 序列下发

试验设计人员启动序列实例化编译解析模块,对序列实例进行解析编译,生成可调度的序列任务。面向多用户多并发的序列实例需求,总控站点在每次执行应用程序任务调度方案时,单独构建一个调度器实例,该调度器实例负责应用程序任务调度的全生命周期,在应用程序任务调度结束后自动退出。

### 5. 序列运行

试验设计人员向运行框架发送试验运行控制指令后,序列开始运行。试验设计人员通过总控站点前端查询在线的分站点资源,根据试验任务需要选择分站点,并下发网络试验任务模型。同时,试验设计人员向分站点下发应用模板,分站点任务调度框架可自动拉取所需的应用模板。分站点接收到试验任务启动指令后,调度和执行相应的试验任务,按需下载所需的网络试验模型文件和应用镜像文件,部署模块化的应用模板,并建立试验任务的虚拟网络,通过分布式中间件获取任务消息,动态构建仿真网络拓扑,调度网络试验应用程序在网络拓扑上执行测试过程。用户利用总控站点将配置关系编码为一个 JSON 消息,通过消息总线广播到所有的分站点,分站点订阅到配置关系 JSON 消息后,解析应用程序任务调度方案消息,并存入本地的后端关系数据库,更新待执行的应用程序任务调度方案。分站点调用局部任务调度功能执行应用程序任务调度方案。

试验运行过程中，试验设计人员通过序列监控对试验运行状态、资源占用状态、应用运行状态、试验进度等数据进行监控。用户配置各分站点的应用程序任务调度方案，批量启动各分站点通过局部任务调度执行各自的应用程序任务调度方案，各分站点定期报告局部任务调度的顶点完成比例，所有分站点完成各自的应用程序任务调度后，全局任务调度结束，总控站点释放各分站点的应用程序存储资源。

**6. 序列释放**

试验启动运行后，试验设计人员向运行框架发送试验停止控制指令后序列停止运行。分站点自动推送测试结果数据到总控站点的共享存储中，然后清理和重置分站点运行环境。

**7. 试验总结**

试验结束后，试验设计人员对试验数据进行整理和分析，总结试验结论。

## 9.5.3 运行框架功能要求

**1. 流程编排模块要求**

1) 支持基于结构化建模语言对序列进行统一描述建模；2) 支持图形化编排配置；3) 支持对序列实例/模板的增、删、改、查操作；4) 支持流程闭环校验；5) 支持配置参数正确性校验；6) 支持嵌套序列编排。

**2. 解析调度模块要求**

1) 支持校验序列实例是否满足序列模型要求；2) 支持解析序列实例中的任务及其约束关系，并将任务放入任务队列；3) 支持序列生命管理常用操作，包括启动、暂停、恢复和终止；4) 支持对任务队列按序调度任务，保证任务完整执行；5) 支持多粒度并发调度，包括序列实例粒度并发调度和任务粒度并发调度。

**3. 监控管理模块要求**

1) 支持对序列执行过程中相关数据的采集，形成原始监控数据；2) 支持对原始监控数据的分析处理，形成更具层次化结构的数据模型，即衍生监控数据；3) 支持对监控数据（包括原始监控数据和衍生监控数据）的按需查询和图形化展示。

**4. 数据管理模块要求**

(1) 序列实例数据管理要求：支持新建、删除、修改及查询序列实例数据。

(2) 序列模板管理要求：① 支持新建、删除、修改及查询序列模板；② 支持序列模板导入和导出；③ 支持序列模板多样化分类展示，如基于序列功能描述关键字的分类展示、基于使用频次的分类展示、基于属主用户的分类展示。

(3) 监控数据管理要求：① 支持基于采集偏好对序列实例运行原始状态数据进行采集；② 支持对原始状态数据进行查询；③ 支持对原始状态数据进行加工处理，形成衍生状态数据；④ 支持对衍生状态数据进行查询；⑤ 支持对状态数据（包括原始状态数据和衍生状态数据）进行删除。

(4) 系统管理数据要求：① 支持系统基本信息查询展示，如当前版本、启动时间、运行时间、系统日志信息查询展示；② 支持系统参数配置、备份与恢复；③ 支持系统版本更新，自定义版本更新方式，如自动下载并安装更新或手动管理；④ 支持系统重置与初始化，将系统各类参数配置恢复到默认状态，清除历史痕迹。

## 9.5.4　运行框架接口要求

### 1. 流程编排接口

流程编排接口包括：1) 序列构建，用于构建各种类型的序列节点，如开始节点、普通应用节点、子流程节点、事件触发节点、终止节点；2) 序列参数配置，用于配置各类序列节点对应的参数变量，如输入数据和输出数据，分为可选参数和必选参数，应给出默认参考示例。

### 2. 解析调度接口

解析调度接口包括：1) 序列解析，用于对序列实例进行解析；2) 序列启动，用于启动序列实例调度，即设置序列实例状态为运行；3) 序列暂停，用于暂停序列实例调度，即设置序列实例状态为暂停；4) 序列恢复，用于恢复序列实例调度，即设置序列实例状态为运行；5) 序列终止，用于终止序列实例调度，即设置序列实例状态为终止。

### 3. 监控管理接口

监控管理接口包括：1) 查询序列运行状态；2) 查询序列任务运行状态；3) 查询系统关键指标，如序列实例总数、序列模板总数、任务运行次数、序列实例运行次数、硬件资源信息及使用率等；4) 查询指定监控数据项，如序列启动时间、序列完成时间、序列已执行时间、序列进度等。

### 4. 数据管理接口

数据管理接口包括：1) 序列模板的新增、删除、查询和修改；2) 序列模板的导入/导出；3) 序列实例的新增、删除、查询和修改；4) 监控数据的查询和删除；5) 系统基本信息查询；6) 系统日志查询。

### 5. 应用程序接口

应用程序接口包括：1) 启动任务；2) 挂起/恢复任务；3) 终止任务；4) 查询任务状态。

### 9.5.5 运行框架性能要求

**1. 运行效率要求**

在可用系统资源不变的情况下，系统应保证在单位时间内处理尽可能多的序列实例，即处理序列实例的吞吐量越大越好，例如，根据实际场景可以要求平均每 1 个 CPU 内核数、1 GB 内存、10 GB 硬盘的系统资源至少支持 1 个序列实例。

**2. 公平性要求**

在多用户多序列实例共享运行环境时，系统满足以下资源分配公平性要求：

(1) 避免少数用户提交的序列实例长期占用系统资源，导致其他用户提交的序列实例因无法获取资源而较长一段时间内无法执行（即出现"饥饿"），例如，根据实际场景可以要求单个用户提交的序列实例运行时间不得超过 1 天。

(2) 避免单个序列实例长期占用大量系统资源，导致其他序列实例因无法获取资源而较长一段时间内无法执行，例如，根据实际场景可以要求单个序列实例占用系统资源超过系统资源总量的 10% 的时间且不得超过 1 个小时。

## 9.6　背景流仿真

背景流仿真子系统基于背景流量应用的序列编排实现流量生成和仿真。背景流仿真子系统包括背景流模板管理模块、子系统配置模块、背景流量参数配置模块和背景流量运行控制模块。

背景流仿真控制将配置数据分别下发至背景流量模板管理模块、子系统配置模块、背景流量参数配置模块和背景流量运行控制模块。背景流量模板管理模块根据配置数据从大数据平台获取流量模板资源，对流量模板进行相应操作，如需生成新的背景流量模板，则配置生成流量模板；子系统配置模块依据配置数据从目标网络系统中获取服务器资源进行仿真节点部署；背景流量参数配置模块根据配置数据生成具体背景流量模型；背景流量运行控制模块对整个任务执行过程进行控制。背景流量数据采集模块将背景流量生成信息和采集数据写入大数据平台。

背景流量模板管理模块的主要任务是接收来自运行框架子系统的模板数据文件，然后根据命令进行管理。流量模板库分为三类，包括正常应用流量模板、攻击流量模板和恶意应用流量模板。每个模板都包括 pcap 格式的流量文件，以及使用案例文件。pcap 流量文件可以导出到背景流软件。使用案例文件可以导出到背景流仿真软件。模板库构建依托后端流量爬虫软件定期爬取自有或公开的流量数据，存储到模板库。模板库前端允许对模板

进行增、删、查、改操作。具体步骤如下:

(1) 运行框架子系统向背景流量参数配置模块、背景流量运行控制模块、背景流量数据采集模块、背景流量模板管理模块发送相应的配置数据。

(2) 背景流量管理模块向背景流量模板自动化生成模块发送模板的配置数据。

(3) 背景流量管理模块也会向大数据平台发送需要存储的流量资源数据。

(4) 背景流量模板自动化生成模块与大数据平台交互流量资源文件。

(5) 背景流量模板自动化生成模块返回生成好的模板到背景流量模板管理模块。

(6) 背景流量模板管理模块告诉背景流量运行控制模块可以开始执行。

(7) 背景流量参数配置模块、背景流量模板管理模块、背景流量运行控制模块分别将相应的背景流量生成数据发送到背景流量数据采集模块。

(8) 背景流量数据采集模块将相应的生成数据发送到运行框架子系统。

## 9.7  前景流仿真

前景流仿真子系统基于模块化用户应用的序列编排实现用户行为生成和仿真。前景流仿真子系统包括前景流量模板管理模块、子系统配置模块、前景流量参数配置模块和前景流量运行控制模块。

试验准备阶段,用户通过运行框架子系统编辑序列信息,或通过用户行为模板管理模块自动合成操作序列进而生成对应的序列信息。

试验运行阶段,根据用户编辑的序列信息,目标网络系统自动合成相关的应用模拟节点,前景用户行为模拟环境生成模块根据序列信息与目标网络系统交互获取相关的应用模拟节点及模拟环境信息,并通过前景用户行为模拟任务下发模块将任务信息发送到指定模拟节点上,前景用户行为模拟运行控制模块根据任务信息在模拟节点上依次执行用户设计的模拟流程,日志记录每一步流程的结果并通过前景用户行为模拟信息采集模块将信息发送至大数据平台以供数据分析使用。

前景用户行为模板管理模块将从运行框架子系统接收到的序列信息进行统一管理:一方面发送相应的配置数据到前景用户行为操作序列自动生成模块以合成操作序列;另一方面将过程信息发送到前景用户行为信息采集模块以便未来进行数据分析。

## 9.8 分布式部署

分布式网络仿真评估平台环境下，需要同时在多个分站点环境部署运行仿真系统。系统既支持在各个分站点分别进行实验序列的编排调度，也支持通过中心网络仿真评估平台对所有分站点的试验序列进行统一编排调度。

(1) 分布式实验场景编排技术，通过序列技术配置分站点的试验场景步骤，关联应用模板，配置运行参数，支持嵌套化序列。

(2) 分布任务协同执行，通过接入中间件实现分站点的消息发布和订阅通道，支持分布式分站点消息同步，支持分站点执行状态快速同步。

(3) 数据共享存储技术，实现分站点各类型数据的及时、快速、持久化存储，支持主站点与分站点的数据同步功能。

整个系统采用主从结构，在中心网络仿真评估平台部署一套网络行为仿真与评估系统作为主节点，各个分站点分别部署一套网络行为仿真与评估系统作为从节点。中心网络仿真评估平台配置公网 IP，发布注册接口，分站点根据配置信息远程接入中心网络仿真评估平台进行登录、注册和消息订阅。

用户通过中心网络仿真评估平台 Web 前端提交序列运行请求，中心网络仿真评估平台的后端服务会向各个分站点发送 kafka 消息，各分站点订阅到消息后，分站点的序列解析引擎会将用户提交的序列解析为由一组任务实例构成的序列实例，调度引擎将每个序列实例下的任务实例分配到工作节点（kvm 节点或 docker 节点）上运行。

系统需要采用分布并行调度技术优化运行性能，通过序列运行环境进行区分。可在不同计算资源节点实现分布调度，从而达到调度可扩展；利用多线程或多协程技术实现每一层的调度器的并发执行，提高调度能力。

## 9.9 本章小结

本章提出网络行为的仿真推演框架，构建了网络行为仿真与评估参考模型，归纳总结了网络行为仿真能力评估核心指标，建立了网络行为的仿真推演系统总体框架，实现了分布式系统部署架构，为背景流和前景流的仿真提供了基础支撑。

## 参考文献

[1] ERAZO M A, LIU J. Leveraging symbiotic relationship between simulation and emulation for scalable network experimentation[C]. Proc. of the 1st ACM SIGSIM Conference on Principle of Advanced Discrete Simulation 2013: 79–90.

[2] SUZUKI M, HAZEYAMA H, MIYAMOTO D, et al. Expediting experiments across testbeds with anybed: A testbed-independent topology configuration system and its tool set[J]. IEICE Transactions on Information & Systems, 2009, 92-D(10): 1877–1887.

[3] 符永铨, 赵辉, 王晓锋, 等. 网络行为仿真综述 [J]. 软件学报, 2022, 33(1): 274–296.

[4] FU Y Q, HAN W H, YUAN D. Orchestrating heterogeneous cyber-range event chains with serverless-container workflow[C]. Proc. of the IEEE MASCOTS, 2022: 97–104.

# 第 10 章
# 结 束 语

本书在大规模异构互联网络的背景下，系统地研究大规模网络感知与认知的理论与方法。通过结合课题研究实践，本书详细介绍在网络信息的近似表示、网络空间的邻近搜索、网络行为的关联分析、网络行为的实时跟踪、网络行为的识别与分类、网络行为的全域预测、网络行为的自动测试、网络行为的仿真推演等方面的研究成果和最新进展。

该理论和方法针对互联网计算领域著名的迈特卡夫定律和吉尔德定律下的计算能力和带宽瓶颈问题，以高效可扩展为目标，将网络的行为状态分解为以用户或者程序驱动的网络服务协议及应用为运行载体的前景行为、与用户应用不相关的应用或设备生成的背景行为两个层次，针对黑盒化网络探测、局限化建模与分析、多模态的网络行为认知三个技术挑战，突破大规模网络行为的高效可扩展表示、分析、跟踪、识别、预测、测试、仿真推演等共性关键技术，有效解决了网络感知与认知的计算能力、带宽、存储瓶颈导致的可扩展性问题，以及网络行为建模分析的逼真度问题，实现网络背景行为和前景行为的可扩展探测预测、全流量建模分析、场景化仿真推演，提升网络信息系统的效能和安全水平。

## 10.1 本书总结

### 10.1.1 网络信息的近似表示

基于布隆过滤器进行大规模网络信息精简表示和存储的重要手段，面临的主要挑战是难以解决假阳性和传输带宽多目标优化问题，即无法同时优化现有布隆过滤器的误差和带宽。

第 2 章把网络拓扑的思想引入布隆过滤器的结构设计中，提出了树状结构的新型布隆过滤器，将一维的扁平结构扩展为树状的二维拓扑结构，同时可以优化误差和带宽。树状结构布隆过滤器中每个节点通过固定的地址索引一组子女节点，具备常数时间的数据插入和查询能力；利用树状拓扑的组合查询能力提高了数据存储的局部性压缩比，将各层查询误报的假阳性进行解耦，可以解析选择最优的树状结构存储大小和哈希函数数目。

## 10.1.2　网络空间的邻近搜索

大规模网络的分布式邻近搜索查询是网络空间拓扑结构分析的重要研究内容。其挑战是多尺度大规模多模态的网络信息表征。其核心技术瓶颈是拓扑结构的真实度表征（表征理论难以和真实网络特征匹配）。

针对多尺度多模态网络信息的真实度瓶颈，第3章提出了基于拓扑的多尺度网络信息模型，其核心思想是用拓扑解耦不同尺度，适配真实模态，提高多维关联表示的计算逼真度。本书提出了适应网络延迟的三角不等性违例、非对称特征的低度量模型和系列化邻近搜索协议，推导出了覆盖网路由中低延迟节点符合倍增维度和增量维度的分布范围，在此基础上，针对网络空间存在大量的局部最优结果，难以保障延迟性能问题，提出了利用网络邻近性的系列化覆盖网组织结构和邻近搜索方法。

## 10.1.3　网络行为的关联分析

如何在大规模网络行为中获取用户和应用的特征行为，实现关联抽取、存储传输和建模推演，提高计算能力、带宽、存储瓶颈下的可扩展性，成为国内外研究的热点。其技术挑战是快速获取和保存高阶的用户特征信息。网络的计算能力和带宽限制了获取速度，而高阶信息的提取和存储手段限制了采集维度。

第4章提出了多模态的可扩展行为特征采集方法、网络行为知识图谱构建与计算方法，用新型拓扑和图模型建立多种尺度的前景行为表征模型，用高阶哈希计算提高特征采集和保存效率，实时抽取高维网络行为特征向量。

## 10.1.4　网络行为的实时跟踪

全流量近似计算是网络安全和网络性能诊断优化的基础。网络数据总量已从 TB 和 PB 级快速向 EB、ZB、YB 乃至 BB 级陡增，全网络流量的精确存储和分析不再现实，高速网络的全流量实时计算核心技术瓶颈是建模与分析性能瓶颈，吉尔德定律使得计算机的运算性能的增长速度远低于网络流量的增长速度。

第5章针对吉尔德定律影响的建模与分析性能瓶颈，提出了基于稀疏存储的网络特征近似计算方法，其核心思想是利用亚线性存储增大数据纠缠的概率，用哈希计算近似恢复原始数据，用稀疏编码和亚线性存储减少计算和存储开销。可通过分布式中间件将无状态的前端预处理和有状态的后端存储进行分离，有效解决数据采集爆炸问题。

针对采集端地理分布广、报文速率大的特点，第5章提出了基于高性能哈希表的网络子流存储模型，利用网络子流键–值对元组表示属于网络流的连续报文结果，将线速的报文流缩减为中低速的网络子流，降低采集记录的处理复杂度；采用分布式中间件构建分解式的采集软件架构，把前端的数据采集和后端的数据利用进行解耦，将数据采集模块集成到地理分布的采集端业务系统，通过分布式中间件异步推送到消息总线，通过主题隔离不同类型的城域网系统，实现细粒度数据采集和按需订阅数据采集，进而实现数据采集和数据利用的水平式扩展。数据精简存储作为提升数据利用效率的重要手段，面临偏斜数据分布的近似误差问题。本书把聚类的思想引入数据精简存储，通过聚类将大小相似的数据放在一起，从而避免了偏斜数据的不利影响。

## 10.1.5 网络行为的识别与分类

网络行为的深度识别和分类需要智能化模型支撑，现有的基于规则库和专家知识的方式难以适应大规模网络流量。智能化模型需要能够实时抽取原始数据特征，并构建适应性的网络行为分类器，满足对动态网络的实时跟踪需求。传统的深度学习模型采用单一模态序列网络流量数据的卷积神经网络分类模型，通过离线训练数据集构建流量协议和应用分类模型推荐结果，难以适应动态变化的网络环境。

第6章针对无结构化网络流量的统一抽取问题，构建多模态的网络流量高维向量，将获取到的载荷非空的网络流量报文转换为固定长度的特征向量，并自动提取语义层文本内容。网络流量高维向量去掉了以太网报文头部字段、IP地址字段、UDP报文头部字段，不足或者超过该长度的报文均用零填充或者裁剪到固定长度。基于图神经网络和BERT模型构建自动融合的神经网络分类模型，在典型应用测试集的分类结果的召回率达到90%及以上。

## 10.1.6 网络行为的全域预测

可扩展背景行为感知需要获取任意节点之间的实时网络状态。网络路径属性具有多样性，而测量结果因测量手段限制通常是缺失的。其主要挑战是多样化路径属性的统一建模问题；技术挑战是用有限带宽获取网络的性能快照；核心技术瓶颈是探测节点的计算能力和带宽瓶颈，即迈特卡夫定律使得网络的信息量远超计算机的计算能力和带宽。

第7章针对迈特卡夫定律影响的网络探测的计算能力和带宽瓶颈，提出了探测与预测结合的单路径探测、全路径探测方法，其核心思想是用矩阵补全预测减少探测次数，实现了探测与预测结合的可扩展背景行为感知。

借鉴天气预报的思路，第7章将量化预测引入了网络路径属性测量中，构建了通用化的网络路径量化表示模型，采用分布式矩阵分解模型实时补全网络路径量化结果。针对网络路径属性具有层次化范围划分的典型特点，第7章构建了非对称层次化聚类的路径属性分层方法，克服了经典层次聚类要求对称性的局限性，提出了单向路径属性独立分层方法，支持非对称的路径属性量化和通过调整等级规模实现细粒度的网络属性量化。在此基础上，

第 7 章为实现缺失数据下的路径属性补全，提出了基于分布式最大边际矩阵分解，支持路径属性量化指标的精确补全，设计实现了基于共轭梯度的分布式模型优化算法，以快速收敛到局部最优结果，实现通用化的网络带宽、网络延迟、网络拓扑距离等网络路径属性量化预测。

### 10.1.7　网络行为的自动测试

场景编排的种类越多，仿真流程场景构建能力越强。流程化编排自动化水平越高，背景行为及前景行为按需组装运行能力就越强。其技术挑战是场景编排的种类和自动化水平；核心技术瓶颈是异构的背景行为和前景行为模板组装编排（传统的任务嵌套事件链难以适用）。

第 8 章提出了嵌套事件链异构场景编排方法，其核心思想是利用多级嵌套组装屏蔽大规模的异构背景行为和前景行为模板，通过异构分布并行调度提高并发执行能力。基于网络行为动态编排的仿真推演，用嵌套事件链灵活且逼真地组装和调度背景行为。

针对复杂场景可编程需求，第 8 章提出了基于有向无环图的扁平事件链模型和嵌套事件链模型。扁平事件链图中的顶点对应网络仿真应用，边建模业务应用的流程转换关系；嵌套事件链模型将扁平事件链模型设置为有向无环图的顶点，能够组装多个子事件链模板，模块化水平更高，可以直接复用不同用户的业务场景。在此基础上，第 8 章通过自动编排方法，将嵌套事件链解析为等价的扁平事件链图结构，生成任务实例构成的事件链任务，分配到分布式环境高效运行。

### 10.1.8　网络行为的仿真推演

前景行为仿真推演复现网络的用户与自动应用场景行为，为大规模网络的仿真评估提供支撑。自动选择行动策略是前景行为仿真推演的发展方向。其技术挑战是前景行为无法人工穷举，即互联网 300 多亿各类节点、300 余万种应用、近 2000 种网络协议的行为复杂度上界超过 $10^{20}$。网络前景行为包含用户和应用的丰富多模态特征和自主操作行为。对用户及应用的前景行为抽取特征，并实时分析和仿真推演，是前景行为感知与认知的重点问题。

针对该问题，第 9 章提出了自动化平台系统框架，构建人机结合的自动化的行为生成与博弈，自动编排真实操作行为，支持大规模的网络空间自动化行为生成与测试。

## 10.2 大规模分布式网络：走向纵深发展的战术场景网

大规模分布式的战术场景网一直是互联网技术的发展前沿。场景是指特定作战时间与空间内，用户需求、节点实体以及所处环境等共同组成的战场网络具体情境。面向战术场景的互联网本质上是一种分布式、无中心、自聚合、自协同的智能化战术信息网络，具备网络场景认知能力，支持作战功能要素高度分散、灵活机动、动态组合、自主协同，可实现分散、异构、跨域作战力量的迅速组合和重组，为动态创建分布式、多效果、多路径的杀伤网提供平台。它以高度的灵活性和敏捷性，实现更快更强的杀伤力，给对手以更大的复杂性或不确定性。

2020年2月，美军发布《马赛克战：利用人工智能和自主系统实施决策中心战》的研究报告，旨在通过比对手更快更好地决策来建立不对称优势。马赛克战将各类传感器、指控系统、武器平台、兵力编队等各种作战要素视为"马赛克碎片"。

各种作战要素所形成的"马赛克碎片"将一对一的链式关系变成多对多的簇式关联关系，以充分发挥协同作战优势，提升体系作战效能。可将复杂作战系统进行功能分解和节点分类，根据战场态势和具体作战需求，将各种作战要素无缝衔接，按节点能力和类型灵活组合编配OODA环路，形成多层嵌套的OODA环，实现非线性杀伤效果链。

根据军事行动的类型和任务需求，大量的基本功能单元被配置为不同的作战体系。各个作战体系在完成任务后可以解体，释放出基本功能单元。马赛克战通过动态弹性通信网络将"碎片"链接形成一张物理和功能高度分散、灵活机动、动态协同组合的弹性作战效果网。

马赛克战的"杀伤网"采用的是一种"供应商-用户"架构，每一个节点都可视为潜在的"服务供应商"，它们构成了一个"能力集市"（capability marketplace）；指控节点可视为"客户"，可通过"虚拟联络员"（virtual liaisons）与"服务供应商"连接。"虚拟联络员"可按需部署在平台、部队等各个级别上；"杀伤网"根据具体任务需求灵活组织、利用各种服务来达到预期效能。基于该架构优化"杀伤网"可从两方面入手，在技术开发方面，主要工作是开发能力描述顶层架构、指控节点/虚拟联络员跨域协同请求与推送语言、供应商端的虚拟联络员算法与软件、用户端的指控节点算法与软件；在评估器开发方面，主要工作是为每一个评估事件定义多域想定和测试规划、构建多域能力模型、提供评估测试台等。马赛克战所构成的"杀伤网"具有良好的韧性和冗余的节点，没有明显的关键节点，对手很难对"杀伤网"形成致命破坏。马赛克战的远景是依托人工指挥和机器控制，快速、灵活、自主地重组一支更加解耦合型的军事力量；通过人机协同的行动控制和行动方案的智能生成与优化，使作战决策考虑的因素更全，反应速度更快，行动方案更优。

## 10.3　网络感知与认知：走向大规模自适应智能化

开展大规模自适应智能化网络行为感知与认知是新型网络测量的关键需求。当前网络感知与认知遇到的问题可以归结为缺乏网络行为的特征数据和智能化模型与算法。解决这些问题需要构建大规模自适应智能化的网络行为感知与认知框架。

### 10.3.1　面向深度和广度全景感知的网络探测与表示

传统的网络探测数据呈现出极度的稀疏性和偏斜性，并且缺乏不同站点、不同时间、不同场景的实体行为对齐，导致网络探测结果碎片化，难以统一运用。此外，由于数据平面流量以加密为主，传统的数据采集以获取网络性能和网络流量原始数据为主，难以探测深层次的上下文数据和关联信息。

传统的静态探测不再适用于网络智能任务需求，且易浪费大量网络带宽和网络存储。针对网络的深度与广度结合的探测需求，未来需要进一步研究全景化的网络探测技术，包括高效协同的深度网络探测技术、多维关联的 IP 画像技术等，设计分布协同的网络探测任务调度机制、异构多模态数据交换协议、多模态网络画像增量构建方法，以网络智能化的任务需求动态驱动数据面探测，支持深度和广度结合的网络大数据协同采集与高效存储查询，为网络智能化建模与分析和行为认知提供数据资源支撑。

### 10.3.2　面向动态实时网络的智能建模与分析

传统的有监督深度学习模型面向静态场景，需要足够的数据和标注信息。而控制管理平面缺乏对动态实时网络流的标注信息，不同的网络流之间存在高阶关系，但这些联系隐藏在海量嘈杂的通信流量中。传统深度学习技术需要海量的高质量标注数据，而网络探测数据缺乏标注且充满噪声，导致其他领域的深度学习模型难以迁移到网络智能化领域。同时，任务驱动的网络智能需要创新构建领域定制的在线智能计算模型，传统的离线训练和在线推理仅适合封闭世界场景，而网络的开放性导致网络特征分布的变化、任务范围的变化，因此要动态调整模型结构，增量更新模型参数，才能有效适应对网络流量的在线实时建模与分析。所以，传统的深度学习因缺乏足够的标签数据和场景不匹配而难以适用于建模与分析场景。

针对网络行为缺乏高质量数据和标注的问题，未来需要研究迁移性好和持续学习的新型神经网络方法，包括面向自监督学习的样本生成技术、动态神经网络模型构建技术等，以提取网络数据特征图谱的拓扑结构特征、顶点时空特征、边时空特征、IP 画像上下文特征；构建网络数据图谱的表征模型，并基于自监督学习技术训练神经网络模型，综合分析感知、学习、决策和执行的模型建模需求；研究神经网络模型的结构动态调整和实时训练架构，结合数据分布构建网络样本数据自动增强机制，设计模型的动态部署和高速推理机制，以提供自动样本驱动的弹性动态智能化模型支撑，支持多任务持续化的智能化网络推理。

### 10.3.3　面向场景自适应的网络行为理解与评估

网络行为隐藏于私有化、加密后的网络协议消息，即使获取原始数据也难以直接解码真实的网络行为。如何认识和理解并仿真推演网络行为过程，是网络行为认知的挑战性问题。网络行为具有体系复杂、动态多变的特点，背景网络行为难以提取逼真的上下文场景，前景行为依赖开放环境的人类活动而难以穷举。针对网络行为的系统认知需求，需要在对网络行为建模分析的基础上，面向多样化场景的智能化计算机网络认知，构建面向场景自适应的元宇宙仿真推演环境，借鉴"自动驾驶"的理念实现智能化和自动化的网络管理和治理；研究面向场景的自动网络行为抽取与仿真、复杂多智能体的网络事件评估；系统分析会话级、流量级、报文级等不同层次的网络行为，并面向网络的对抗生成网络，自动化构建场景下的网络行为博弈；结合多智能体活动生成和组装机制，实现面向场景的机器自动化网络评测，以支撑多样化网络场景下的高效自动化的网络行为认知，并通过智能化模型复现推演网络过程。

### 10.3.4　网络行为自动合成

在现有的自动化平台测试基础上，未来需要研究实验伸缩机理，以及复杂体系模型、保真度模型。

(1) 增强合成行为：对于 IT 领域，应该增强人工合成活动生成器，以支持所生成活动的行为边界规范，进而支持可重复性。

(2) 自动提取特征：应该专注于提供能够自动提取其他领域的特征和创建模型的网络，这些网络可能会被注入一个测试环境和实例化的现实世界。

(3) 提供行为转换模型：应该开发工具来支持将人纳入科学有效的实验；使用这些工具来捕获和测量人员的性能以及他们与系统的交互；提供工具来帮助研究人员将捕获的人类活动转换为人类行为模型，用于后续的模拟。

(4) 支持复杂交互：实验能力必须支持极端规模的实验，混合使用经过验证的仿真和仿真工件。此外，系统的组合将在系统之间创建复杂的交互行为，因此有必要使用相应的方法来推断这些交互。